辽宁科技大学学术专著、译著出版基金资助

M 国外优秀材料与冶金著作译丛

STEELS

From Materials Science to Structural Engineering

钢 从材料科学到结构工程

[英] 沙 维 (Wei Sha) 著

李胜利 乔 军 李 娜 巨东英 译

北 京

冶金工业出版社

2014

Translation from English language edition:
Steels: From Materials Science to Structural Engineering
by Wei Sha

北京市版权局著作权合同登记号　图字：01-2013-6704

图书在版编目(CIP)数据

钢：从材料科学到结构工程/(英)沙维著；李胜利等译．—北京：冶金工业出版社，2014.8
（国外优秀材料与冶金著作译丛）
书名原文：Steels：from materials science to structural engineering
ISBN 978-7-5024-6527-8

Ⅰ.①钢…　Ⅱ.①沙…　②李…　Ⅲ.①钢　Ⅳ.①TG142

中国版本图书馆 CIP 数据核字(2014) 第 170533 号

出 版 人　谭学余
地　　址　北京市东城区嵩祝院北巷 39 号　邮编　100009　电话　(010)64027926
网　　址　www. cnmip. com. cn　电子信箱　yjcbs@ cnmip. com. cn
责任编辑　谢冠伦　美术编辑　彭子赫　版式设计　孙跃红
责任校对　王永欣　责任印制　牛晓波
ISBN 978-7-5024-6527-8
冶金工业出版社出版发行；各地新华书店经销；北京慧美印刷有限公司印刷
2014 年 8 月第 1 版，2014 年 8 月第 1 次印刷
169mm×239mm；16.75 印张；326 千字；248 页
49.00 元
冶金工业出版社　投稿电话　(010)64027932　投稿信箱　tougao@cnmip. com. cn
冶金工业出版社营销中心　电话　(010)64044283　传真　(010)64027893
冶金书店　地址　北京市东四西大街 46 号(100010)　电话　(010)65289081(兼传真)
冶金工业出版社天猫旗舰店　yjgy. tmall. com
（本书如有印装质量问题，本社营销中心负责退换）

译者序

我国是钢铁材料的生产大国，也是消费大国。近几十年来，虽然钢铁市场波动频繁，但钢铁行业总体运行态势良好。在国家拉动内需等政策的支持下，国内钢铁市场因基础设施投资和工业生产的平稳增长，需求较为旺盛，带动钢铁产量的大幅增长。在钢铁行业快速发展的同时，钢铁材料的科研开发工作也在如火如荼地进行。钢铁材料资源丰富、价格低廉、性能优异，可添加的合金元素种类繁多，在各种加工及热处理过程中组织形貌异彩纷呈，这为广大的科研工作者提供了无限的发挥聪明才智的舞台和空间。国内拥有钢铁行业的著名专家、学者以及数以万计的钢铁材料研究人员，他们分布于各大钢铁公司、科研院所和高等院校，为我国钢铁行业的快速发展立下了汗马功劳。引进出版国外优秀的学术专著能促进国内与国际学术界之间的沟通与交流，有助于国内广大科研工作者进一步开阔思路，不断取得创新。

英籍华人 Wei Sha 教授于 1986 年在清华大学获得学士学位，于 1992 年在牛津大学获得哲学博士学位，后于 2009 年在贝尔法斯特女王大学（Queen's University Belfast）被授予自然科学博士学位，现任贝尔法斯特女王大学规划、建筑及土木工程学院的材料科学教授。其研究领域涵盖钢铁材料及有色金属材料的微观结构、力学性能、热处理等方面的实验及数值模拟研究，先后出版专著 7 部；在各种科技期刊上发表科技论文达 300 余篇，论文被引用达 3000 多次。

Wei Sha 教授集 25 年从事钢铁材料研究的科研经历，并且汇集了世界上该领域研究人员近期的先进研究成果，完成了这部《钢——从材料科学到结构工程》（*Steels: From Materials Science to Structural Engineering*, Springer-Verlag London, 2013），其内容涵盖了几类工程用钢的设计、组织、性能以及动力学和热力学基本理论分析，对传统理论的修正及实验验证，并将计算机模拟与实验研究、工程应用有机地结合在一起。因此，无论对于钢铁材料的基础研究，还是对于钢铁公司从事实际生产，本书都不乏理论和工艺的参考价值。据Springer统计，本书的英文版电子书在2013年的下载次数排名在Springer电子书的前25%之内（Springer：Book Performance Report 2013）。

第2~7章构成了本书的“合金钢的材料科学研究”篇。第8~11章构成了本书的“结构工程用钢”篇。第1章广泛地介绍了书中涉及的几个主要钢种（包括高强低合金钢、耐火结构钢、耐热钢、氮化物强化的铁素体/马氏体钢、超高强马氏体时效钢和低镍马氏体时效钢）的研究背景和开发思路，对这几种钢的具体设计方案、组织观察及相变分析、性能测试、作用机理以及相关理论进行了具体分析、修正。第2~7章分别对上述钢种进行了更为详细的论述，针对不同的钢种，论述的侧重点略有不同。第8~11章对工程背景和钢铁材料在相关领域的应用情况进行了介绍，具体内容包括：钢铁材料在混凝土结构、冷成形钢制龙门架、消防工程、有保护超薄楼板的耐火性中的应用实践及相关设计结构的计算机模拟和优化。

总之，这是一部涉及钢铁材料研究及其重要工程应用的新作，既有先进的材料研究的理论、方法和相关模拟技术，又与工程实际密切结合。为了方便从事钢铁材料研究的广大科研工作者、研究生和相关工程技术人员进行研究、学习和借鉴，特对全书进行了翻译。书中的第1、2、8~11章由辽宁科技大学材料与冶金学院的李娜和李胜利教授翻译，第3~7章由辽宁科技大学材料与冶金学院的乔军和巨东英教授翻译。由于译者水平有限，有理解不够精准和学术用语选择欠妥之处，还望各位读者批评指正。

本书的原作者Wei Sha教授对中文版的翻译工作给予了大力的支持和帮助，并对全部译文进行了校对，在此对Wei Sha教授表示衷心的感谢！同时感谢边福勃、牛田钢、李素山、宋岳、吉嘉兴、冯浩、徐薇、周龙等研究生对译文的整理工作。

感谢以下资助：

辽宁科技大学学术专著、译著出版基金。

中国国家自然科学基金（No. 51374125）。

中国国家自然科学基金（No. 50801034）。

中国辽宁省人事厅“十百千高端人才引进工程”基金(No. 2012207)。

译 者

2014 年 1 月 28 日

前　言

合金钢的研究领域非常活跃。根据科学引文索引（SCI）所收录的论文进行统计，每年有9000多名作者发表3000多篇在合金钢领域的研究论文，这些作者隶属于80多个国家的2000多个组织。

利用谷歌图书的搜索工具进行快速搜索，可以发现关于钢的图书并不缺少。一些图书针对钢材和钢基材料的微观结构进行了讨论，例如：

（1）《钢——微观结构与性能》(*Steels: Microstructure and Properties*), Harry Bhadeshia and Robert Honeycombe;

（2）《钢——冶金与应用》(*Steels: Metallurgy and Applications*), D. Llewellyn and R. C. Hudd;

（3）《钢》(*The Book of Steel*), G. Beranger, G. Henry, and G. Sanz 编;

（4）《先进钢铁材料——钢铁科技新进展》(*Advanced Steels: The Recent Scenario in Steel Science and Technology*), 翁宇庆, 董瀚, 干勇编;

（5）《ASM 专业手册: 碳钢与合金钢》(*ASM Specialty Handbook: Carbon and Alloy Steels*), J. R. Davis 编。

那么这本新书有什么独到之处呢?

本书作者自2004年起在英国贝尔法斯特女王大学的规划、建筑及土木工程学院任材料科学教授，此前，作者自1995年起曾先后担任结构材料讲师和副教授。

自2000年以来，作者在下面每一个学科领域，材料科学、冶金学与冶金工程、物理学、科学与技术、化学、工程学，都发表了至少15篇文章，并被科学引文索引（SCI）或会议论文集引文索引（CPCI-S）

收录，其中与本书有关的一些文章在目录前列出。因此，作者在钢铁材料研究的各个领域具有丰富的经验。

作者的独特且广博的研究经历使得《钢——从材料科学到结构工程》一书具有独到之处。在现有的钢铁材料方面的图书中，本书所涵盖的题材范围可谓独一无二。

作为一部积累了作者25年科研经历的专著，本书主要包括自2000年以来的最新研究结果，同时也包含了世界上其他研究人员的近期相关工作。本书的重点内容为消防工程、耐热钢和耐火钢。此外，还包括了制造和微观结构工程，这两个主题对于扩展钢材在临界状态下的性能越来越重要。

研究论文是本书的支柱，但本书的主体结构基于合金钢的种类和结构工程钢材的应用领域而搭建，目的是将作者多年来的个人研究经历汇集起来。因此，本书将为这些知识提供令人感兴趣的脉络。此外，本书对其他研究者的工作进行了评论，并对主要结果进行了讨论。

作者在钢铁研究领域是闻名世界的权威：

• 自1970年以来，科学引文索引（SCI）收录了约1200篇关于马氏体时效钢的研究论文，其中被引用次数最多的10篇文章中有2篇为作者所著。期刊的影响因子采集于科学引文索引数据库。

• 关于合金钢的论文通常发表于两个期刊，即 *Materials Science and Engineering A* 和 *Surface and Coatings Technology*。作者在前一期刊中发表15篇论文，在后一期刊中发表9篇论文。自2007年，作者作为两个期刊的编委会成员，应邀为 *Materials Science and Engineering A* 的28篇稿件和 *Surface and Coatings Technology* 的54篇稿件审稿。

大量的新近文献表明，在材料科学与结构工程中，基于计算机的数值模拟是一个快速发展的领域。本书融合了模拟与实验研究，这也是本书的长处和吸引读者的一个特点。

本书作者具有将钢铁研究和模型开发相结合的独特专长。尽管建模只是本书的一部分，但将填补书籍文献中的建模技术应用于钢材的空白。钢铁研究和模型开发均为当代材料研究的热点话题，本书不仅将这两方面结合，而且记载了该领域的最新研究进展。基于作者在该领域处于世界领先地位，本书主要介绍作者的大量最新研究，同时也介绍了其他研究者的重要相关研究成果。很多结构工程的建模是为了研究建筑结构用钢的耐火性能，这是结构用钢的两个最重要的性能之一，另一个为腐蚀性能。

本书主要供钢铁研究者（包括研究生、研究人员、讲师以及钢铁专家）的科研使用。而材料领域的专家则能够了解到建模相关内容，并将这一不断发展的重要技术应用于钢铁材料的研发。前面给出的统计数据表明，基于钢铁及其应用领域的研究十分广泛，因此我们希望这本书产生广泛影响。

感谢以下资助：

- 英国工程和物理科学研究委员会资助项目“马氏体时效钢加工过程中显微结构演变的计算机模拟”，授予编号：GR/N08971。
- 英国皇家工程院的全球研究奖励计划。
- 结构工程师研究奖励机构 2011 资助的项目“冷加工钢制龙门架建筑的原尺度消防测试”。
- 英国考文垂 Nullifire 有限公司和英国钢厂（现在的 Tata 钢厂）。
- 英国钢铁结构研究所。
- 中国国家自然科学基金（No. 51001102）。
- 中国国家基础研究计划项目
（Nos. “973” 2010CB630800，2008CB717802）。
- 中国国家“863”高端技术基金
（高科技项目 No. 2006AA03Z530）。
- 中国国家高技术计划（No. 2009GB109002）。
- 中国科学院知识创新工程（No. KJCX2-YW-N35）。

- 中国辽宁省（No. 20081011），博士研究基金。
- 美国能源部，材料科学分部，依据与 Lockheed Martin 能源研究公司的合同 DE-AC05-96OR22464 以及与橡树岭联合大学的合同 DE-AC05-76OR00033 中的 SHaRE 计划。
- 美国橡树岭国家实验室。

并向以下个人致谢：

- 本序言后来所列论文的所有合著者。
- 剑桥大学材料科学与冶金系 Rivera-Díaz-del-Castillo 博士，感谢与其进行的有益交流。
- William Warke 博士。
- M. K. Miller 博士和 K. F. Russell 女士。
- 新日铁的 Kazutoshi Ichikawa 博士，感谢其提供的日本耐火钢。
- G. M. Newman 先生和 C. G. Bailey 教授，感谢与其进行的有益讨论。
- 感谢 P. A. M. Basheer 教授在配料设计、讨论以及供应材料和混凝土实验设施等方面给予的帮助。

Wei Sha

准备本书过程中使用的研究论文

（第2章）

1. Kinetics of ferrite to Widmanstätten austenite transformation in a high-strength low-alloy steel revisited. Zhanli Guo, Wei Sha, *Zeitschrift für Metallkunde*, **95**, 2004, 718-723.
2. Modeling the diffusion-controlled growth of needle and plate-shaped precipitates. Z. Guo, W. Sha, *Modeling and Numerical Simulation of Materials Behavior and Evolution*, Materials Research Society (MRS) Symposium Proceedings, vol. 731, Symposium on Modeling and Numerical Simulation of Materials Behavior and Evolution held at the 2002 MRS Spring Meeting (Symposium W), 2-5 April 2002, San Francisco, CA, ed: Antonios Zavaliangos, Veena Tikare, Eugene A. Olevsky, Materials Research Society, Warrendale, PA, paper W 7.5, pp. 215-220.
3. Determination of activation energy of phase transformation and recrystallization using a modified Kissinger method. W. Sha, *Metallurgical and Materials Transactions A*, **32A**, 2001, 2903-2904.
4. Change of tensile behavior of a high-strength low-alloy steel with tempering temperature. Wei Yan, Lin Zhu, Wei Sha, Yi-yin Shan, Ke Yang, *Materials Science and Engineering A*, **517**, 2009, 369-374.
5. Delamination fracture related to tempering in a high-strength low-alloy steel. Wei Yan, Wei Sha, Lin Zhu, Wei Wang, Yi-yin Shan, Ke Yang, *Metallurgical and Materials Transactions A*, **41**, 2010, 159-171.

（第3章）

6. Development of structural steels with fire resistant microstructures. W. Sha, F. S. Kelly, P. Browne, S. P. O. Blackmore, A. E. Long, *Materials Science and Technology*, **18**, 2002, 319-325.
7. Atom probe field ion microscopy study of commercial and experimental structural steels with fire resistant microstructures. W. Sha, F. S. Kelly, *Materials Science and Technology*, **20**, 2004, 449-457.
8. Design and characterisation of experimental fire resistant structural steels. W. Sha, F. S. Kelly, S. P. O. Blackmore, K. H. J. Leong, *Proceedings for the 4th International Conference*

on HSLA Steels (*HSLA Steels*' 2000), 30 October-2 November 2000, Xi' an, China, eds: Guoquan Liu, Fuming Wang, Zubin Wang, Hongtao Zhang, Metallurgical Industry Press, Beijing, pp. 578-583.

9. Mechanical properties of structural steels with fire resistance. Wei Sha, *PRICM4: Fourth Pacific Rim International Conference on Advanced Materials and Processing*, 11-15 December 2001, Honolulu, Hawaii, vol. Ⅱ, eds: S. Hanada, Z. Zhong, S. W. Nam, R. N. Wright, The Japan Institute of Metals, Sendai, pp. 2707-2710.
10. High temperature transient tensile properties of fire resistant steels. W. Sha, T. M. Chan, *Advances in Steel Structures*, Proceedings of the Third International Conference on Advances in Steel Structures (ICASS '02), 9-11 December 2002, Hong Kong, vol. 2, eds: S. L. Chan, J. G. Teng, K. F. Chung, Elsevier Science, Oxford, pp. 1095-1102.

(第4章)

11. Microstructure evolution of a 10Cr heat-resistant steel during high temperature creep. Ping Hu, Wei Yan, Wei Sha, Wei Wang, Yiyin Shan, Ke Yang, *Journal of Materials Science & Technology*, **27**, 2011, 344-351.
12. Study on Laves phase in an advanced heat-resistant steel. Ping Hu, Wei Yan, Wei Sha, Wei Wang, Zhanli Guo, Yiyin Shan, Ke Yang, *Frontiers of Materials Science in China*, **3**, 2009, 434-441.
13. Microstructural evolution and mechanical properties of short-term thermally exposed 9/12Cr heat-resistant steels. Wei Wang, Wei Yan, Wei Sha, Yiyin Shan, Ke Yang, *Metallurgical and Materials Transactions A*, **43**, 2012, 4113-4122.

(第5章)

14. Microstructure and mechanical properties of a nitride-strengthened reduced activation ferritic/martensitic steel. Qiangguo Zhou, Wenfeng Zhang, Wei Yan, Wei Wang, Wei Sha, Yiyin Shan, Ke Yang, *Metallurgical and Materials Transactions A*, **43**, 2012, 5079-5087.
15. Nitride-strengthened reduced activation ferritic/martensitic steels. Ping Hu, Wei Yan, Lifen Deng, Wei Sha, Yiyin Shan, Ke Yang, *Fusion Engineering and Design*, **85**, 2010, 1632-1637.
16. Effect of carbon reduction on the toughness of 9CrWVTaN steels. Wei Yan, Ping Hu, Lifen Deng, Wei Wang, Wei Sha, Yiyin Shan, Ke Yang, *Metallurgical and Materials Transactions A*, **43**, 2012, 1921-1933.
17. The impact toughness of a nitride-strengthened martensitic heat resistant steel. Wenfeng Zhang, Wei Yan, Wei Sha, Wei Wang, Qiangguo Zhou, Yiyin Shan, Ke Yang, *Science China Technological Sciences*, **55**, 2012, 1858-1862.

（第6,7章）

18. Phase transformations in maraging steels. W. Sha, H. Leitner, Z. Guo, W. Xu, *Phase transformations in steels*. Volume 2: Diffusionless transformations, high strength steels, modelling and advanced analytical techniques, eds: Elena Pereloma, David V. Edmonds, Woodhead Publishing, Cambridge, UK, 2012, Chapter 11, 332-362.

（第7章）

19. Precipitation, microstructure and mechanical properties of low nickel maraging steel. W. Sha, Q. Li, E. A. Wilson, *Materials Science and Technology*, **27**, 2011, 983-989.
20. Microstructure and mechanical properties of low nickel maraging steel. W. Sha, A. Ye, S. Malinov, E. A. Wilson, *Materials Science and Engineering A*, **536**, 2012, 129-135.

（第8章）

21. In stainless steel reinforcement a viable option? Wei Sha, Roslyn Kee, *Proceedings of Metal* 2000: *9th International Metallurgical Conference* (CD-R), 16-18 May 2000, Ostrava, Tanger Ltd., Ostrava, Czech Republic.
22. Differential scanning calorimetry study of normal portland cement paste with 30% fly ash replacement and of the separate fly ash and ground granulated blast-furnace slag powders. W. Sha, G. B. Pereira, *Proceedings of the Seventh CANMET/ACI International Conference on Fly Ash, Silica Fume, Slag and Natural Pozzolans in Concrete*, 22-27 July 2001, Chennai (Madras), India, Supplementary volume, compiled: Maria Venturino, ACI, Detroit, pp. 295-309.
23. Differential scanning calorimetry study of hydrated ground granulated blastfurnace slag. W. Sha, G. B. Pereira, *Cement and Concrete Research*, **31**, 2001, 327-329.

（第9章）

24. Optimization of cold-formed steel portal frame topography using real-coded genetic algorithm. D. T. Phan, J. B. P. Lim, C. S. Y. Ming, T. Tanyimboh, H. Issa, W. Sha, *Procedia Engineering*, **14**, 2011, 724-733.
25. Design optimization of cold-formed steel portal frames taking into account the effect of building topology. Duoc T. Phan, James B. P. Lim, Wei Sha, Calvin Y. M. Siew, Tiku T. Tanyimboh, Honar K. Issa, Fouad A. Mohammad, *Engineering Optimization*, **45**, 2013.
26. An efficient genetic algorithm for the design optimization of cold-formed steel portal frame buildings. Duoc T. Phan, James B. P. Lim, Wei Sha, Tiku T. Tanyimboh, *Proceedings of the 21st International Specialty Conference on Cold-formed Steel Structures*, 24-25 October

2012,St. Louis,MO,eds:Roger A. LaBoube,Wei-Wen Yu,Missouri University of Science and Technology,pp. 473-483.

27. Full-scale fire tests on a cold-formed steel portal frame building. Yixiang Xu,James Lim, Wei Sha,Christine Switzer,Richard Hull,Andrew Taylor,Ross McKinstray. Institution of Structural Engineers Research Award 2011.
28. Large-scale fire tests on a cold-formed steel portal frame building. Yixiang Xu,James Lim, Wei Sha,Christine Switzer,Richard Hull,Andrew Taylor,Ross McKinstray. Institution of Structural Engineers Research Award Application,2011.

(第10章)

29. Fire safety design and recent developments in fire engineering. W. Sha,N. C. Lau,*Structural Engineering,Mechanics and Computation*,Proceedings of the International Conference on Structural Engineering,Mechanics and Computation,2-4 April 2001,Cape Town, South Africa,vol. 2,ed:A. Zingoni,Elsevier Science,Oxford,pp. 1071-1078.
30. Heat transfer in fire across a wall in shallow floor structure. Wei Sha,*Journal of Structural Engineering*,**127**,2001,89-91.
31. Heat transfer in steel structures and their fire resistance. W. Sha,T. L. Ngu,*Structural Engineering,Mechanics and Computation*,Proceedings of the International Conference on Structural Engineering,Mechanics and Computation,2-4 April 2001,Cape Town,South Africa,vol. 2,ed:A. Zingoni,Elsevier Science,Oxford,pp. 1095-1102.
32. Intumescent fire protection coating thickness for shallow floor beams. W. Sha,T. M. Chan, *Advances in Building Technology*,Proceedings of the International Conference on Advances in Building Technology (ABT 2002),4-6 December 2002,Hong Kong,vol. 2,eds:M. Anson,J. M. Ko,E. S. S. Lam,Elsevier Science,Oxford,pp. 1321-1328.

(第11章)

33. Fire resistance of slim floors protected using intumescent coatings. W. Sha,*Proceedings of the Eighth International Conference on Civil and Structural Engineering Computing*,ed:B. H. V. Topping,Civil-Comp Press,Stirling,UK,2001,Paper 65,pp. 163-164.
34. Fire resistance of protected asymmetric slim floors beams. W. Sha,*Proceedings of the Eighth International Conference on Civil and Structural Engineering Computing*,ed:B. H. V. Topping,Civil-Comp Press,Stirling,UK,2001,Paper 67,pp. 167-168.

目　　录

第一篇　合金钢的材料科学研究

第二篇 结构工程用钢

1 导　论

摘　要　本章介绍了书中各章述及的主题内容。作为研究专著，默认其读者已拥有研究生水平的材料科学知识，相关内容在导论这章不做讨论。导论部分集中介绍了不同类型的钢，包括高强低合金钢、耐火结构钢、耐热钢、氮化物强化铁素体/马氏体钢以及低镍马氏体时效钢。接着介绍了钢在结构工程中的应用实例，包括钢在冷成形钢制龙门架中以及在防火安全设计中的应用和钢架结构在防火工程中的发展。本章可以独立于书中其余的内容单独阅读，但由于其引用了广泛的参考文献，也有助于辅助阅读后续较为深入的章节，并可在阅读时返回参考。相关参考文献有助于阅读后面的章节。

1.1　高强低合金钢

为了降低材料成本并提高其运输效率，高强低合金钢（HSLA）由于其优异的强韧综合性能和可焊性（Wang et al. 2009a；Kim et al. 2002；Zhao et al. 2002）被广泛地应用于现代汽车制造。世界各地的各种结构件都广泛地应用了 HSLA 板带钢。这类钢集高强度和良好的韧性于一身，可通过控制热轧工艺得到。

1.1.1　铁素体向魏德曼（Widmanstätten）奥氏体转变动力学

研究者们开发了不同的模型以描述近似针状或盘状析出物的扩散控制生长。在应用最广泛的理论（Guo and Sha 2004a）中，假设针状为旋转抛物面形状，盘状为抛物线形柱体形状，分别如图 1.1（a）和（b）所示。得到了对应特定形状的确定解，当盘状或针状析出物生长前沿尖端的半径 ρ 是盘状析出物临界形核尺寸（半径值）ρ_c 或针状析出物 ρ'_c（为盘状物的两倍）的几倍时，并且当界面曲率沿着抛物线表面变化时，它们严格地遵守毛细管作用和界面动力学。该理论预测：当假设针状或盘状析出物的尖端生长进入新鲜的母相时，其在一个方向上具有恒定的伸长率。

这一理论是通用的，因为有很多因素影响析出物的生长，例如扩散、界面动力学和毛细管作用，都通过不同的参数体现在一个方程中，该方程能得到严

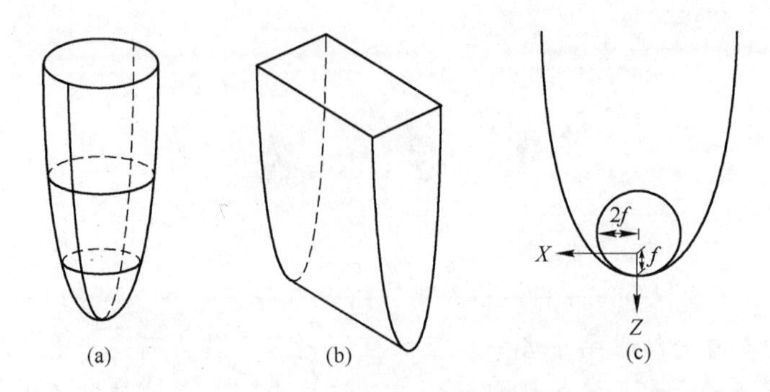

图 1.1 针形和板形析出物的形状

（a）针状的旋转抛物面；（b）盘状的抛物柱面；（c）抛物线尖端半径

格的数学解。然而，该理论是基于很多假设开发得到的。为基于固-固相变过程中溶质扩散的针状或盘状析出物的生长建模，假设相间能和动力学系数与晶体取向不相关，并且忽略弹性应变能以及表面性能的各向异性。不过在大多数固-固相变中，通常认为原子穿过界面的迁移是十分迅速的，因此可以忽略其界面动力学效应。相间能与析出物和母相间的错配度有关，因此通常是各向异性的。相间界面结构的各向异性导致在某一方向比其他方向较快速地生长，而这点在该理论中没有考虑。另外，由于相变而产生的应力和应变也会影响析出物的形状或宽高比。

在第 2 章中，通过使用尖端前沿半径的实验值将转变应力/应变和各向异性相间能对析出物形貌的影响合并到生长理论中，研究了 HSLA Fe-C-Mn-Nb 钢中魏德曼（Widmanstätten）奥氏体在铁素体中的生长动力学。该生长理论在 2.1.1 节中进行了概括。

1.1.2 拉伸行为随回火温度的变化

热机械控制过程（TMCP）取代传统的轧制过程有效地促进了 HSLA 钢的发展。因此，在最近的几十年里，管线钢已经从 X60 级发展到当前的 X80 和 X100 级（Koo et al. 2004；Asahi et al. 2004a，b；Fairchild et al. 2004）。

为了实现高强度和高韧性的结合，为 HSLA 钢设计了下贝氏体或铁素体 + 马氏体的微观组织。因此，尽管添加合金元素（如钼、硼）以强化这些钢中的下贝氏体和马氏体，但还需要在终轧后进行快速冷却。一般来说，轧制后有三种冷却处理方式。第一种方式是直接淬火然后回火（DQT）。第二种方式是加速连续冷却（ACC），轧后的钢以给定的冷却速率冷却到室温。第三种方式是间断的加速冷却（IAC），钢在相变温度区间进行水冷，然后空冷到室温。因为其内部冷却速度较慢，在空冷过程中可能发生自回火。这三种冷却处理中的关键点是经快速冷却的钢应该回火，这对得到一个好的强度/韧性组合是必要的。然而，由于下贝氏体显微结构是最近才引入 HSLA 钢的，对其力学性能的研究很少涉及其回火后的拉伸行为。

对结构钢进行拉伸试验可提供与微观结构相关的有价值信息。在退火低碳钢典型的拉伸曲线中，上下屈服点很好地对应着位错和碳及氮原子之间的相互作用。这一理论可能无法解释其他具有 fcc 或 hcp 晶格结构的金属中的屈服行为。然而，令人信服的解释应该包括两个方面：可动位错的密度和位错滑移速率。金属的应变速率与柏氏矢量 b 的值、可动位错密度 ρ 以及位错滑移速率 $\bar{v}$ 有关，见式（1.1）：

$$\dot{\varepsilon} = b\rho\bar{v} \tag{1.1}$$

其中，位错滑移速率 $\bar{v}$ 取决于外加应力，见式（1.2）：

$$\bar{v} = k\bar{v}_0\left(\frac{\tau}{\tau_0}\right)^m \tag{1.2}$$

式中，τ为滑移平面上的剪切应力；τ_0 为位错以单位速度滑移所需的剪切力；m 为位错滑移的应力指数，其中速度是热激活的。式（1.2）说明一个较高的应力将产生较快的位错滑移速率。

在再结晶状态及拉伸加载之前，可动位错的密度可能相对较低，所以，为了满足塑性变形的需求，高的位错滑移速率是必要的。相应地，在拉伸曲线的上屈服点处将出现一个应力峰值。一旦移动，可动位错的密度就会迅速增大。因此较低的位错滑移速率就有可能满足塑性变形的需求，应力将会相应地降低。因此，在拉伸曲线上出现下屈服点。当移动的位错被阻塞（或阻碍）或被再钉扎，可动位错密度降低，与上面描述相同的周期会再发生。这个解释在原理上合理，适合大部分金属的塑性变形。

拉伸试验（和记录的应力-应变曲线）可揭示的另一个重要方面是加工硬化指数。均匀塑性变形的真应力和真应变的关系可以表示为式(1.3)～式(1.5)：

$$s = ke^n \tag{1.3}$$

$$s = \sigma(1 + \varepsilon) \tag{1.4}$$

$$e = \ln(1 + \varepsilon) \tag{1.5}$$

式中，s 为真应力，可以用式（1.4）计算；e 为真应变，可以用式（1.5）计算；σ 为工程应力；ε 为工程应变；k 为硬化系数；n 为应变硬化指数，用来表示在增加的变形应变下加工硬化的量。如果 $n=1$，这说明该材料具有线性加工硬化的特性。如果 $n=0$，这表明该材料没有应变硬化能力，表现出理想的塑性。

2.3 节涉及具有下贝氏体组织的 HSLA 钢在不同温度下回火后的拉伸行为。

1.1.3 与回火有关的层状断裂

由于可能应用在严酷的服役环境中，钢的低温冲击韧性受到更多的关注，这对 HSLA 钢的应用十分重要。因此，在一定的低温下，韧性对于 HSLA 钢来说永远是最重要的属性之一。尤其是在 -30℃下的冲击韧性应该足以满足服役要求。由于常用的提高强度和改善韧性的机制相冲突，并且生产设备的能力有限，当强度非常高时，就很难获得良好的韧性，尤其是在低温下。此外，分层（即以单个或多个垂直于主裂纹并平行于板带表面的二次裂纹的分裂形式）在热轧高强钢冲击断裂过程中也经常遇到（Yang et al. 2008a，b）。分层的密度通常是最初随着温度的降低而增加（Tsuji et al. 2004；Song et al. 2005，2006），然后经过一个最大值后再减小。

在许多 HSLA 钢（如 X60、X70、X80 管线钢）中已经广泛研究了分层对韧性的影响（Wallin 2001；Silva et al. 2005，Guo et al. 2002）。经常有报道分层降低上架区域的缺口冲击值（Tsuji et al. 2004；Song et al. 2005，2006；Otárola et al. 2005；Verdeja et al. 2003）。另外，Kimura et al.（2007），Zhao et al.（2005）以及 Pozuelo et al.（2006）研究表明，分层由于具有分层增韧效果可以改善韧性。在 2.4 节中将说明分层对于 -30℃的低温韧性似乎并没有太大影响（Yang et al. 2008b）。这一点应该作为下一步研究的主题。

无论是在动态（如冲击）或静态条件下，对分层的开始都尚未给出充分的解释。从以前的研究可以看出，一些特征，如弯曲的铁素体-珠光体显微组织、伸长的晶粒形状、带状微观组织（Yang et al. 2008a）、某些特定的织构特征（Tsuji et al. 2004；Verdeja et al. 2003；Zhao et al. 2005）、晶界结合力的降低、杂质原子的偏析以及排列有序的粒子（Otárola et al. 2005）和夹杂物（Yang et al. 2008a）都可能导致分层，无论是以上因素单独（Tsuji et al. 2004）或联合作用（Yang et al. 2008a）。尽管这些可能的机制包含了各种不同的方面，但他们有共同的特点是各向异性的微观结构。因此，很自然地可以看出，频繁出现的分层不是由于在 ARB（累计轧制焊合）后不充分的轧制焊合造成的，而是由于在大变形下产生超细的伸长的晶粒结构这种形貌特征（Tsuji et al. 2004）造成的。

在 2.4 节中，钢经过轧制后，在一定温度范围内再加热时，可观察到拉伸样品在断裂表面出现分层。2.4 节详细描述了分层并评估了其对 -30℃低温韧性的影响，论述了分层和随着钢再加热的温度而变化的微观组织间的关系。

1.2 耐火结构钢

世界范围内，钢铁是可供土木工程师使用的最重要的冶金材料。在过去的

20 年中，如何通过使用钢的耐火性以确保安全和降低经济损失，日趋成为一个重要的领域。耐火钢的发展是加强建筑防火安全努力的一个方面。这种努力主要来自于新日铁，其开发出了一些含铌和/或钼的耐火钢。这些钢在高温下的屈服强度增加了，这被认为是特别为满足日本的建筑法规要求而设计的。

传统上，通过将防火及耐火性能应用在钢立柱和横梁上以实现钢建筑结构的耐火性。然而，消防工程已迅速发展，其中一个目标是通过使用较少或不使用传统消防，使耐火性能内置于梁结构中的建筑设计。

进一步确保钢结构消防安全的方法是在建筑物中使用耐火型的结构钢。“耐火钢”这一术语仅仅是指在高温下具有更高的强度性能的一种结构钢，是在建筑物中使用的一种可承受一定程度火灾的典型的型钢。使用这种钢不会使目前的设计程序明显复杂化，只需要在耐火设计计算中使用新的强度降低系数或限制温度表。这种具有高温性能的自身微合金化钢有着很好的市场应用领域，主要用作锅炉以及其他过热材质。然而，目前这些钢虽然在技术上可行，但是不适用于一般的建材市场，在经济上也不具备与现有易于应用的系统的竞争力。

日本的建设标准促使这种具有耐火钢的显微组织的结构钢在日本得到发展。这些标准比欧美标准更严格地限制了钢的最高温度，使钢在该温度下能保留其室温屈服强度的2/3。由日本钢铁制造商命名的很多耐火钢已经在日本市场使用。这些钢在这方面以及其他方面的发展在一篇综述文章（Sha et al. 2001）中进行了概述，该文章引用了大量的参考文献。

在日本，新日铁进行了大量的研究工作，开发了几种耐火钢。依据日本的“新消防安全设计系统”（该系统将钢的高温屈服强度设定为钢的最高允许温度），这些耐火钢代表了对传统钢种的显著改善，然而，他们的优势是有限的，因为欧洲标准和其他建筑标准在设计时不使用“最高允许温度”这个参数。澳大利亚的 Broken Hill Proprietary 公司（BHP）早期就开展了耐火钢的研究。

作者承担了为建筑开发耐火钢的研究项目，综合了由新日铁制造的两个日本耐火钢的显微组织特征和力学测试结果。这些钢的化学成分见表 3. 1。研究表明，在相对高温拉伸强度和细小析出物以及粗大的夹杂物粒子之间有较强的对应关系。新日铁生产的钢具有良好的高温强度和蠕变性能，这来源于钢内部结构中高的点阵摩擦应力。这是因为钢中存在非常精细分布的析出物，这些析出物理论上是碳化物，实际成分为 MX，其中 X 是氮和/或碳，固溶元素钼在约 550℃有强的二次析出波。在这里，术语“点阵摩擦应力”可视为铁的晶体结构对位错运动以及溶质、析出物和位错强化效应的固有阻力。这种晶格摩擦应力在高达 600℃时都能使钢保持其强度，在达到 600℃后晶界开始滑动。

根据已建立的耐火试验数据和当前的标准规范，对在建筑楼层结构中使用这些耐火钢的有效性进行了评估。人们发现，由于要考虑钢结构在火灾中可承受的

"热"瞬时抗弯力矩和负载率，使用这些耐火钢的回报不是很大。通过计算也可以发现，在传统的复合楼层结构中，为了使楼层结构的耐火性能提高30min，所用的钢必须在更高的温度仍保持其高强度，这一温度比传统的商业结构钢材高150℃。

第3章设计了几种实验耐火钢，可用以测试由作者设计的两种可获得更好耐火性能的方法的有效性。第一种是钢中的沉淀析出对火灾中达到的高温的反应，这导致原位强化。第二种是可以提供良好的高温强度的钢的热稳定性。这些钢可以提供比传统结构钢材更好的耐火性能。

第3章描述了耐火钢的微观结构特征和力学性能。作为对照的材料是两个日本钢种和传统的S275钢（指定用于欧洲标准），其前身为43级钢（指定用于英国标准）。对这些钢进行了详细分析。

继Sha et al.(2001)的文献综述中所提到的耐火钢，又开发出了新的实验耐火钢（第3章）。3.3节和3.4节描述和讨论了利用原子探针场离子显微镜的研究结果，包括日本商业用钢的两个样品以及在贝尔法斯特女王大学开发的两个试验钢。这项研究将与其他人和Sha et al.(2001)及其在第3章引用的文献中提到的更传统的技术进行对比。对高温下结构钢行为和耐火钢设计的概述，形成了第3章的总体背景介绍，这在Sha et al.(2001)这一文献中另外给出，这里将不再重复。

1.3 耐热钢

为了节约非再生能源和减少二氧化碳排放量，需要提高化石燃料发电厂的效率，这可以通过发展超临界电厂来实现。含9%～12% Cr的铁素体/马氏体耐热钢热导率高、热膨胀系数低且热疲劳的敏感性低（Masuyama 2001），已被广泛地应用于超超临界（USC）发电厂。

近年来，由于高铬铁素体/马氏体耐热钢优良的力学性能和较低的成本，USC发电厂将其作为一种替代的结构材料取代奥氏体不锈钢。这些钢种的主要优点包括较高的抗氧化和耐腐蚀性能及长期持久强度，这主要依赖于化学成分的创新和优化。增加铬的含量可以提高抗氧化和耐腐蚀性能，并能满足升高工作蒸汽温度的需求（Wang et al. 2009b）。有研究发现增加钨或以钨取代钼（Miyata and Sawaragi 2001）有利于提高持久强度。加入钴以平衡铬当量并在高温正火过程中抑制对持久强度有害的δ铁素体的形成（Yamada et al. 2003）。这些年来，以C-Cr-W-Co作为主要合金元素的钢材由于其优异的抗蠕变性能而日益受到重视（Abe et al. 2007a；Toda et al. 2003）。研究人员发现当钨含量（质量分数）在1%～4%的范围内时，钢的抗蠕变性能与钨的含量成正比。此外，钴对提高持久强度有重要作用，这是因为钴具有三大功效：（1）抑制δ铁素体的形成（Yoshizawa and Igarashi 2007；Yamada et al. 2003）；（2）可能具有抑制 $M_{23}C_6$ 碳化物粗化的效果（Gustafson and Ågren 2001）；（3）增加原子间的结合力（Li et al. 2003）。

然而，最近的研究表明，含9%～12% Cr的铁素体/马氏体耐热钢的显微组织稳定性对于钢在长期服役条件下的持久强度来说是最关键的因素。研究人员已经意识到，如何提高组织稳定性对于开发具有高持久强度的钢材来说是一个关键的问题（Kimura et al. 2010）。一方面，研究人员发现钨阻止马氏体板条的迁移（Abe 2004）；另一方面，钨有利于大尺寸Laves相的形成并不利于组织稳定性（Abe 2001）。此外，钴似乎会加速钨的析出，从而导致Laves相的快速粗大化，这将引起蠕变孔洞的形成（Cui et al. 2001；Lee et al. 2006）。

除了抗蠕变性，高温下的抗氧化性对于耐热钢来说也是一个重要问题，它可以通过提高钢中的铬含量来加以改善。然而，铬是形成Z相的主要元素（Danielsen and Hald 2009；Golpayegani et al. 2008），而Z相的形成将导致持久性能的恶化（Sawada et al. 2006b，2007）。此外，有报道表明在高铬铁素体钢中，Z相形成的驱动力取决于钢中的铬含量（Danielsen and Hald 2004）。综合考虑这些方面，需要添加适量的铬以实现抗氧化性能和抗蠕变性能之间的平衡。

在第4章中，根据ASME-P92的化学成分，通过添加钨和钴，设计了10Cr铁素体/马氏体钢。书中给出了钢的抗蠕变性能并展示了在高温蠕变过程中的组织演变情况。这一章的目的是从调整化学成分的观点出发，开发提高组织稳定性的一些基本思路，并能有助于开发抗氧化和抗蠕变性能两者都优于ASME-P92钢的先进高铬耐热钢。

1.4 氮化物强化铁素体/马氏体钢

1.4.1 低活化铁素体/马氏体钢和降碳的影响

低活化铁素体/马氏体钢（RAFM）被视为未来的聚变和裂变发电反应堆的候选结构材料。与奥氏体不锈钢相比，RAFM钢不仅具有良好的力学性能和热导率，而且具有优良的耐辐照膨胀作用。目前，RAFM钢、Eurofer 97（欧洲参考材料）、JLF-1（在日本低活化铁素体钢系列中）、F82H、9Cr-2WVTa（Fe-9Cr-2W-0.25V-0.12Ta-0.1C）和CLAM（中国低活化马氏体），都用铬、钨、锰、钒、钽、碳和氮进行合金化（Baluc et al. 2007b），在欧洲、日本、美国和中国都进行了开发工作。印度还开发了RAFM钢及氧化物弥散强化钢（ODS）（Wong et al. 2008；Saroja et al. 2011）。所有这些钢的强化包括固溶强化和沉淀硬化。这些钢的固溶强化依赖于加入的铬和钨，而沉淀硬化则依赖于如 $M_{23}C_6$ 的析出物（其中M主要是Cr及其置换元素Fe），以及MX（M = V，Ta；X = C，N）碳氮化物。众所周知，蠕变过程中析出相的粗大化导致粒子间距离的增加，而析出强化的效果与距离成反比，因此持久强度最终将降低。不同的析出物有不同的粗化率。Sawada et al.（2001）发现 $M_{23}C_6$ 碳化物的粗化率比 MX 型的析出物高出很多。对钢中的碳含量进行最优化控制，将碳化物转变为氮化物或碳氮化物以提高 RAFM 钢持久强度，这可能是一种有效的方法。Taneike et al.（2003）研究了具有不同碳含量的钢的抗蠕变性能，他发现钢蠕变断裂的时间可以通过将碳含量降低到非常低的水平而得到显著增加，这是由于在微观组织中消除了碳化物并形成了细小的、热稳定的以及均匀分布的碳氮化物或氮化物。作为 USC 发电生产过程中的结构材料，关于氮化物强化高铬铁素体/马氏体耐热钢的研究已开展了大量工作（Taneike et al. 2004；Yin et al. 2007；Yin and Jung 2009；Abe et al. 2007b；Toda et al. 2005；Sawada et al. 2004）。然而，氮化物强化 RAFM 钢的发展比较有限。在第 5 章，对氮化物强化 RAFM 钢的微观组织和力学性能以及较高的蠕变断裂强度进行了讨论。

这些 RAFM 钢中去除了钼和铌，并以钨、钽替代，以获得低的活化性能。这些耐热钢的典型显微组织含回火板条马氏体基体和其中弥散分布的析出物（Ghassemi-Armaki et al. 2009）。这些析出物对组织稳定性十分重要。然而，一些研究结果（Maruyama et al. 2001；Gustafson and Agren 2001）（5.1 节和 5.2 节）表明，随着服役时间的延长，$M_{23}C_6$ 碳化物长大得太快以致不能钉扎位错运动，也不能防止晶界或板条边界迁移，导致过早断裂。开发耐热钢一直有一个目标即寻求热稳定粒子以获得高度稳定的微观组织。细小的氧化物（如 Y_2O_3 和 $YTiO_3$）有惊人的热稳定性，并可以防止显微组织退化，因此开发了 ODS 钢，如 Eurofer 97-ODS 和 CLAM-ODS 钢（de Castro et al. 2007；Olier et al. 2009；Klimenkov et al. 2009）。然而，ODS 钢的显微组织由于生产工序的原因通常是各向异性的，并且其韧-脆转变温度（DBTT）非常高（Lindau et al. 2005；Kurtz et al. 2009），但钢表现出较好的热稳定性（Schaeublin et al. 2002；Yu et al. 2005）。同时，其制造涉及复杂和昂贵的粉末冶金过程。这些因素使 ODS 钢的工业化生产变得非常困难。

除了氧化物之外，氮化物也是热稳定的。对于金属元素，其氮化物在相同条件下比其碳化物的生长速度慢（Yong 2006）。Taneike et al.（2003）发现在 9% Cr 马氏体钢中，当碳含量降低到 0.018%（质量分数）时，$M_{23}C_6$ 碳化物的析出受到抑制，并且刺激氮化物均匀地分散，这会极大地提高钢的组织稳定性和蠕变强度。为了消除 $M_{23}C_6$ 碳化物，Taneike et al. 降低碳含量甚至低于 0.002%，开发出了完全氮强化的马氏体钢。在这种钢中，没有析出 $M_{23}C_6$，MX 氮化物沿晶界和板条边界分布（Abe et al. 2007b；Taneike et al. 2004）。由于氮化物的热稳定性高，氮化物强化的马氏体钢在高温下表现出优异的抗蠕变性能。

众所周知，单相微观组织有利于钢获得高的蠕变强度。然而，当碳含量降低到一个非常低的水平时，如果其他的成分没有变化，将不可避免地形成δ-铁素体（5.1~5.3节），这将成为蠕变过程中的薄弱环节并不利于韧性和抗蠕变性能（Ryu et al. 2006；Yoshizawa and Igarashi 2007）。因此，成分设计应考虑消除δ-铁素体。Taneike et al. 添加3%钴以抑制δ-铁素体。然而和普通马氏体耐热钢不同，由于钴对降低活化性具有负面影响，因此低活化马氏体钢中不能含有钴。有趣的是，锰和钴在元素周期表中都与铁相邻，锰可用于抑制RAFM钢中的δ-铁素体。因此，可以通过降低碳和适量添加锰开发氮化物强化低活化马氏体钢。

氮化物强化低活化马氏体钢是新颖的，相关的文献报道很少。5.4~5.6节研究了显微组织和力学性能随着碳含量的降低可能发生的变化。对由于碳含量降低而引起的一些特性进行了阐述。

在该领域已发表的研究结果中，以性能水平定义了合金发展的最终目标（van der Schaaf et al. 2000；Klueh et al. 2000，2002；Jitsukawa et al. 2002；Baluc et al. 2007a）。在大多数的论文中，力学性能的目标希望能相当于或优于9Cr-1Mo回火马氏体钢，并指出了降低活化度水平的目标。此外，论文中描述了RAFM钢的预期服役条件（Baluc 2009），指出了辐照后韧性的目标水平（Jitsukawa et al. 2009），介绍了9CrWVTaN马氏体钢（Klueh 2008）。

关于钢发展的性能目标，多数7~12Cr马氏体钢在服役条件下，预期的操作温度范围为300~550℃。在温度低于400℃时，由于辐照而使钢的韧性降低是钢的发展的最大问题之一，因此在辐照前需要更高的韧性。

提高高温强度是另一个发展方向。已有研究尝试将温度上限提高到600℃以上（高达700℃）（Kurtz et al. 2009；Klueh 2008；Klueh et al. 2007；de Carlan et al. 2004）。这些钢的回火温度为750℃甚至更高。回火温度相当或低于预期的操作温度可导致钢在服役过程中微观组织不稳定。

上面给出了有关钢材的信息。然而在5.4~5.6节中所述的新钢种是试验钢，是钢发展的一个大程序中的部分内容。因此，希望能进一步改进其成分和加工工序。5.4~5.6节的目的是通过使用两个不同碳含量的9Cr基钢为钢未来的发展提供基础，并有助于我们以材料科学的观点理解材料。

1.4.2 冲击韧性

发电厂的效率可以通过提高蒸汽参数得到改善。目前，正在开发对应650℃的高蒸汽参数的耐热钢。将诸如T/P91、T/P92和E211等耐热钢列在考虑范围之外，是因为它们在高温下的服役过程中会失去微观组织的稳定性（Weisenburger et al. 2008）。应开发更先进的钢以满足这一要求。

耐热钢的组织稳定性高将获得良好的蠕变强度，这已被广泛接受。析出物基

本是 $M_{23}C_6$ 和 MX，即 Nb、V 或 Ti 的碳氮化物。MX 型碳氮化物比 $M_{23}C_6$ 型碳化物的稳定性更好。为了获得具有高稳定性的微观组织，期望在耐热钢中获得稳定的析出物（如 MX 型碳氮化物）。

除了这一初始的回火马氏体组织，还需要注意长期的组织稳定性。这种粗大的析出相，如 Laves 相（Fe_2W 或 Fe_2Mo）和 Z 相（(Cr,Nb)N）应延迟析出，虽然它们只能在经过了漫长的服役时间后才形成（Sawada et al. 2006a）。Laves 相和 Z 相的形成是一个热自发过程，这是无法避免的（Shen et al. 2009）。然而，这个过程可以通过降低钨、钼和氮含量而延迟。

氮化物强化马氏体耐热钢就是基于上述思路得以发展的。在论述氮化物强化马氏体钢的合金设计和力学性能之后，5.7 节将介绍该钢在回火后表现出的良好冲击韧性。

1.5　低镍马氏体时效钢

马氏体时效钢是一类特殊的超高强度钢，同时具有良好的韧性，是马氏体强化合金（Guo et al. 2004）。马氏体时效钢通过析出强化，不同于其他通过碳强化的钢种（Sha and Guo 2009）。“马氏体时效”这一术语是指在低碳、铁-镍板条马氏体基体中的时效硬化。析出强化是由于形成了析出物，这里指镍和钼、镍和钛或其他添加的合金化元素和镍，或其他元素组合形成的金属间化合物强化相。经过析出强化后，钢的性能显著提高，其特点是具有高的抗拉强度，同时具有高的韧性和良好的焊接性和延展性。

开发马氏体时效钢是为了其特殊用途，需要高的强度和良好的韧性相结合。马氏体时效钢由于其具有良好的机械加工性能（Sha and Guo 2009；Guo and Sha 2004b）早已被视为优秀的材料，已在工业中广泛应用了几十年，例如在飞机、航空航天和模具上得到应用。

商业用马氏体时效钢具有足够高的镍含量（多数是 18%（质量分数）），可以在固溶处理后经空冷至室温的条件下就能产生马氏体（Sha and Guo 2009）。镍已被广泛应用于马氏体时效钢。其优点是镍能提高铁的屈服强度，而且还能够降低铁的韧-脆转变温度 DBTT（裂解），所以它是一种同时提高强度和提高韧性的合金化方法。然而，高镍含量意味着高成本，这导致这些钢材的应用在很大程度上被限制在了特定的部门（如航空航天）。由此产生了以其他替代成分开发低成本且具有相当性能的钢种的尝试。

很多研究都致力于开发低镍、钴含量的钢种，这是因为镍和钴很昂贵，并且是具有显著战略意义的合金元素，因此有必要开发低镍、钴含量的新型马氏体时效钢。在 20 世纪 70 年代，钴的价格急剧增加，促进了无钴马氏体时效钢的发展（Leitner et al. 2010）。开发 18%（质量分数）镍和无钴马氏体时效钢是一个了不起的成就（Teledyne Vasco 和 Inco，美国），随后又将镍含量（质量分数）降低到14%，不含钴。这些研究进一步发展的另一个例子是 PH13-8Mo 类型的钢（Guo et al. 2003）。

第7章探讨进一步开发低镍马氏体时效钢，这应该能降低成本。镍的高成本使得人们另行思考这些钢中需要该元素的实际程度及其应用领域的限制，因为高成本材料不适合一般的应用（如在土木建筑中）。

表1.1所示为现有和正在开发的马氏体时效钢的成分和每吨合金的价格。12%镍钢和标准的18%镍钢相比，每吨可节省约2400英镑；12%镍钢与标准的无钴18%镍钢相比，每吨可节省800英镑。表1.1中所示的合金成本是基于最近英国的纯金属价格，因此仅供说明使用，因为金属价格会随时间和地点发生改变。

表1.1 利用纯金属价格估计合金的成本

成 分	每吨钢的成本
Fe-18Ni-3.3Mo-8.5Co-0.2Ti-0.1Al	£ 3807
Fe-18.5Ni-3Mo-0.7Ti-0.1Al	£ 2212
Fe-12.94Ni-1.61Al-1.01Mo-0.23Nb	£ 1400

为了更好地理解镍在马氏体时效钢中的功能，第7章研究了 Fe-12.94Ni-1.61Al-1.01Mo-0.23Nb（质量分数,%，本书中的所有成分除另有说明都为质量分数）马氏体时效钢。研究的最终目标是开发新型具有较低镍含量的细晶马氏体时效钢，在降低钢材成本的同时获得高的强度和良好的韧性。近期目标是完成马氏体时效钢的力学性能测试和微观结构表征。主要为商业用钢材的开发做贡献。表1.2突出显示了开发高强钢的理念和以往的研究（Howe 2000；Morris et al. 2000；Leinonen 2001；Priestner and Ibraheem 2000）之间的差异。

表1.2 研究的创新点和贡献

本 研 究	以前的研究
提高了韧性并具有相当的强度	提高了强度并保留相当的韧性
再细化晶粒尺寸→时效处理→使用	再细化晶粒尺寸→使用（Howe 2000）
获得细晶粒（$<5\mu m$）	获得超细晶粒（$\sim 1\mu m$）（Howe 2000）
通过使用廉价合金元素降低成本	通过选择最经济的加工路线降低成本（Morris et al. 2000；Leinonen 2001；Priestner and Ibraheem 2000）

利用X射线衍射分析所形成的残留的或已转变的奥氏体，给出时效处理之前和之后的硬度，然后确定硬度曲线。通过夏比冲击试验测试韧性。主要目的是通过较低的奥氏体化温度和在临界区退火以提高这种马氏体时效钢的韧性。

1.6 冷成形钢制龙门架

龙门架大部分使用传统的热轧型钢作为主要承载部件（即立柱和椽子），冷成形钢材作为次要部件（即檩条、侧轨和包覆层）。使用热轧钢板可以实现的跨度达60m。另外，对于适中的跨度，使用冷成形钢材作为主要承载部件（即立柱和椽子）替代传统的热轧钢材应是可行的。

对于适中的跨度达30m的建筑物，冷成形钢制龙门架（图1.2）是一种越来越流行的建筑形式，特别是在澳大利亚和英国，通常用于低层的商业、轻工业和农业建筑。这些建筑使用冷成形槽钢—立柱和椽子构件，其连接通过背对背加固板紧固到槽钢腹板上形成（图1.3）。

图1.2　冷成形钢制龙门架系统

在冷成形钢制龙门架的实际设计中，会涉及使用冷成形钢制造商的产品，可以通过在一些不同的候选槽钢中选取适当的立柱和椽子的截面而获得经济的设计。这是可行的，因为每个冷成形钢材制造商在他们的目录中只有分散的截面尺寸。更重要的是，通常认为与框架的外形格局和拓扑结构（框架倾角和框架间距）相关的参数配置是固定的。

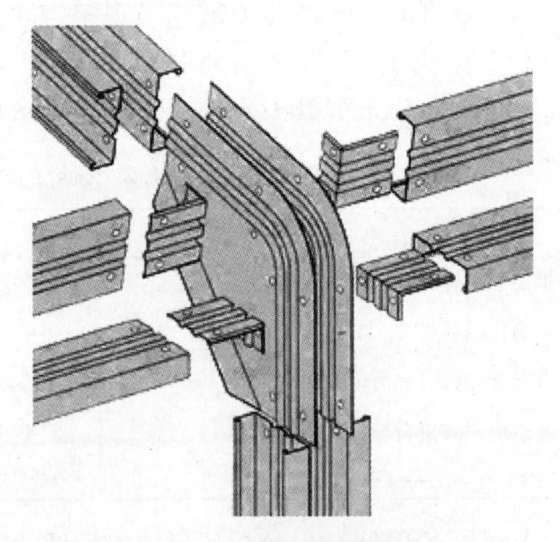

图1.3　铁模横梁屋檐连接处

然而，框架的拓扑结构（框架倾角和框架间距）对整体结构响应起着关键的作用。因此，确定这些参数，结合如上所述冷成形钢材截面的选择，可以获得高效率、价格合理的建筑。第9

章中的研究将集中在优化龙门架构造形式，其目标函数是使单位长度建筑的费用最少。

由于冷成形钢的制造和安装成本远低于热轧钢，因此框架倾角和间距可以在一定的范围内变化。与热轧钢制龙门架相比，冷成形钢制龙门架系统的其他优点如下（Lim and Nethercot 2002）：预镀锌冷成形型钢不需要通过涂漆来防止生锈，可免于维护；由于冷成形型钢可高效地堆放，其运输成本较低。此外，由于用于次要构件的冷成形钢可以在同一制造商/供应商处购买，其采购成本较低。

对于使用冷成形钢的框架，在屋檐和顶点处的抗弯接头可通过机械连锁装置（图 1.4(a)）成形。可以看出，接头部位是通过托架用螺栓固定到槽钢腹板上而形成，与托架和槽钢腹板都相匹配的铁模互相连锁，从而形成刚性连接。对于较长跨度的框架，为减少立柱和椽构件的截面尺寸，通常在屋檐处有膝形拉条（图 1.4(b)）。膝形拉条可承受轴向载荷，使立柱和椽子在接头周围的弯曲力矩降低（Rhodes and Burns 2006）。

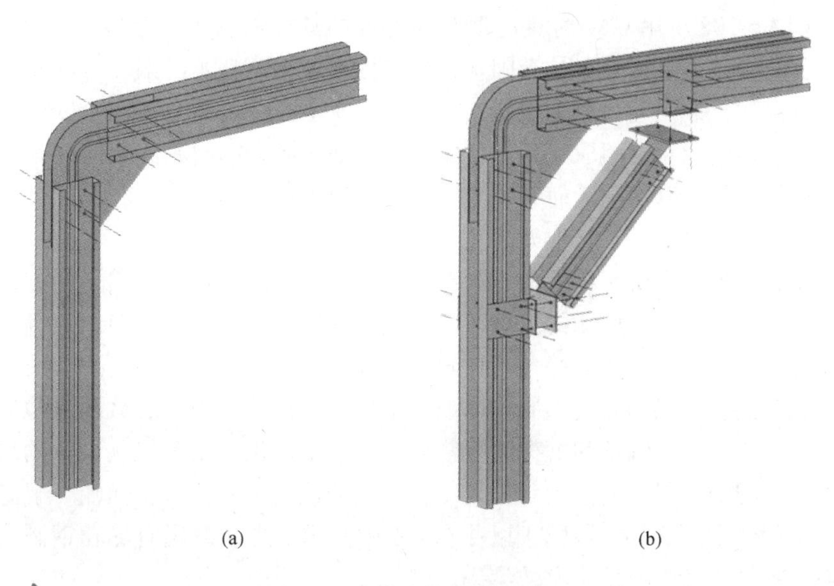

图 1.4　屋檐连接处装置详情
（a）机械连锁；（b）膝形拉条

在过去的 30 年中，结构设计的优化已经引起了研究人员的高度重视（Gero et al. 2005）。许多结构工程设计问题有离散的决策变量。例如，在钢框架的设计中，立柱和椽子的截面尺寸可以从标准表中选择。求解复杂组合优化问题，如对钢制龙门架的设计，最有效的方法之一是遗传算法（GAs），这种算法基于达尔文的适者生存原则。

二进制编码的 GAs 已应用于热轧钢框架的设计以寻找离散的截面尺寸，使构件能最大限度地减少结构重量（Kameshki and Saka 2001；Toropov and Mahfouz 2001；Gero et al. 2006）。然而，用二进制编码 GAs 处理连续决策变量时，需要进行复杂的额外计算，这是它的局限性之一（Deb 2001）。因此，研究人员提出了实时编码 GAs（Deb 2001；Deb and Gulati 2001）以解决二进制编码 GAs 的缺点。

对于热轧龙门架的优化设计，Saka（2003）描述了一个二进制编码的遗传算法，通过从可用的标准构件目录中选择最合适的热轧钢板的立柱和椽子的截面尺寸以减少龙门架的重量，该算法基于英国标准中所描述的弹性分析和设计（BS 5950-1）。最近，Issa 和 Mohammad（2010）采用二进制字符串描述的遗传算法研究了同样的问题。他们使用固定的间隔改变特定范围内椽突起构件的长度和深度，以确定突起构件的最优尺寸。Hernandez et al.（2005）根据数学程序提出了一个名为 PADO 的优化设计软件，按照西班牙实践规范（EA-95）对热轧钢制龙门架进行优化设计。Chen 和 Hu（2008）根据中国对龙门架的技术要求（CECS-102）用 GAs 对具有变断面部件的热轧钢制龙门架进行了优化。

以前的研究主要集中在具有固定拓扑结构的热轧钢制龙门架，对倾角和框架间距没有优化，并设定为**早期设计**。在第 9 章中提出了一种 GA，通过将单位长度建筑中主要结构元素的成本最小化的方法以期对冷轧钢制龙门架的成本进行最小化设计。虽然可以使用任何一种实践规范，但这里采用了澳大利亚的规范，因为在澳大利亚很少下雪，其框架跨度可以更大。

优化方法解决了所有相关的永久载荷及外加荷载的组合，采用了全方位的设计约束，并考虑到所有可能的风载荷的组合。这里假定全部的侧向约束都施加到立柱和椽子上。此外，假设檩条、侧轨和覆盖薄板的成本独立于框架间距。第 9 章对热轧钢制龙门架的研究不同于以前的工作，对立柱和椽子的截面尺寸以及建筑的拓扑结构，包括倾角和框架间距都同时进行了优化。用于优化设计的决定性变量是框架间距、屋顶的倾角和主要结构元素的截面尺寸。不言而喻，解空间有离散和连续变量。此外，不同于以往在 GA 中使用二进制编码对热轧钢制龙门架的研究，在第 9 章中使用了实数编码。

1.7 消防工程

为了符合建筑法规，消防安全设计是一个必要的措施。在一般情况下，建筑物的防火保护可分为两种类型的措施：主动和被动。主动措施关注的是在早期阶段的检测和灭火，通过使用警报、控制烟雾及其他有害元素、室内消防或控制及其他消防安全管理体系得以实现。被动的消防安全设计措施主要关注的是在发生火灾时结构上的防火和逃生手段。这可以通过加强结构性能实现，包括使用可耐火的梁和立柱、隔离、控制结构建筑物的可燃性以及提供固定的逃生路线。

消防工程对建筑结构的消防安全是一个被动的措施。传统上已经使用所提供的钢立柱和横梁的保护材料以实现钢结构的耐火性。规定耐火是指工程师设计的钢结构是基于其整体强度的，然后根据指定的耐火要求，通过使用预定义的图表和表格，确定所需要的耐火保护。消防工程的另一个被动措施是利用钢在高温下的性能和行为对钢结构进行分析设计。这种类型的被动措施是更经济的，可以最小化或消除对耐火的需要。

基于分析方法，消防工程得到发展，已开发出有内置耐火功能的钢结构，如薄的（也称为浅的）地板梁建筑。英国钢铁公司（现在的 Tata 钢铁公司）和英国钢结构研究所（SCI）已经开发了两种薄地板梁：加工 Slimflor 梁和不对称 Slimflor 梁，即 Slimdek 梁。此外，在斯堪的纳维亚半岛开发了 Top-Hat 梁（第 10 和 11 章）。Slimflor 系统包括一个 Slimflor 梁以及在预制楼板中填充混凝土或是有深盖板的复合材料结构。复合 Slimdek 系统使用有深盖板的不对称 Slimflor 梁（ASB）结构。钢结构中耐火工程的另一个选择是用耐火钢，它与传统钢材相比，具有更好的高温强度。

第 10 章是关于消防工程计算机软件的开发和使用，包括最初由 SCI 开发的两种类型的软件，分别为地板梁失火情况下的瞬时负载量和温度建模。第一种类型的程序是用于计算高温下薄地板梁的瞬时负载量和传统的复合工字型梁的耐火性能参数。第二种类型的程序（TFIRE）可用来对有膨胀涂层保护的 Slimflor 梁的热传递和温度的演变进行建模。

参 考 文 献

Abe F(2001)Creep rates and strengthening mechanisms in tungsten-strengthened 9Cr steels. Mater Sci Eng A 319-321：770-773. doi：10. 1016/S0921-5093（00）02002-5.

Abe F（2004）Coarsening behavior of lath and its effect on creep rates in tempered martensitic 9Cr-W steels. Mater Sci Eng A 387-389：565-569. doi：10. 1016/j. msea. 2004. 01. 057.

Abe F，Semba H，Sakuraya T(2007a)Effect of boron on microstructure and creep deformation behavior of tempered martensitic 9Cr steel. Mater Sci Forum 539-543：2982-2987.

Abe F，Taneike M，Sawada K(2007b)Alloy design of creep resistant 9Cr steel using a dispersion of nano-sized carbonitrides. Int J Press Vessels Pip 84：3-12. doi：10. 1016/j. ijpvp. 2006. 09. 003.

Asahi H，Hara T，Sugiyama M，Maruyama N，Terada Y，Tamehiro H，Koyama K，Ohkita S，Morimoto H(2004a)Development of plate and seam welding technology for X120 linepipe. Int J Offshore Polar Eng 14：11-17.

Asahi H，Tsuru E，Hara T，Sugiyama M，Terada Y，Shinada H，Ohkita S，Morimoto H，Doi N，Murata M，Miyazaki H，Yamashita E，Yoshida T，Ayukawa N，Akasaki H，Macia ML，Petersen CW，Koo JY(2004b)Pipe production technology and properties of X120 linepipe. Int J Offshore Polar Eng 14: 36-41.

Baluc N (2009) Material degradation under DEMO relevant neutron fluences. Phys Scr 2009: 014004. doi: 10.1088/0031-8949/2009/T138/014004.

Baluc N, Abe K, Boutard JL, Chernov VM, Diegele E, Jitsukawa S, Kimura A, Klueh RL, Kohyama A, Kurtz RJ, Lasser R, Matsui H, Moslang A, Muroga T, Odette GR, Tran MQ, van der Schaaf B, Wu Y, Yu J, Zinkle SJ (2007a) Status of R&D activities on materials for fusion power reactors. Nucl Fusion 47: S696-S717. doi: 10.1088/0029-5515/47/10/S18.

Baluc N, Gelles DS, Jitsukawa S, Kimura A, Klueh RL, Odette GR, van der Schaaf B, Yu J (2007b) Status of reduced activation ferritic/martensitic steel development. J Nucl Mater 367-370: 33-41. doi: 10.1016/j.jnucmat.2007.03.036.

Chen Y, Hu K (2008) Optimal design of steel portal frames based on genetic algorithms. Front Archit Civ Eng China 2: 318-322. doi: 10.1007/s11709-008-0055-1.

Cui J, Kim IS, Kang CY, Miyahara K (2001) Creep stress effect on the precipitation behavior of Laves phase in Fe-10% Cr-6% W alloys. ISIJ Int 41: 368-371. doi: 10.2355/isijinternational.41.368.

Danielsen HK, Hald J (2004) Z-phase in 9-12% Cr steels. In: Viswanathan R, Gandy D, Coleman K (eds) Proceedings of the 4th International Conference on Advances in Materials Technology for Fossil Power Plants. ASM International, Materials Park, OH, pp 999-1012.

Danielsen HK, Hald J (2009) Tantalum-containing Z-phase in 12% Cr martensitic steels. Scr Mater 60: 811-813. doï: 10.1016/j.scriptamat.2009.01.025.

Deb K (2001) Multi-objective optimization using evolutionary algorithms. Wiley, Chichester Deb K, Gulati S (2001) Design of truss-structures for minimum weight using genetic algorithms. Finite Elem Anal Des 37: 447-465. doi: 10.1016/S0168-874X(00)00057-3.

de Carlan Y, Murugananth M, Sourmail T, Bhadeshia HKDH (2004) Design of new Fe-9CrWV reduced-activation martensitic steels for creep properties at 650℃. J Nucl Mater 329-333: 238-242. doi: 10.1016/j.jnucmat.2004.04.017.

de Castro V, Leguey T, Munoz A, Monge MA, Fernandez P, Lancha AM, Pareja R (2007) Mechanical and microstructural behaviour of Y_2O_3 ODS EUROFER 97. J Nucl Mater 367-370: 196-201. doi: 10.1016/j.jnucmat.2007.03.146.

Fairchild DP, Macia ML, Bangaru NV, Koo JY (2004) Girth welding development for X120 linepipe. Int J Offshore Polar Eng 14: 18-28.

Gero MBP, García AB, del Coz Díaz JJ (2005) A modified elitist genetic algorithm applied to the design optimization of complex steel structures. J Constr Steel Res 61: 265-280. doi: 10.1016/j.jcsr.2004.07.007.

Gero MBP, García AB, del Coz Díaz JJ (2006) Design optimization of 3D steel structures: genetic algorithms vs. classical techniques. J Constr Steel Res 62: 1303-1309. doi: 10.1016/j.jcsr.2006.02.005.

Ghassemi-Armaki H, Chen RP, Maruyama K, Yoshizawa M, Igarashi M (2009) Static recovery of tempered lath martensite microstructures during long-term aging in 9-12% Cr heat resistant steels. Mater Lett 63: 2423-2425. doi: 10. 1016/j. matlet. 2009. 08. 024.

Golpayegani A, Andrén HO, Danielsen H, Hald J(2008) A study on Z-phase nucleation in martensitic chromium steels. Mater Sci Eng A 489: 310-318. doi: 10. 1016/j. msea. 2007. 12. 022.

Guo W, Dong H, Lu M, Zhao X(2002) The coupled effects of thickness and delamination on cracking resistance of X70 pipeline steel. Int J Pressure Vessels Pip 79: 403-412. doi: 10. 1016/S0308-0161(02)00039-X.

Guo Z, Sha W, Vaumousse D(2003) Microstructural evolution in a PH13-8 stainless steel after ageing. Acta Mater 51: 101-116. doi: 10. 1016/S1359-6454(02)00353-1.

Guo Z, Sha W(2004a) Kinetics of ferrite to Widmanstätten austenite transformation in a highstrength low-alloy steel revisited. Z Metallkd 95: 718-723.

Guo Z, Sha W(2004b) Comments on small-angle neutron scattering analysis of the precipitation behaviour in a maraging steel by Staron, Jamnig, Leitner, Ebner & Clemens(2003). J Appl Crystallogr 37: 325-326. doi: 10. 1107/S0021889803028127.

Guo Z, Sha W, Li D(2004) Quantification of phase transformation kinetics of 18 wt% Ni C250 maraging steel. Mater Sci Eng A 373: 10-20. doi: 10. 1016/j. msea. 2004. 01. 040.

Gustafson A, Agren J(2001) Possible effect of Co on coarsening of $M_{23}C_6$ carbide and Orowan stress in a 9% Cr steel. ISIJ Int 41: 356-360. doi: 10. 2355/isijinternational. 41. 356.

Hernandez S, Fontan AN, Perezzan JC, Loscos P (2005) Design optimization of steel portal frames. Adv Eng Softw 36: 626-633. doi: 10. 1016/j. advengsoft. 2005. 03. 006 .

Howe AA(2000) Ultrafine grained steels: industrial prospects. Mater Sci Technol 16: 1264-1266. doi: 10. 1179/026708300101507488.

Issa HK, Mohammad FA(2010) Effect of mutation schemes on convergence to optimum design of steel frames. J Constr Steel Res 66: 954-961. doi: 10. 1016/j. jcsr. 2010. 02. 002.

Jitsukawa S, Tamura M, van der Schaaf B, Klueh RL, Alamo A, Petersen C, Schirra M, Spaetig P, Odette GR, Tavassoli AA, Shiba K, Kohyama A, Kimura A(2002) Development of an extensive database of mechanical and physical properties for reduced-activation martensitic steel F82H. J Nucl Mater 307-311: 179-186. doi: 10. 1016/S0022-3115(02)01075-9.

Jitsukawa S, Suzuki K, Okubo N, Ando M, Shiba K(2009) Irradiation effects on reduced activation ferritic/martensitic steels-tensile, impact, fatigue properties and modelling. Nucl Fusion 49: 115006. doi: 10. 1088/0029-5515/49/11/115006.

Kameshki E, Saka MP(2001) Optimum design of nonlinear steel frames with semi-rigid connections using a genetic algorithm. Comput Struct 79: 1593-1604. doi: 10. 1016/S0045-7949 (01) 00035-9.

Kim YM, Kim SK, Lim YJ, Kim NJ(2002) Effect of microstructure on the yield ratio and low temperature toughness of linepipe steels. ISIJ Int 42: 1571-1577. doi: 10. 2355/isijinternational. 42. 1571.

Kimura Y, Inoue T, Yin F, Sitdikov O, Tsuzaki K(2007) Toughening of a 1500MPa class steel through formation of an ultrafine fibrous grain structure. Scr Mater 57: 465-468. doi: 10. 1016/j. scriptamat. 2007. 05. 039.

Kimura K, Toda Y, Kushima H, Sawada K (2010) Creep strength of high chromium steel with ferrite matrix. Int J Press Vessels Pip 87: 282-288. doi: 10.1016/j.ijpvp.2010.03.016.

Klimenkov M, Lindau R, Moslang A(2009) New insights into the structure of ODS particles in the ODS-Eurofer alloy. J Nucl Mater 386-388: 553-556. doi: 10.1016/j. jnucmat.2008.12.174.

Klueh RL(2008) Reduced-activation steels: future development for improved creep strength. J Nucl Mater 378: 159-166. doi: 10.1016/j.jnucmat.2008.05.010.

Klueh RL, Cheng ET, Grossbeck ML, Bloom EE(2000) Impurity effects on reduced-activation ferritic steels developed for fusion applications. J Nucl Mater 280: 353-359. doi: 10.1016/ S0022-3115(00)00060-X.

Klueh RL, Gelles DS, Jitsukawa S, Kimura A, Odette GR, van der Schaaf B, Victoria M (2002) Ferritic/martensitic steels-overview of recent results. J Nucl Mater 307-311: 455-465. doi: 10.1016/S0022-3115(02)01082-6.

Klueh RL, Hashimoto N, Maziasz PJ(2007) New nano-particle-strengthened ferritic/martensitic steels by conventional thermo-mechanical treatment. J Nucl Mater 367-370: 48-53. doi: 10.1016/ j.jnucmat.2007.03.001.

Koo JY, Luton MJ, Bangaru NV, Petkovic RA, Fairchild DP, Petersen CW, Asahi H, Hara T, Terada Y, Sugiyama M, Tamehiro H, Komizo Y, Okaguchi S, Hamada M, Yamamoto A, Takeuchi I(2004) Metallurgical design of ultra high-strength steels for gas pipelines. Int J Offshore Polar Eng 14: 2-10.

Kurtz RJ, Alamo A, Lucon E, Huang Q, Jitsukawa S, Kimura A, Klueh RL, Odette GR, Petersen C, Sokolov MA, Spatig P, Rensman JW(2009) Recent progress toward development of reduced activation ferritic/martensitic steels for fusion structural applications. J Nucl Mater 386-388: 411-417. doi: 10.1016/j.jnucmat.2008.12.323.

Lee JS, Armaki HG, Maruyama K, Maruki T, Asahi H (2006) Causes of breakdown of creep strength in 9Cr-1.8W-0.5Mo-VNb steel. Mater Sci Eng A 428: 270-275. doi: 10.1016/ j.msea.2006.05.010.

Leinonen JI(2001) Processing steel for higher strength. Adv Mater Process 159(11): 31-33.

Leitner H, Schober M, Schnitzer R(2010) Splitting phenomenon in the precipitation evolution in an Fe-Ni-Al-Ti-Cr stainless steel. Acta Mater 58: 1261-1269. doi: 10.1016/j. actamat. 2009.10.030.

Li PJ, Xiong YH, Liu SX, Zeng DB(2003) Electron theory study on mechanism of action of cobalt in Fe-Co-Cr based high-alloy steel. Chin Sci Bull 48: 208-210.

Lim JBP, Nethercot DA(2002) Design and development of a general cold-formed steel portal framing system. Struct Eng 80(21): 31-40.

Lindau R, Moslang A, Rieth M, Klimiankou M, Materna-Morris E, Alamo A, Tavassoli AAF, Cayron C, Lancha AM, Fernandez P, Baluc N, Schaublin R, Diegele E, Filacchioni G, Rensman JW, van der Schaaf B, Lucon E, Dietz W(2005) Present development status of EUROFER and ODS-EUROFER for application in blanket concepts. Fusion Eng Des 75-79: 989-996. doi: 10.1016/j.fusengdes.2005.06.186.

Maruyama K, Sawada K, Koike J(2001)Strengthening mechanisms of creep resistant tempered martensitic steel. ISIJ Int 41: 641-653. doi: 10.2355/isijinternational.41.641.

Masuyama F(2001)History of power plants and progress in heat resistant steels. ISIJ Int 41: 612-625. doi: 10.2355/isijinternational.41.612.

Miyata K, Sawaragi Y(2001)Effect of Mo and W on the phase stability of precipitates in low Cr heat resistant steels. ISIJ Int 41: 281-289. doi: 10.2355/isijinternational.41.281.

Morris JW, Krenn CR, Guo Z(2000)19th ASM Heat Treating Society conference and exposition including steel heat treating in the new millenium: an international symposium in honor of Professor George Krauss. ASM International, Materials Park, pp 526-535.

Olier P, Bougault A, Alamo A, de Carlan Y(2009)Effects of the forming processes and Y_2O_3 content on ODS-Eurofer mechanical properties. J Nucl Mater 386-388: 561-563. doi: 10.1016/j.jnucmat.2008.12.177.

Otarola T, Hollner S, Bonnefois B, Anglada M, Coudreuse L, Mateo A(2005)Embrittlement of a superduplex stainless steel in the range of 550-700℃. Eng Fail Anal 12: 930-941. doi: 10.1016/j.engfailanal.2004.12.022.

Pozuelo M, Carreño F, Ruano O(2006)A delamination effect on the impact toughness of an ultrahigh carbon-mild steel laminate composite. Compos Sci Technol 66: 2671-2676. doi: 10.1016/j.compscitech.2006.03.018.

Priestner R, Ibraheem AK(2000)Processing of steel for ultrafine ferrite grain structures. Mater Sci Technol 16: 1267-1272. doi: 10.1179/026708300101507497.

Rhodes J, Burns R(2006)Development of a portal frame system on the basis of component testing. In: Proceedings of the 18th international specialty conference on cold-formed steel structures, University of Missouri-Rolla, Missouri, pp 367-385.

Ryu SH, Lee YS, Kong BO, Kim JT, Kwak DH, Nam SW et al(2006)In: Proceedings of the 3rd international conference on advanced structural steels. The Korean Institute of Metals and Materials, pp 563-569.

Saka MP(2003)Optimum design of pitched roof steel frames with haunched rafters by genetic algorithm. Comput Struct 81: 1967-1978. doi: 10.1016/S0045-7949(03)00216-5.

Saroja S, Dasgupta A, Divakar R, Raju S, Mohandas E, Vijayalakshmi M, Rao KBS, Raj B(2011)Development and characterization of advanced 9Cr ferritic/martensitic steels for fission and fusion reactors. J Nucl Mater 409: 131-139. doi: 10.1016/j.jnucmat.2010.09.022.

Sawada K, Kubo K, Abe F(2001)Creep behavior and stability of MX precipitates at high temperature in 9Cr-0.5Mo-1.8W-VNb steel. Mater Sci Eng A 319-321: 784-787. doi: 10.1016/S0921-5093(01)00973-X.

Sawada K, Taneike M, Kimura K, Abe F(2004)Effect of nitrogen content on microstructural aspects and creep behavior in extremely low carbon 9Cr heat-resistant steel. ISIJ Int 44: 1243-1249. doi: 10.2355/isijinternational.44.1243.

Sawada K, Kushima H, Kimura K(2006a)Z-phase formation during creep and aging in 9-12% Cr heat resistant steels. ISIJ Int 46: 769-775. doi: 10.2355/isijinternational.46.769.

Sawada K, Kushima H, Kimura K, Tabuchi M(2006b) Creep strength degradation by Z phase formation in 9-12% Cr heat resistant steels. In: Proceedings of the 3rd international conference on advanced structural steels. The Korean Institute of Metals and Materials, pp 532-537.

Sawada K, Kushima H, Kimura K, Tabuchi M(2007) TTP diagrams of Z phase in 9-12% Cr heat-resistant steels. ISIJ Int 47: 733-739. doi: 10. 2355/isijinternational. 47. 733.

Schaeublin R, Leguey T, Spatig P, Baluc N, Victoria M(2002) Microstructure and mechanical properties of two ODS ferritic/martensitic steels. J Nucl Mater 307-311: 778-782. doi: 10. 1016/S0022-3115(02)01193-5.

Sha W, Guo Z (2009) Maraging steels: modelling of microstructure, properties and applications. Woodhead Publishing, Cambridge. doi: 10. 1533/9781845696931.

Sha W, Kirby BR, Kelly FS(2001) The behaviour of structural steels at elevated temperatures and the design of fire resistant steels. Mater Trans 42: 1913-1927.

Shen YZ, Kim SH, Cho HD, Han CH, Ryu WS(2009) Precipitate phases of a ferritic/ martensitic 9% Cr steel for nuclear power reactors. Nucl Eng Des 239: 648-654. doi: 10. 1016/j. nucengdes. 2008. 12. 018.

Silva MC, Hippert Jr E, Ruggieri C(2005) In: Proceedings of ASME pressure vessels and piping conference. ASME, Denver, pp 87-94.

Song R, Ponge D, Raabe D(2005) Mechanical properties of an ultrafine grained C-Mn steel processed by warm deformation and annealing. Acta Mater 53: 4881-4892. doi: 10. 1016/j. actamat. 2005. 07. 009.

Song R, Ponge D, Raabe D, Speer JG, Matlock DK (2006) Overview of processing, microstructure and mechanical properties of ultrafine grained bcc steels. Mater Sci Eng A 441: 1-17. doi: 10. 1016/j. msea. 2006. 08. 095.

Taneike M, Abe F, Sawada K(2003) Creep-strengthening of steel at high temperatures using nano-sized carbonitride dispersions. Nature 424: 294-296. doi: 10. 1038/nature01740.

Taneike M, Sawada K, Abe F(2004) Effect of carbon concentration on precipitation behavior of $M_{23}C_6$ carbides and MX carbonitrides in martensitic 9Cr steel during heat treatment. Metall Mater Trans A 35A: 1255-1262. doi: 10. 1007/s11661-004-0299-x.

Toda Y, Seki K, Kimura K, Abe F(2003) Effects of W and Co on long-term creep strength of precipitation strengthened 15Cr ferritic heat resistant steels. ISIJ Int 43: 112-118. doi: 10. 2355/isijinternational. 43. 112.

Toda Y, Tohyama H, Kushima H, Kimura K, Abe F(2005) Improvement in creep strength of precipitation strengthened 15Cr ferritic steel by controlling carbon and nitrogen contents. JSME Int J Ser A 48: 35-40. doi: 10. 1299/jsmea. 48. 35.

Toropov VV, Mahfouz SY(2001) Design optimization of structural steelwork using a genetic algorithm, FEM and a system of design rules. Eng Comput 18: 437-460. doi: 10. 1108/02644400110387118.

Tsuji N, Okuno S, Koizumi Y, Minamino Y(2004) Toughness of ultrafine grained ferritic steels fabricated by ARB and annealing process. Mater Trans 45: 2272-2281. doi: 10. 2320/matertrans. 45. 2272.

van der Schaaf B, Gelles DS, Jitsukawa S, Kimura A, Klueh RL, Moslang A, Odette GR(2000) Progress and critical issues of reduced activation ferritic/martensitic steel development. J Nucl Mater 283-287: 52-59. doi: 10. 1016/S0022-3115(00)00220-8.

Verdeja JI, Asensio J, Pero-Sanz JA(2003)Texture, formability, lamellar tearing and HIC susceptibility of ferritic and low-carbon HSLA steels. Mater Charact 50: 81-86. doi: 10. 1016/ S1044-5803(03)00106-2.

Wallin K(2001) Upper shelf energy normalisation for sub-sized Charpy-V specimens. Int J Pressure Vessels Pip 78: 463-470. doi: 10. 1016/S0308-0161(01)00063-1.

Wang W, Shan Y, Yang K(2009a) Study of high strength pipeline steels with different microstructures. Mater Sci Eng A 502: 38-44. doi: 10. 1016/j. msea. 2008. 10. 042.

Wang Y, Mayer KH, Scholz A, Berger C, Chilukuru H, Durst K, Blum W(2009b) Development of new 11% Cr heat resistant ferritic steels with enhanced creep resistance for steam power plants with operating steam temperatures up to 650℃. Mater Sci Eng A 510-511: 180-184. doi: 10. 1016/j. msea. 2008. 04. 116.

Weisenburger A, Heinzel A, Muller G, Muscher H, Rousanov A(2008) T91 cladding tubes with and without modified FeCrAlY coatings exposed in LBE at different flow, stress and temperature conditions. J Nucl Mater 376: 274-281. doi: 10. 1016/j. jnucmat. 2008. 02. 026.

Wong CPC, Salavy JF, Kim Y, Kirillov I, Kumar ER, Morley NB, Tanaka S, Wu YC(2008) Overview of liquid metal TBM concepts and programs. Fusion Eng Des 83: 850-857. doi: 10. 1016/j. fusengdes. 2008. 06. 040.

Yamada K, Igarashi M, Muneki S, Abe F(2003) Effect of Co addition on microstructure in high Cr ferritic steels. ISIJ Int 43: 1438-1443. doi: 10. 2355/isijinternational. 43. 1438.

Yang M, Chao YJ, Li X, Tan J(2008a) Splitting in dual-phase 590 high strength steel plates: Part Ⅰ. Mechanisms. Mater Sci Eng A 497: 451-461. doi: 10. 1016/j. msea. 2008. 07. 067.

Yang M, Chao YJ, Li X, Immel D, Tan J(2008b) Splitting in dual-phase 590 high strength steel plates: Part Ⅱ. Quantitative analysis and its effect on Charpy impact energy. Mater Sci Eng A 497: 462-470. doi: 10. 1016/j. msea. 2008. 07. 066.

Yin F, Jung W(2009) Nanosized MX precipitates in ultra-low-carbon ferritic/martensitic heatresistant steels. Metall Mater Trans A 40A: 302-309. doi: 10. 1007/s11661-0008-9716-x.

Yin F, Jung W, Chung S(2007) Microstructure and creep rupture characteristics of an ultra-low carbon ferritic/martensitic heat-resistant steel. Scr Mater 57: 469-472. doi: 10. 1016/j. scripta mat. 2007. 05. 034.

Yong Q(2006) The second phase in steels. Metallurgical Industry Press, Beijing(雍岐龙(2006)钢铁材料中的第二相. 冶金工业出版社,北京).

Yoshizawa M, Igarashi M(2007) Long-term creep deformation characteristics of advanced ferritic steels for USC power plants. Int J Press Vessels Pip 84: 37-43. doi: 0. 1016/j. ijpvp. 2006. 09. 005.

Yu G, Nita N, Baluc N(2005) Thermal creep behaviour of the EUROFER 97 RAFM steel and two European ODS EUROFER 97 steels. Fusion Eng Des 75-79: 1037-1041. doi: 10. 1016/ j. fusengdes. 2005. 06. 311.

Zhao MC, Shan YY, Xiao FR, Yang K, Li YH(2002) Investigation on the H_2S-resistant behaviors of acicular ferrite and ultrafine ferrite. Mater Lett 57: 141-145. doi: 10. 1016/ S0167-577X(02)00720-6.

Zhao X, Jing TF, Gao YW, Qiao GY, Zhou JF, Wang W(2005) Annealing behavior of nano-layered steel produced by heavy cold-rolling of lath martensite. Mater Sci Eng A 397: 117-121. doi: 10. 1016/j. msea. 2005. 02. 007.

第一篇

合金钢的材料科学研究

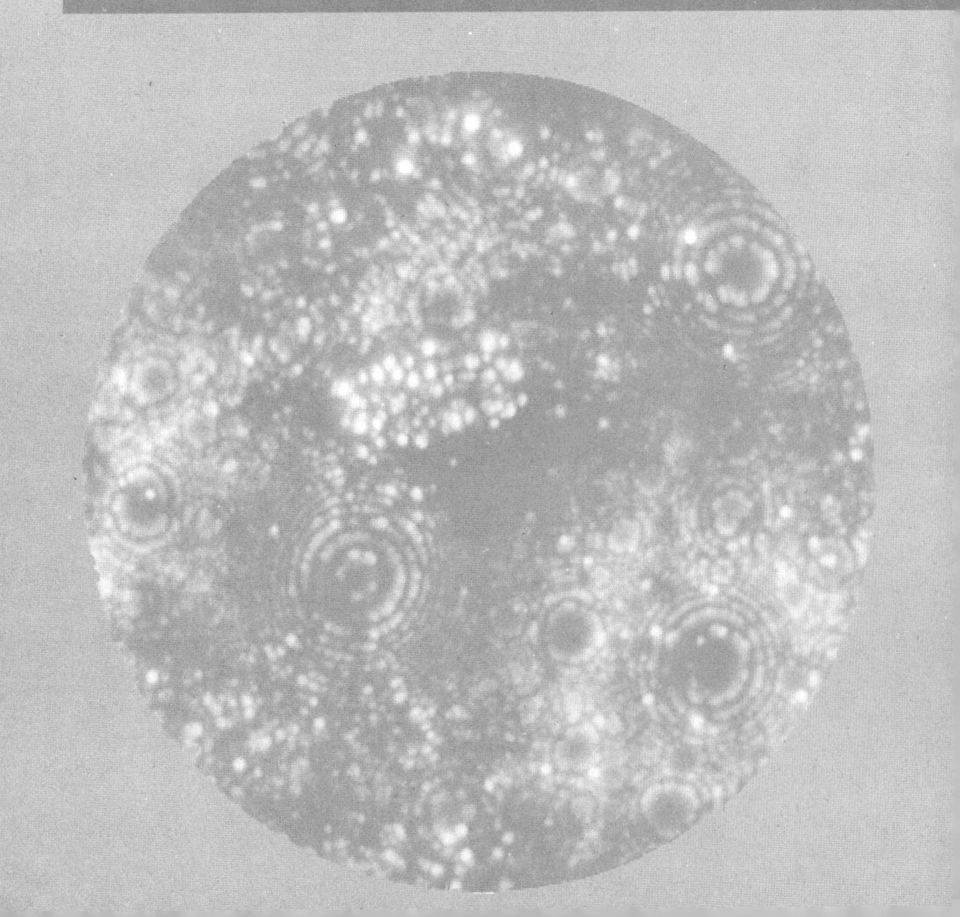

2 高强低合金钢

摘　要　高强低合金钢的铁素体中魏德曼（Widmanstätten）奥氏体的生长动力学是基于一个模型，这个模型描述形状近似针状或盘状的析出物的扩散控制生长，而诸如扩散、界面动力学和毛细管作用等可能影响析出物生长的所有因素都在一个方程中进行了说明。生长前沿尖端半径的计算值与实验值的比与过饱和度成反比。在此理论之后，本章讨论了高强低合金钢回火后的拉伸行为，并很好地用可动位错与固溶碳、氮原子的相互作用以及它们对应变硬化指数的影响进行了解释。最后一部分对拉伸和冲击加载断裂过程中产生的裂口进行了检测。在轧制状态条件下，钢不会发生断裂表面分层，但在500～650℃温度范围内进行回火后，分层则变得严重。钢经过三次淬火-回火形成了细小的等轴晶后也未显示有裂口。得到的结论是在再加热过程中形成的析出物（碳化物和氮化物）造成伸长的轧制态晶粒和晶界脆性，并最终引起分层。

2.1　扩散控制铁素体向魏德曼奥氏体转变动力学

2.1.1　生长理论

2.1.1.1　盘状和针状析出物

对于盘状析出物的生长，贝克莱数（Peclet number，无量纲速度参数）$p = V\rho/2D$ 与无量纲过饱和度 Ω_0 的关系式为：

$$\Omega_0 = \sqrt{\pi/p}\exp(p)\mathrm{erfc}(\sqrt{p})\left[1 + \frac{V}{V_c}\Omega_0 S_1(p) + \frac{\rho_c}{\rho}\Omega_0 S_2(p)\right] \tag{2.1}$$

式中，V 为延伸速率；D 为基体相中溶质的扩散速率；erfc 为补偿误差函数；S_1 和 S_2 为盘状析出物生长关系函数。其他参数可计算如下：

$$\rho_c = \frac{\sigma v}{RT}\frac{1 - c_\alpha}{c_\beta - c_\alpha}\frac{c_\alpha}{c_0 - c_\alpha} \tag{2.2}$$

式中，σ 为析出物和基体间的单位面积界面自由能；v 为析出物的摩尔体积；R 为气体常数；T 为温度，K；c_α 为所控制元素在母相 α 相中的固溶度；c_β 为所控制元素在新相 β 相中的浓度；c_0 为析出前该元素在基体中的浓度。曲率半径 $\rho =$

$2f$，其中f是盘状或针状抛物体的焦距（图1.1(c)），定义抛物体长度沿Z轴方向延伸，厚度沿X轴方向。界面控制生长过程中，几乎所有的自由能都消耗于使原子迁移以通过界面而使析出物与基体的浓度差消失。在式（2.1）中，V_c是在界面控制生长过程中平界面的生长速率或伸长率，可以表示如下：

$$V_c = \mu_0(c_0 - c_\alpha) \tag{2.3}$$

对于弯曲界面，生长速率是通过吉布斯-汤姆森效应（Gibbs-Thomson effect）得到的界面曲率函数。当生长速率为零时，曲率为$1/\rho_c$。对浓度参数c_0、c_α和c_β的说明如图2.1所示。函数$S_1(p)$和$S_2(p)$的数值由Rivera-Díaz-del-Castillo and Bhadeshia(2001)给出。

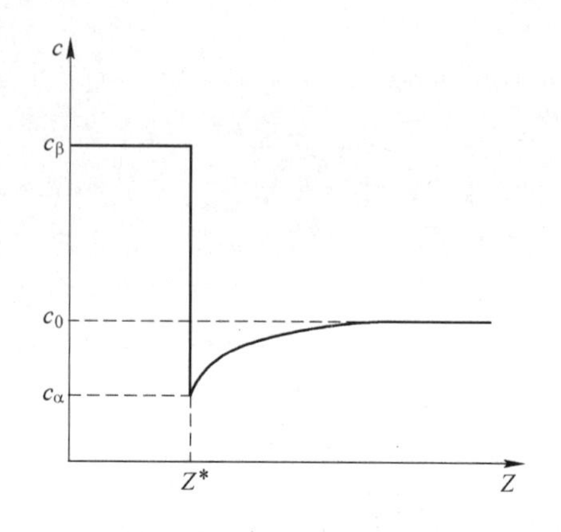

图2.1 平界面中析出界面的浓度（$Z=Z^*$）
（Guo and Sha 2004 © Carl Hanser Verlag，Muenchen）

式（2.1）给出了盘状析出物生长的常规解。需要注意的是，该方程等号右侧是三种状态的一个汇总，其中，第一种状态是等浓度界面的情况；第二种及第三种状态是分别依据界面动力学和毛细管作用效应对所得解的修正解。Ω_0值可以通过相图获得，当已知合金的平均成分时：

$$\Omega_0 = \frac{c_0 - c_\alpha}{c_\beta - c_\alpha} \tag{2.4}$$

式（2.1）表明，对于一个给定的Ω_0值，可以根据曲率半径的值而获得生长速率的很多精确解。实验观察到一个平面是以一恒定的速率生长，这表明对于生长前沿界面存在一个稳态扩散区域，并且尖端半径ρ在生长过程中保持不变。这意味着在很多有效解中只有一个解是稳定的，这个解与该平面尖端曲率半径的微小波动相对应。这个解对应最大的生长速率。这个最大的生长速率可以通过将式（2.1）左右两边对ρ求导，并设$\partial V/\partial\rho = 0$而得到，同时还可以获得$\Omega_0$、$V$和$\rho$之间的另外一个关系式。式（2.4）和式（2.1）联立所得的解对于一个给定的Ω_0可得到唯一的V和ρ值。

对于针状析出物的生长，贝克莱数（Peclet number）与无量纲过饱和Ω_0值的关系式为：

$$\Omega_0 = p\exp(p)E_1(p)\left[1 + \frac{V}{V_c}\Omega_0 R_1(p) + \frac{\rho'_c}{\rho}\Omega_0 R_2(p)\right] \tag{2.5}$$

式中，E_1为指数积分函数；R_1和R_2为涉及针状物生长的函数；ρ'_c为针状体形核的临界曲率半径，这一数值等于盘状析出物的两倍。$R_1(p)$和$R_2(p)$函数取值由Rivera-Díaz-del-Castillo and Bhadeshia（2001）给出。

式（2.5）给出了针状物生长的常规解。该方程等号右侧是三项之和，当忽略界面动力学和毛细管作用时只有第一项，第二项和第三项则分别说明上述效应。对于一个给定的 Ω_0 值，尽管可以得到很多解，但只有一个解是稳定的。这个解对应着最大生长速率。这个最大生长速率可以通过将式（2.5）对 ρ 求导，并设 $\partial V/\partial\rho=0$ 而得到，同时还可以获得 Ω_0、V 和 ρ 之间的另外一个关系式。式（2.4）和式（2.5）联立所得的解对于一个给定的 Ω_0 可得到唯一的 V 和 ρ 值。盘状析出物的生长理论遵循相似的方程式，可以参考本节的前半部分。

2.1.1.2 针状或盘状生长的近似解

对于给定的过饱和度，p 值和 ρ/ρ'_c 值由 Rivera-Díaz-del-Castillo and Bhadeshia（2001）给出。特别是当过饱和度较小时，p 值和 ρ/ρ'_c 值以渐进形式接近，可以近似为 p 和 Ω_0 之间的简单关系。对于针状析出物可表示为：

$$\Omega_0 = \frac{2p[\ln(\kappa p)]^2}{1-\ln(\kappa p)} \tag{2.6a}$$

$$\frac{\rho}{\rho'_c} = -\frac{3.841}{4}\frac{\Omega_0\ln(\kappa p)}{\Omega_0+p\ln(\kappa p)} \tag{2.6b}$$

式中，$\kappa=\exp(-\gamma)$，γ 是欧拉常数（$\gamma=0.57722\cdots$）。

简化的盘状析出物生长的动力学可表达为：

$$p = \frac{9}{16\pi}\Omega_*^2 \tag{2.7a}$$

$$\frac{\rho}{\rho_c} = \frac{32}{3}\frac{1}{\Omega_*} \tag{2.7b}$$

其中，修正的过饱和度（无量纲）为：

$$\Omega_* = \frac{\Omega_0}{1-\frac{2}{\pi}\Omega_0-\frac{1}{2\pi}\Omega_0^2} \tag{2.8}$$

上述简化的表达方式甚至在 p 达到 1 或 Ω_0 达到 0.85 时都有效。最终的延伸速率表达式可通过选取特定的贝克莱数（Peclet number）得到：

$$V = \frac{9}{8\pi}\frac{D}{\rho}\Omega_*^2 = \frac{27}{256\pi}\frac{D}{\rho_c}\Omega_*^3 \tag{2.9}$$

式中，D 为合金元素在铁素体基体中的扩散速率。这些表达式简单清晰地显示了曲率半径和生长速率对过饱和度的依赖关系。

2.1.2 参数确定和计算

利用这一理论，带入析出物生长前沿尖端半径的实验值，研究了高强低合金钢（HSLA）Fe-C-Mn-Nb 钢中铁素体到魏德曼（Widmanstätten）奥氏体的相转变。实验钢的化学成分是 Fe-0.693C-1.514Mn-0.022Nb-0.028N-0.178Si-0.047Al（原子分数,%），称为 Nb 钢。

将试样封闭在真空的石英管内，在1500K固溶处理2h，然后在923K进行等温处理30min，淬火后所获得的组织包括铁素体和珠光体。接着，将试样再加热并保持在1003～1073K内，发生铁素体到奥氏体的转变。在从铁素体到奥氏体的逆转变过程中，珠光体组织首先转变为奥氏体。在奥氏体和铁素体中，锰的含量基本相同，因为最初的奥氏体向铁素体的转变过程以准平衡的形式进行。在临界退火区间内，奥氏体向铁素体内生长之初是通过碳在奥氏体内以及在奥氏体和铁素体界面间的扩散进行的。这构成铁素体向奥氏体转变的第二阶段。然而，在如HSLA钢等低碳钢中，珠光体的相对含量少，铁素体向奥氏体转变的第二阶段生长受到限制。一旦碳在奥氏体中的扩散区域达到原始的晶界位置，铁素体向奥氏体的进一步转变就只能在短程扩散区域内进行。这种情况对奥氏体的进一步生长很理想，其生长过程通过锰在铁素体中扩散而完成。这是因为锰在铁素体中的扩散系数比在奥氏体中的扩散系数高两至三个数量级。通过锰在铁素体内的扩散使奥氏体继续生长构成了相变的第三个阶段，可观察到魏德曼（Widmanstätten）奥氏体形成。

第一步需要确定计算中涉及的必要参数，包括过饱和度、临界晶核尺寸、界面间自由能、扩散系数以及生长前沿尖端半径的实验值。Nb钢中铁素体和奥氏体中锰的平衡浓度随温度的变化关系如图2.2所示。Nb钢中铁素体消失的温度是1084K。本节集中讨论在该温度以下析出物生长成针状的温度范围。温度升高影响到元素的过饱和度 Ω_0 和析出物临界晶核半径的尺寸。Ω_0 和 ρ'_c 随温度的变化关系如图2.3和图2.4所示。

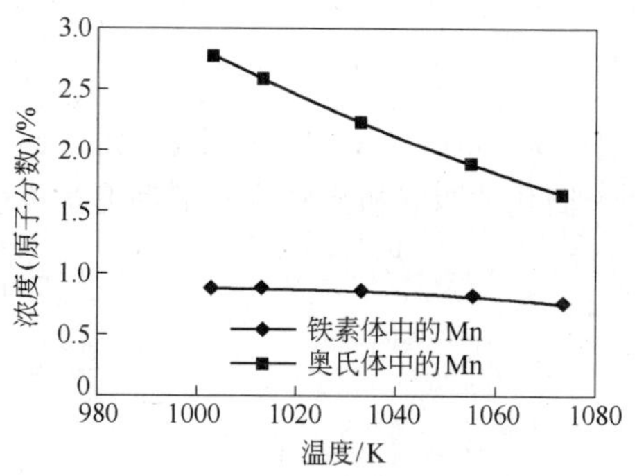

图2.2 Nb钢中铁素体和奥氏体中锰含量随温度的变化关系
(Guo and Sha 2004 © Carl Hanser Verlag, Muenchen)

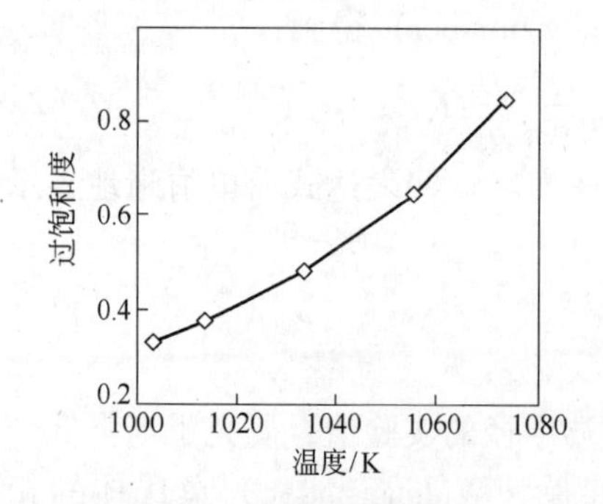

图2.3 Nb钢中过饱和度随温度的变化关系
(Guo and Sha 2004 © Carl Hanser Verlag, Muenchen)

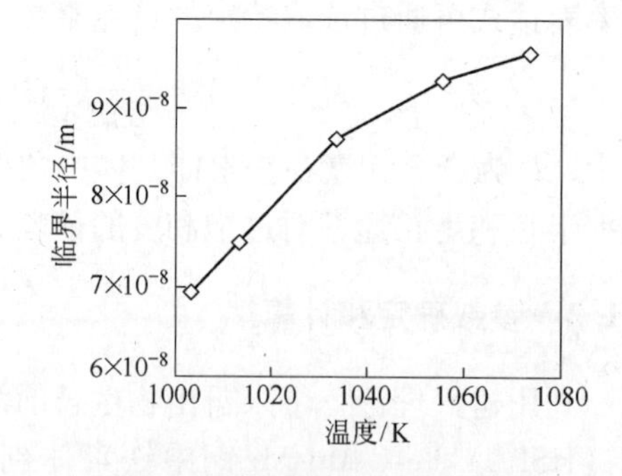

图2.4 Nb钢中临界半径尺寸随温度的变化关系
(Guo and Sha 2004 © Carl Hanser Verlag, Muenchen)

利用纯铁和锰在 Fe-1.5Mn（质量分数,%）合金中的摩尔体积，计算得到奥氏体相的摩尔体积为 $7.304\times10^{-6}m^3/mol$。在生长前沿尖端，铁素体和奥氏体相界面能量取为 α-Fe 和 γ-Fe 界面间的能量值，为 $560mJ/m^2$。合金元素在铁素体基体中的扩散系数为 $D=D_0\exp(-Q/RT)$，其中，D_0 是扩散系数阿仑尼乌斯（Arrhenius）表达式的指前因子项；Q 是扩散激活能。对于温度范围在 973 ~ 1033K 以内的铁磁性铁，参数 $D_0=1.49\times10^{-4}m^2/s$，$Q=233.25kJ/mol$。在 1073 ~ 1173K 温度范围内，要用顺磁性铁中的 D 值，$D_0=3.5\times10^{-4}m^2/s$，$Q=219.45kJ/mol$。由于在 1033 ~ 1073K 的温度区间内，用两套 D_0 和 Q 值计算得到的扩散系数值差别很小，因此在这个温度区间内用铁磁性情况下的 D 值。

在初始的理论中，在过饱和度不同的情况下，贝克莱数 p 和 ρ/ρ'_c 比的取值可以从 Rivera-Díaz-del-Castillo and Bhadeshia（2001）的结果中获得。这里用到了 ρ 的实验值。表 2.1 中列出了 ρ 的实验值和计算得到的 ρ/ρ'_c 比值。在两个温度点，针状析出或盘状析出（在此情况下为针状物）生长前沿尖端半径的实验值 ρ_e 是未知的，因此 ρ_e/ρ'_c 的取值是假设在 ρ_e/ρ'_c 和 Ω_0 之间为线性关系的条件下，以内插值替换。图 2.5 所示为 ρ 的计算值和 ρ_e 的比值与 Ω_0 的函数关系。分别利用计算得到的 ρ 和 ρ_e 计算 Nb 钢的伸长率如图 2.6 所示，图中同时给出了实验数据以进行对比。可以看出，与 ρ 的计算值相比，用 ρ_e 的值与实验数据更加吻合。

表 2.1 Nb 钢中计算值 ρ/ρ'_c 和实验值的对比

温度/K	ρ'_c/nm	ρ_e/nm	ρ_e/ρ'_c	ρ/ρ'_c(计算值)	ρ(计算值)/nm	ρ(计算值)/ ρ_e
1003	69	111.2	1.61	6.0	414	3.7
1013	75	—	1.64①	5.7	428	3.5
1033	87	—	1.71①	4.9	426	2.9
1055	93	169.0	1.81	3.9	363	2.2
1073	96	184.4	1.92	2.9	278	1.5

①根据 1003K、1055K 和 1073K 的值估算，假设 ρ_e/ρ'_c 和过饱和度 Ω_0 呈线性关系。

原始的理论研究忽略了转变应力、应变以及相间能的各向异性，因此不能精确地预测出析出物的形状。为了获得与实验观察结果相一致的伸长率，前人关于析出物生长的研究中通常要包括对诸如相间能、界面间动力学系数或扩散系数的最优化过程。

形成析出物引起的应力影响、应变影响以及相间能各向异性的影响会反映到新形成相的宽高比，并进而反映到 ρ/ρ_c 或 ρ/ρ'_c 比值的变化。这一影响可以通过将生长前沿尖端半径的实验值带入初始理论公式中得以补偿。理论计算得到的 ρ/ρ_c 或 ρ/ρ'_c 与实验值的 ρ_e/ρ_c 或 ρ_e/ρ'_c 的比值集中反映了转变应力、应变以及相间

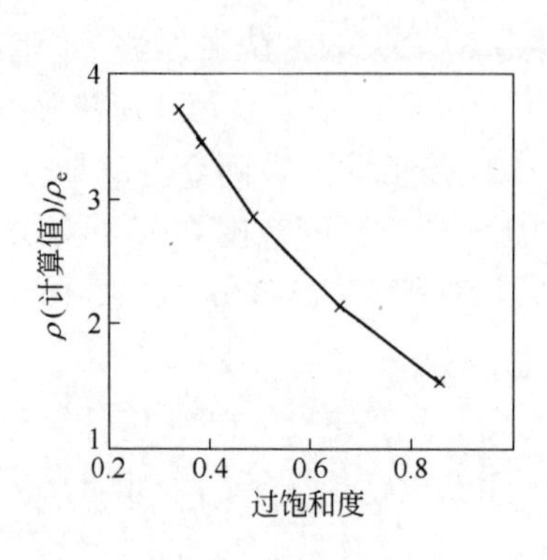

图 2.5 Nb 钢中计算值 ρ 与 ρ_e 的比值随过饱和度的变化关系
(Guo and Sha 2004 © Carl Hanser Verlag, Muenchen)

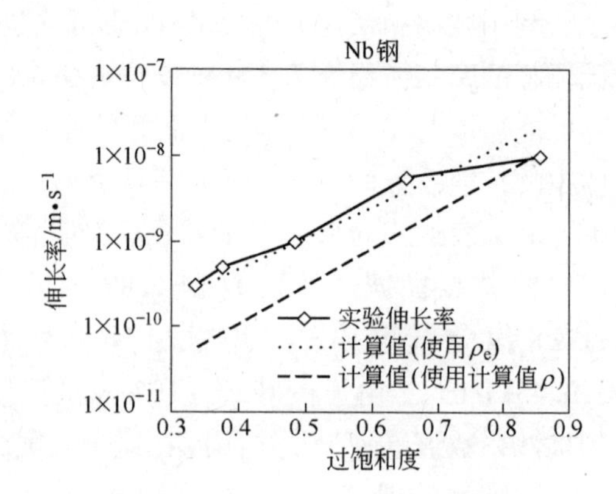

图 2.6 Nb 钢中奥氏体长度的实验值和计算值（分别用计算值 ρ 和 ρ_e 计算）对比
(Guo and Sha 2004 © Carl Hanser Verlag, Muenchen)

能各向异性对析出物形貌的影响。

图 2.7 所示为生长前沿尖端焦距增加到原始计算值的 ρ_e/ρ（计算值）倍。Ω_0 和贝克莱数（Peclet number）p 之间的关系不受此修正的影响。ρ/ρ_c 和 ρ/ρ'_c 的比值分别可利用式（2.7b）和式（2.6b）计算。如果用 $p = V\rho_e/2D$ 替代 $p = V\rho$(计算值)/$2D$，延伸速率将提高 ρ(计算值)/ρ_e 倍。例如，盘状析出物的生长速率为：

$$V = \frac{9}{8\pi}\frac{D}{\rho_e}\Omega_*^2 \tag{2.10}$$

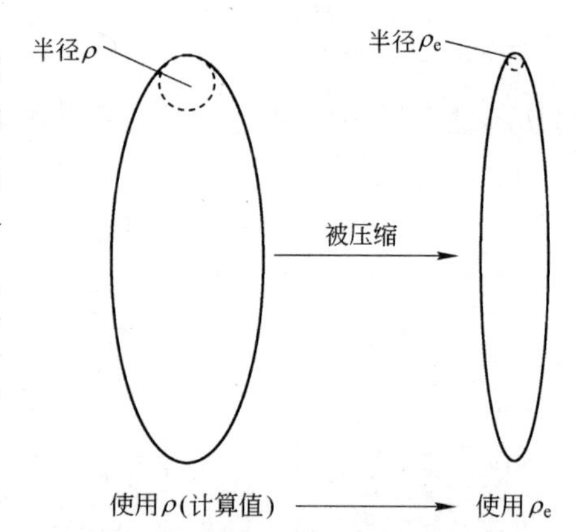

图 2.7 析出物形貌及尖端半径按 ρ(计算值)/ρ_e 比例压缩的效果说明
这里所示用 ρ(计算值)得到的析出物几何尺寸是应用优化程序以达到符合实验伸长率的结果
(Guo and Sha 2004 © Carl Hanser Verlag, Muenchen)

原始理论已经不能很好地预测 ρ/ρ'_c 比值。关于 Fe-Mn-C 钢中魏德曼（Widmanstätten）针状析出物的生长，实验中观察到针状生长的 ρ/ρ'_c 比值约为 1.6～1.9。利用原始模型式（2.5）的计算结果，ρ/ρ'_c 比值的范围为 2.9～6，得到的 ρ(计算值)/ρ_e 值为 1.5～3.7（表 2.1）。当研究 Fe-C 钢（C 的质量分数从 0.24% 到 0.45%）中铁素体和贝氏体板条延伸动力学时，理论计算得到的曲率半径比实验观测值大。将界面动力学系数 μ_0 赋予不同的值能在计算值和实验观测值之间取得基本一致。

原始理论的开发忽略了相变应力、应变以及相间能各向异性的存在。因此，计算得到的析出物生长前沿尖端的半径值（图 1.1）大于其真实尺寸，并且析出物具有不同的形状。当利用含有优化程序的原始理论对析出物的伸长进行量化计算时，由于使用错误的计算所得的尖端半径值而引起的误差将转移到其他需要优化的参数中。析出物的几何形状将是不正确的，如图 2.7 所示。用析出物生长前沿尖端半径的实验值带入原始理论进行计算可弥补由于忽略相变应力、应变以及相间能对析出物形貌的影响。由此看来，原始理论实际上更为精确。纯粹从理论观点出发，如果在低过饱和度下用原始理论进行量化计算，带入计算所得的 ρ 和从式（2.7b）中计算的 ρ/ρ_c 比值，盘状生长速率接近无限大；而事实上，通过式（2.7a）计算则没有延伸。原始理论中的几何条件不复存在。而使用生长前沿尖端半径的实验值则更具有唯象性和经验性。

已经证明通过理论确定相变应力、应变以及相间能的影响是困难的，这体现在理论预测析出物宽高比时存在困难。图 2.5 表明 ρ(计算值)/ρ_e 的比值随着过饱和度的升高而降低。事实上，ρ(计算值)/$\rho_c \cdot \Omega_0$ 的结果在 1.25 ~ 1.40 之间（1.33 ± 0.07），接近于一恒定值，即 ρ(计算值)/ρ_e 似乎与过饱和度呈反比关系。如果测得了某一温度下析出物的尖端半径，就可计算出该温度下的 ρ(计算值)/ρ_e 和过饱和度。如果给定另外一个温度，ρ(计算值)/ρ_e 就可以利用已知的过饱和度值进行估算，在此温度下析出物的延伸速率也就可以计算出来了。

如前所述，影响宽高比的因素是相变应力、应变和相间能的各向异性。通常，其中的一个或另一个因素控制了析出物的生长过程。当一析出物首先形成，它与基体共格。相变应力、应变的作用由于其尺寸（体积）较小而微乎其微。相间能为主导因素。当析出物长成较大尺寸而界面仍保持共格，则共格界面的相间能与应变能相比则较小，因此可以忽略。当析出物生长到一定尺寸，由于在界面间引入了位错而使得析出物与基体间失去共格关系。非共格界面能成为主导因素，其数值比共格界面能高出很多。在某一特定阶段，很有可能集中作用于析出物生长前沿尖端半径的主要是其中的一个因素，该因素或是相变应变/应力，或是相间能的各向异性。

2.1.3　小结

对针状和盘状析出物的生长理论进行了修正并加以运用。利用生长前沿尖端半径的实验值补偿了源于相变应力、应变和相间能各向异性对析出物形貌产生的影响。在初始开发该理论时忽略了这一影响，该理论经过修正后应用于 HSLA Fe-C-Mn-Nb 钢中魏德曼（Widmanstätten）奥氏体在铁素体中的生长动力学计算，结果与实验观察结果一致。对于针状析出物，生长前沿尖端半径的理论值和实验值之比与过饱和度呈反比关系。

2.2 用基辛格方法确定再结晶激活能

再结晶通常在连续加热的条件下进行研究，用差热分析或差示扫描量热计测量该过程中的热量演变，以及利用热模拟和机械模拟以测试该过程中的尺寸变化。可以在不同的加热速率下进行实验，因为这是一个热激活过程，在较高的加热速率下会提高再结晶温度。基于以下方程开发了一个修正的基辛格方法（Kissinger Method）以估算这一过程的激活能：

$$\ln \frac{T_f^2}{Q} = \frac{E}{RT_f} + \ln \frac{E}{RK_0} + \ln\beta_f^* \tag{2.11}$$

式中，T_f 为在多个加热速率下测得的对应再结晶某一个固定阶段的特征温度；Q 为加热速率；E 为激活能；R 为气体常数；K_0 和 β_f^* 为常数（Sha 2001）。参数 T_f 可以是再结晶开始温度、进行50%时的温度或结束温度。基于均匀反应动力学基础，原始的基辛格方法（Kissinger Method）及其派生可用于确定激活能。

在过去和现在，研究人员广泛研究了钢的再结晶过程。很多研究人员主要用热分析的方法通过连续加热研究这一过程。本章这一部分介绍了低碳钢和超低碳钢（Muljono et al. 2001）的再结晶激活能。

所用的加热速率是50℃/s、200℃/s、500℃/s和1000℃/s。初始研究目的是要搞清楚高的加热速率对冷轧带钢再结晶行为的影响。横向磁通感应加热通过减少退火时间而优于常规退火过程，允许更紧凑的退火线并可对组织和性能进行更好的控制。这一过程能对连续退火钢带以高达1000℃/s的速度加热。图2.8和图2.9是 $\ln(T_f^2/Q)$ 对 $1/RT_f$ 的曲线，图中所示的通过线性回归计算得到的激活能见表2.2。与两个低碳钢相比，超低碳钢具有更高的再结晶激活能。碳对激活

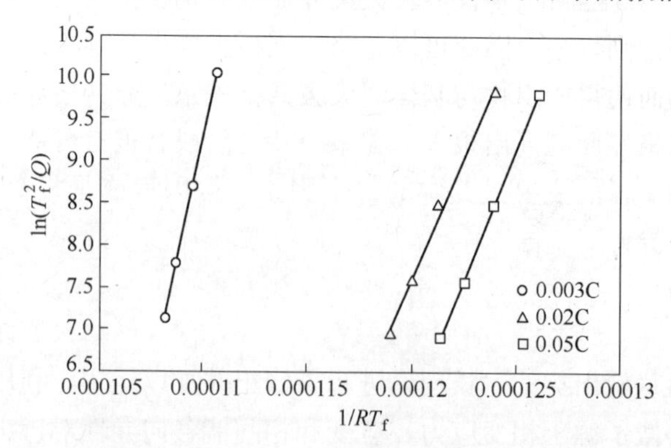

图2.8 热轧低碳钢和超低碳钢再结晶过程中 $\ln(T_f^2/Q)$ 随 $1/RT_f$ 的变化情况

（经 Springer Science + Business Media 许可：*Metallurgical and Materials Transactions A*，Determination of activation energy of phase transformation and recrystallization using a modified Kissinger method，32，2001，2903-2904，W. Sha，Fig. 2）

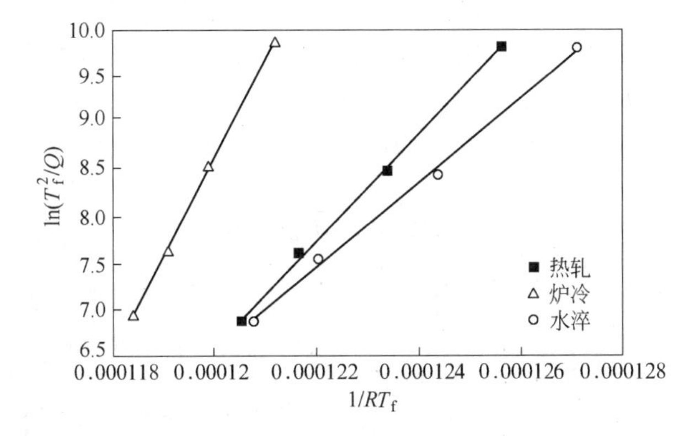

图 2.9 0.05C 钢经不同热处理后再结晶过程中 $\ln(T_f^2/Q)$ 随 $1/RT_f$ 的变化情况

（经 Springer Science + Business Media 许可：*Metallurgical and Materials Transactions A*，Determination of activation energy of phase transformation and recrystallization using a modified Kissinger method，32，2001，2903-2904，W. Sha，Fig. 3）

表 2.2 再结晶激活能

钢	条件	激活能①/kJ · mol⁻¹	钢	条件	激活能①/kJ · mol⁻¹
0.003C	热轧	1217	0.05C	热轧	572
0.02C	热轧	591		炉冷	1050
0.05C	热轧	631		水淬	448

①对于 0.003C 钢的误差是 ±77kJ/mol，其他两个钢为 ±59kJ/mol。

能的作用是复杂的。最低碳（0.003C）钢具有更大的初始晶粒尺寸，导致形核位置的数量较少。高的再结晶激活能也解释了为什么这个钢的再结晶温度高于其他两个钢。

在图 2.9 中，对经过不同热处理后 0.05C 钢的再结晶激活能进行了对比。热轧样品与图 2.8 中的样品相同，但是数据来源于 Muljono et al.（2001）中的不同图表，因此计算得到的激活能值的差异给出了源于 Muljono et al.（2001）的图表中数据的误差量。对于所有条件下的 0.02C 钢和 0.05C 钢，这个值是 59kJ/mol，比用线性回归的标准统计理论估算的误差值大，因此可作为所得激活能的误差。炉冷样品比水冷样品的晶粒尺寸大得多，由于再结晶驱动力降低，导致较高的再结晶温度，这也与高得多的再结晶激活能有关。

2.3 拉伸行为随回火温度的变化

2.3.1 微观组织和拉伸性能

通过热机械控制过程（TMCP，Yan et al. 2009）（图 2.10）在钢中获得具有扁平状晶粒的下贝氏体微观组织，该钢的成分见表2.3。每个扁平状晶粒都约30μm厚、100μm宽、几百微米长。贝氏体铁素体板条的特征是碳化物沿板条边界分布。值得注意的是每个晶粒中的板条都只显示一个方向。随着回火温度的提高，铁素体板条边界的形貌变得不清晰，当回火温度高达700℃时，出现小的再

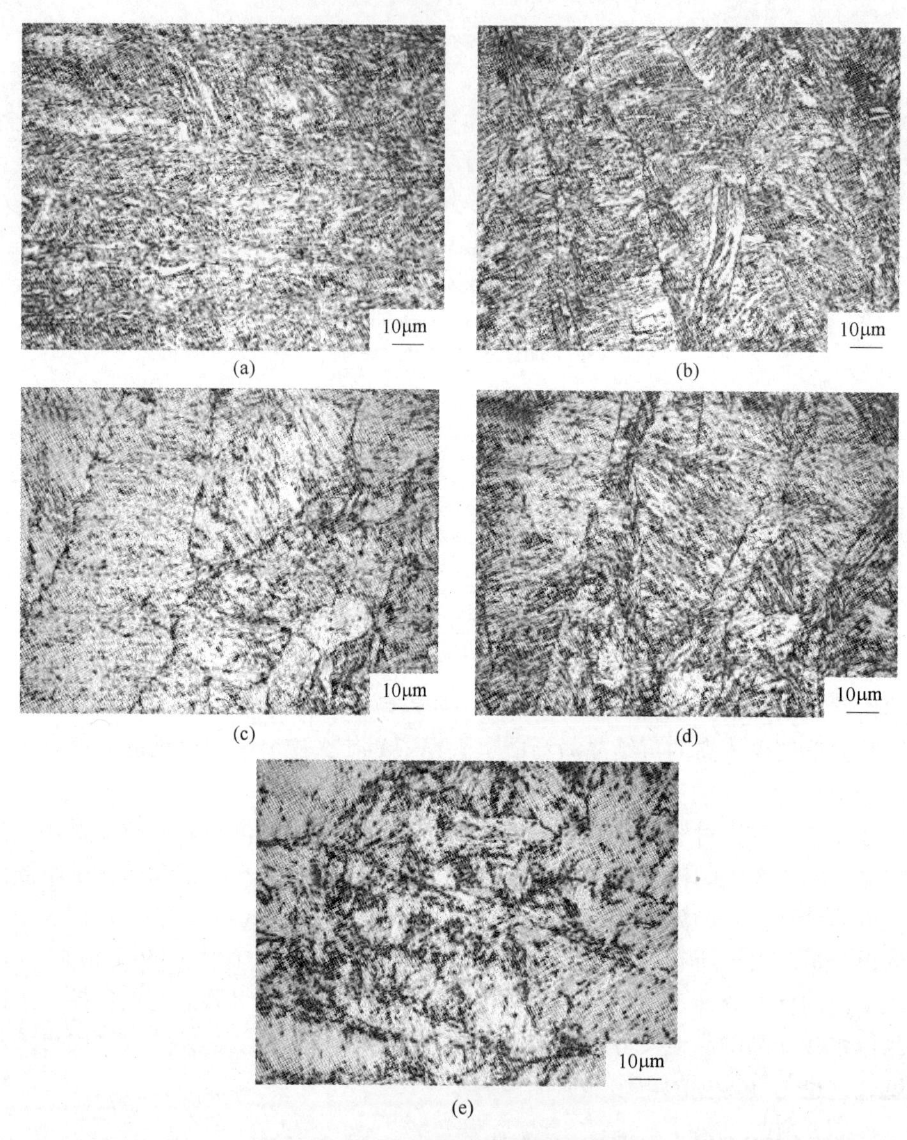

图2.10 轧制态和回火态钢的微观组织

（a）轧制态；（b）在200℃回火；（c）在400℃回火；（d）在600℃回火；（e）在700℃回火

（经Elsevier许可，从*Materials Science and Engineering*转载：A，Vol.517，Wei Yan，Lin Zhu，Wei Sha，Yiyin Shan，Ke Yang，Change of tensile behavior of a high-strength low-alloy steel with tempering temperature，Pages 369-374，2009）

结晶晶粒，如图 2.10(e)所示。

表 2.3 实验钢化学成分（质量分数） （%）

C	Mn	Nb	V	Ti	Mo	Cr	Cu	Ni	Si	P	Al	N
0.046	1.79	0.049	0.03	0.023	0.31	0.31	0.2	0.77	0.1	0.0061	0.1	0.003

经 400℃以下处理的钢的拉伸应力-应变曲线（图 2.11）没有显示明显的屈服现象。然而当回火温度达到 500℃或更高时，逐渐出现了上屈服点。当回火温度从 600℃升高到 650℃时，这一现象就变得很明显。另外，值得说明的一点是，在 500～650℃回火的钢的拉伸曲线在屈服点后出现一平台段。当回火温度达到 700℃时，上屈服点消失，拉伸曲线有圆顶状特征，表明钢具有较好的加工性能。

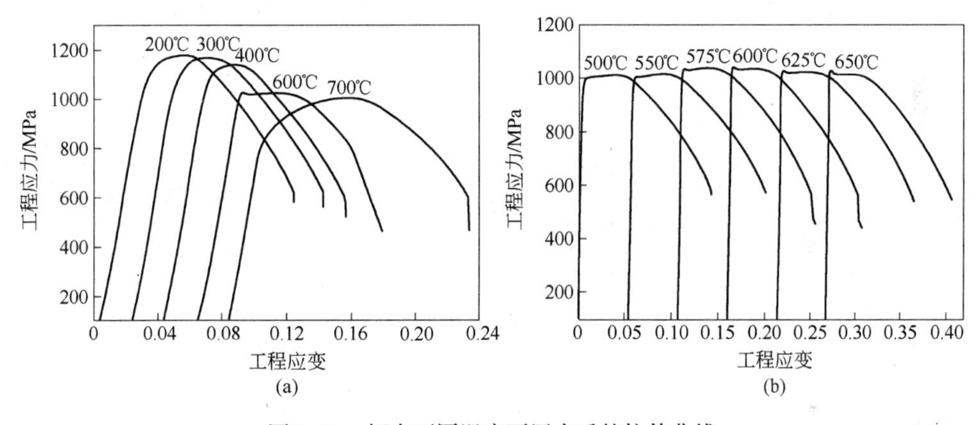

图 2.11 钢在不同温度下回火后的拉伸曲线

（经 Elsevier 许可，从 *Materials Science and Engineering* 转载：A，Vol. 517，Wei Yan，Lin Zhu，Wei Sha，Yiyin Shan，Ke Yang，Change of tensile behavior of a high-strength low-alloy steel with tempering temperature，Pages 369-374，2009）

为了显示强度的变化，图 2.12 给出了在不同温度回火后钢的屈服强度（YS）和极限拉伸强度（UTS）。结果表明，在回火温度低于 650℃时，屈服强度不随回火温度的升高而降低，甚至在 600℃时还有一个小的峰值。不过在 500℃回火时，拉伸强度却明显地降低到大约为 1000MPa，当回火温度继续升高到 650℃时，拉伸强度降低到接近于屈服强度。在最高温度 700℃回火后，屈服强度比拉伸强度降低得更为迅速。因此，随着温度的提高，拉伸强度和屈服强度之差变得越来越小，在 500～650℃温度区间内几乎消失。当回火温度达到 700℃时，两个强度值之差又有所增加。

根据式(1.3)～式(1.5)计算所得的不同热处理钢的应变硬化指数见表 2.4。应变硬化指数在回火温度低于 400℃时略有降低，但当回火温度为 650℃时突然降低到 0.021。当回火温度为 700℃时，n 值又升高到 0.258。应变硬化指数在回火温度为 600℃时也出现了一个峰值。

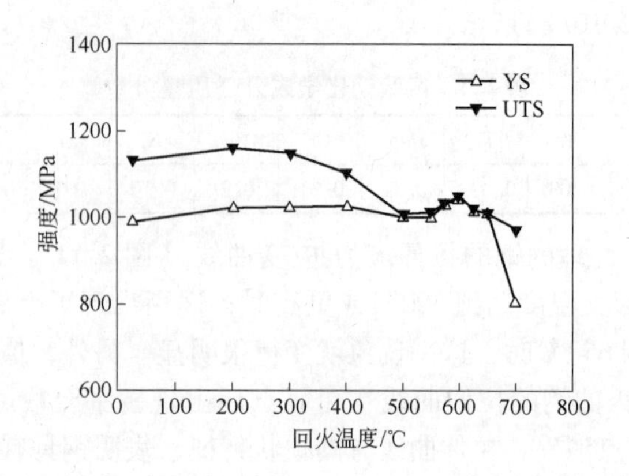

图 2.12 HSLA 钢的极限拉伸强度（UTS）和屈服强度（YS）随回火温度的变化

（经 Elsevier 许可，从 *Materials Science and Engineering* 转载：A，Vol. 517，Wei Yan，Lin Zhu，Wei Sha，Yiyin Shan，Ke Yang，Change of tensile behavior of a high-strength low-alloy steel with tempering temperature，Pages 369-374，2009）

表 2.4 钢在 500～650℃回火后的应变硬化指数 n

回火温度/℃	应变硬化指数 n	回火温度/℃	应变硬化指数 n
500	0.036	600	0.076
550	0.036	625	0.029
575	0.029	650	0.021

2.3.2 上屈服点

在 500℃ 回火时有足够的热能使钢中的位错运动及发生相互作用。因此，很多具有相反柏氏矢量的位错，即正位错和负位错将相互作用并将湮灭，位错密度将显著下降。铁素体板条边界也会由于位错的运动而开始消失，如图 2.10(c) 所示。同时，由于固溶的碳原子被激活，导致其快速扩散，在这一温度的热处理过程中形成铁的碳化析出物。此后，析出物就作为强的位错滑移的钉扎障碍物。因此，可动位错的密度将大幅度降低。另外，位错密度的降低和相应的板条边界消失转而又为位错移动提供了大量空间。为了使位错脱离钉扎继续运动，需要更高的应力，因此出现了上屈服强度。当位错从钉扎析出物中脱离开来，可动位错密度将再次增加，所以位错滑移所需要的应力会降低。因此，根据上述机理，当钢的回火温度高于 500℃ 时，在应力-应变曲线上出现上屈服点是合理的。随着回火温度的提高，更多的铁素体板条消失，位错密度将降低，而析出物的数量增加。由此推断，上屈服点会随着回火温度的升高而更加明显。HSLA 钢中大量析出物的形核温度约为 600℃（第 3 章），这与上屈服点和屈服强度的峰值有关。然而值得注意的是，因为不能有效地降低钢中可动位错的密度，在其拉伸曲线中只有一个峰值，不像低碳钢应力-应变曲线中典型的振荡屈服点（Portevin-LeChatelier PL 效应）。

然而，在200℃回火将导致钢中的可动位错与空位和间隙原子等点缺陷相互作用。可动位错密度可能很低并且难以升高。如果回火温度升高到300℃和400℃，位错将运动并发生相互作用，但位错密度可能不会显著降低，可表现为强度的小幅变化。另外，铁素体板条边界仍然稳定，因此位错滑移的平均自由程受到限制。即使它们要运动，其他的不可动位错和铁素体板条边界也会很快把它们封锁住。因此，可动位错的数量将很难增加。所以，在300℃和400℃回火的钢中没有出现上屈服点。

当回火温度升高到700℃时发生再结晶。钢中的析出物发生粗化，降低了对位错的有效钉扎作用，因此钢的屈服强度明显降低。可动位错密度可能相当低，并且位错滑移受到大量新形成的再结晶晶粒边界的抑制。因此，可动位错的密度不能显著增加，所以在拉伸曲线中没有出现上屈服点。

2.3.3 应变硬化指数

计算应变硬化指数是为了反映均匀塑性变形范围内的情况，应变硬化指数低表明材料具有低的应变硬化能力。一般来讲，再结晶金属和合金以及严重应变硬化材料都以低 n 值为特征。对于再结晶金属和合金，其主要原因是基体中没有足够的障碍以影响运动的位错；对于严重应变硬化材料，其原因是基体中的位错不能再运动。对于这两种情况，屈服强度都几乎等于拉伸强度。对于本实验中所述500～650℃回火钢的情况如图2.12所示。

HSLA 钢的应变硬化系数较低的现象是比较意外的。这个钢在500～650℃回火后，明显没有如上面所述的第二条降低应变硬化系数的原因，即未发生严重应变硬化；在这一温度下也没有发生再结晶，见前文所述。因此，一定存在第三个原因。有观察表明，连续退火冷轧钢中由于加入了硼而使 n 值降低（Funakawa et al. 2001）。当钢中的碳含量降低到0.002%以下时，n 值大幅度地降低，这种现象可以用基体中以及在晶界上析出碳化物的形貌变化加以解释。Antoine et al.（2005）分析了含 Ti 的 IF 钢中 n 值和屈服强度之间的关系，n 值被位错-析出和位错-晶界间的相互作用所控制。较少量的固溶碳、氮原子降低了晶界对位错运动的阻碍作用效果，并进而降低 n 值。因此，在500～650℃回火会导致由于 ε 碳化物（FeC_2）或碳氮化物的析出而耗尽固溶的碳和氮原子，这就可能会导致低的应变硬化指数。此外，回火过程中位错密度的降低和铁素体板条的消失也有助于获得低的 n 值。

析出物也会钉扎住滑动的位错，并因此提高应变硬化率。从上述结果可以推断，固溶的碳、氮原子以及它们和位错的相互作用比析出物对应变硬化指数的影响更大。n 值将随着析出物数量的增加而逐渐升高，但 n 值会随着固溶碳和氮原子含量的降低而迅速地降低。析出物的形成会消耗固溶的碳和氮原子，这可以从应变硬化指数和固溶碳和氮原子含量之间的关系中得到证明，如图 2.13 所示。析出物数量的增加与固溶碳、氮原子含量的减少相一致。因此，如图 2.13 中粗线所示，n 值表现出显著的变化，即 n 值在575℃达到一最小值；当回火温度高于 600℃ 并继续升高到 650℃时，动力学析出达到饱和状态，析出物的生长速度降低，因此 n 值再次降低。由此，n 值在600℃显示出一个小的峰值，这是由于在600℃能产生最大数量的细小析出物。这一解释与表 2.4 和图 2.12 中显示的结果一致。

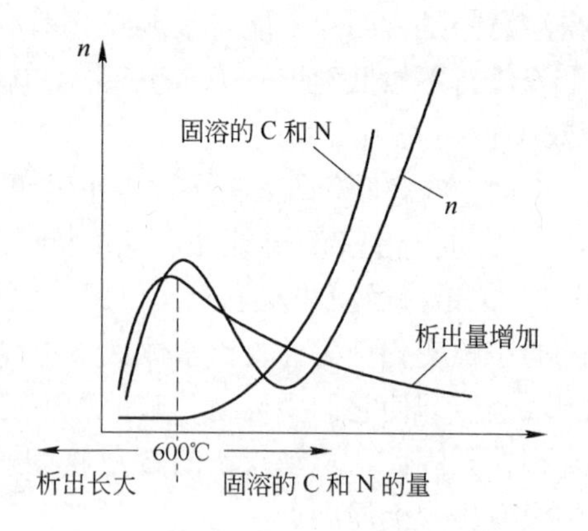

图 2.13　应变硬化指数随着固溶碳、氮原子含量以及析出物数量和尺寸而变化示意图
（经 Elsevier 许可，从 *Materials Science and Engineering* 转载：A，Vol. 517，Wei Yan，Lin Zhu，Wei Sha，Yiyin Shan，Ke Yang，Change of tensile behavior of a high-strength low-alloy steel with tempering temperature，Pages 369-374，2009）

当在 700℃ 回火时，新形成的、小的再结晶晶粒不仅增加了晶界的数量，同时其作用如同第二相，导致钢具有高的应变硬化能力。

2.3.4 小结

HSLA 钢经过适当的机械热处理控制过程后得到的下贝氏体微观组织使钢获得高强度。当回火温度升高到 550℃时，钢的屈服强度有一个小幅的增加，在 600℃达到一个最大值；温度超过 650℃，屈服强度迅速下降。拉伸强度在超过 200℃时降低，当回火温度在 500 ~ 650℃区间时，拉伸强度变得接近于屈服强度。

当钢的回火温度低于 400℃时，在拉伸曲线上没有出现明显的屈服点。然而，当回火温度升高到 500 ~ 650℃时，实验钢逐渐出现上屈服点以及相对低的应变硬化指数。低的应变硬化指数在 600℃达到一个峰值，这是由于可动位错与固溶的碳、氮原子间的相互作用以及它们对应变硬化指数的影响所致。

在 700℃回火的钢显示出“圆顶”状拉伸曲线并具有高的应变硬化指数，这归因于再结晶状态下的细晶组织。其决定性机制是位错、间隙原子与晶界、细小弥散析出的碳化物及碳氮化物间强烈的相互作用。

2.4 回火有关的分层断裂

2.4.1 微观组织

轧制态的钢（成分见表2.3）为下贝氏体组织，其横断面的显微组织见2.3节。回火钢纵向或轧向的显微组织如图2.14所示。饼状晶粒沿轧制方向的长度比其宽度大很多，这是各向异性显微组织的明显特征。轧制之前在1200℃均热时，晶粒为等轴晶，尺寸为50~100μm。经过在奥氏体再结晶区轧制后，晶粒尺寸能够细化到20μm。随着回火温度的升高，晶内铁素体板条消失，先前的奥氏体晶界变得更加明显，这表明基体内析出物的变化。经200~600℃回火后几乎没有变化。在700℃进行回火时，开始发生再奥氏体化，因此可以在显微组织中观察到很多小的铁素体晶粒。

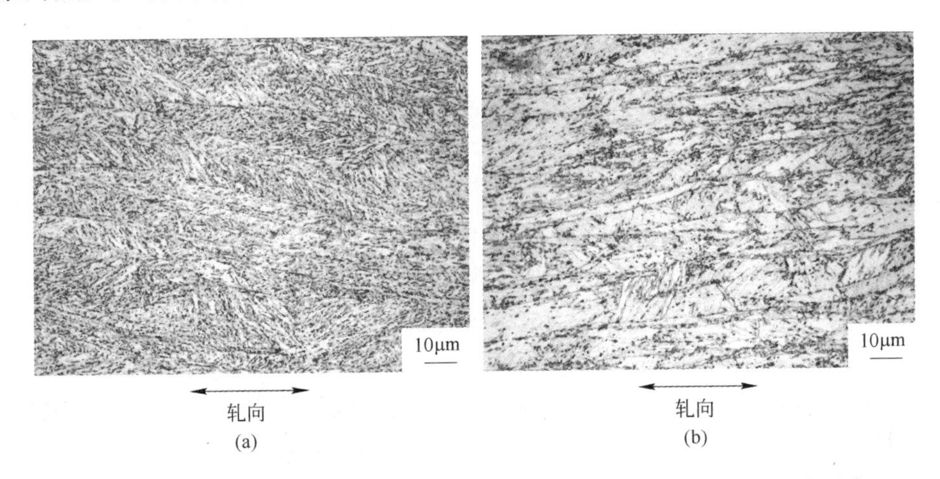

图2.14 轧制态和回火态钢沿轧制方向（纵截面）微观组织的光学显微照片
（腐蚀剂为4%硝酸酒精溶液）
（a）轧制态；（b）经700℃回火
（经Springer Science + Business Media许可：*Metallurgical and Materials Transactions A*，Delamination fracture related to tempering in a high-strength low-alloy steel，41，2010，159-171，Wei Yan，Wei Sha，Lin Zhu，Wei Wang，Yiyin Shan，Ke Yang，Fig. 3）

图2.15所示为材料经600℃回火后的两张TEM形貌图。其中的析出物很可能是碳化物和氮化物，它们密集地沿着钢中伸长晶粒的晶界分布，证明在600℃的回火导致了这些析出物在晶界析出。密集的位错是轧制过程中的大变形造成的。TEM显微照片中晶内的斑点可能是由于TEM薄膜在制样以及显微成像过程中造成的表面氧化。但是，这样的视觉反差并不妨碍在这里对其组织特征即析出物和晶界的讨论。由于相似的原因以及表面污染和不均匀腐蚀等原因，斑点的视觉反差也出现在一些光学和扫描电镜图片中。

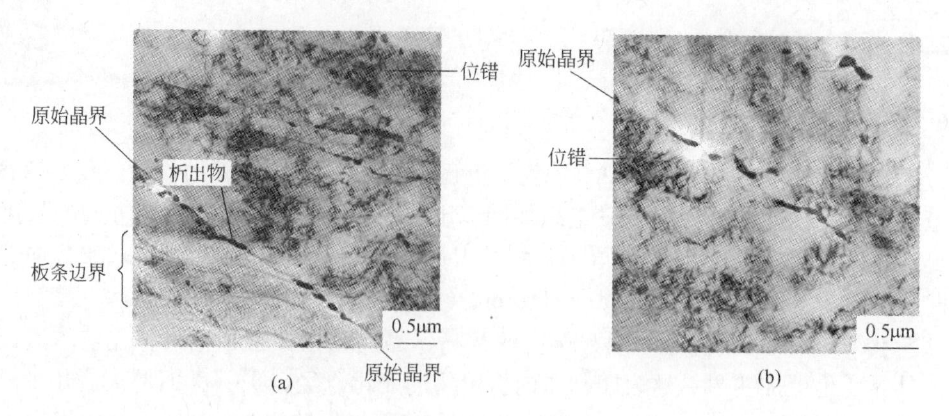

图2.15 经600℃回火钢中伸长晶粒边界的析出物(可能是合金碳氮化物)的TEM显微照片
(经Springer Science + Business Media许可：*Metallurgical and Materials Transactions A*，Delamination fracture related to tempering in a high-strength low-alloy steel，41，2010，159-171，Wei Yan，Wei Sha，Lin Zhu，Wei Wang，Yiyin Shan，Ke Yang，Fig. 4)

在光学显微照片中看到的析出物与在TEM中观察到的不是相同的析出物，因为它们的放大倍数在完全不同的量级。在光学显微照片中出现的如图2.14和图2.16(a)中所示的析出物是很大的析出物，可能是夹杂物，由于腐蚀的原因所以显得很大。它们数值上的密度实际上是很低的，数量级低于TEM尺度中那种析出物。光学尺寸中的析出物尽管表面上均匀地分布在整个微观组织中，但是与本节的讨论并不相关，因为其数量非常少（尽管在光学显微图片中由于其放大倍数低而显的数量很多)。

经过三次淬火和回火热处理，在钢中形成了粒径约为25μm的细小等轴晶(图2.16(a))。沿着晶界分布的析出相使晶粒的轮廓更加突出。

2.4.2 拉伸和冲击断口表面的分层

在200℃、400℃和700℃回火的钢在拉伸断口表面显示没有分层，但在500~650℃回火的钢在拉伸样品的断口表面出现明显的分层（Yan et al. 2010)。有分层的拉伸断口表面不再显示典型的杯锥状断口形貌，这说明其韧性差。大约在断口表面的中间处分成两半，这对应着轧制板带的中厚位置。很多局部不发达的裂缝也出现在表面，和主裂缝平行。尽管在200℃、400℃和700℃回火钢的断口表面没有分层，但在同一方向上也有小的裂口状断裂。在500℃回火钢的断口表面也出现了这种小裂缝，与主裂缝平行。

表2.5中对-30℃的每个冲击断口表面分层的具体情况进行了总结。室温下的冲击样品表面没有分层，轧制态钢的冲击功为50J，经500℃、600℃和650℃回火的钢为48J。不同温度下的回火钢在-30℃的冲击断口表面如图2.17所示。随着回火温度的升高，断口表面的分层先是在数量和长度上都有所增加，然后又

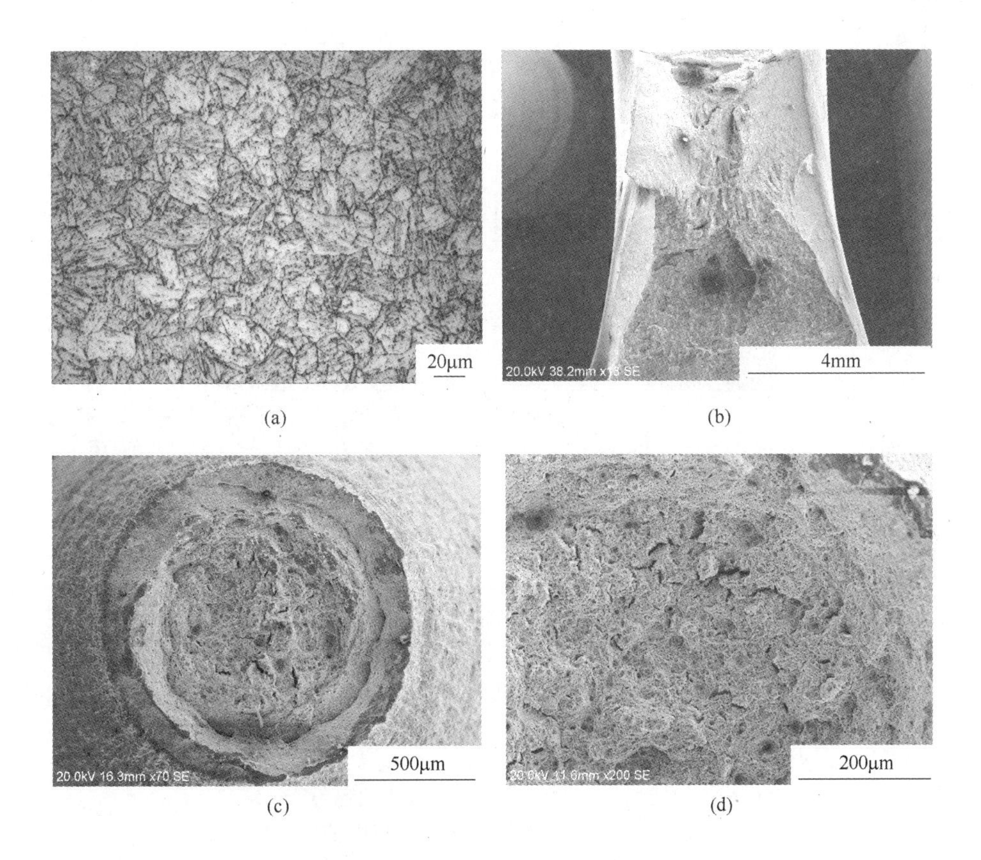

(a) (b) (c) (d)

图 2.16 经三次淬火及回火钢的等轴晶光学显微照片及 SEM 断口形貌

(a) 光学图像显示为等轴晶；(b) -30℃冲击样品断口形貌；(c) 室温拉伸样品断口形貌；(d) 图 (c) 的局部放大，显示小的裂纹

(经 Springer Science + Business Media 许可：*Metallurgical and Materials Transactions A*, Delamination fracture related to tempering in a high-strength low-alloy steel, 41, 2010, 159-171, Wei Yan, Wei Sha, Lin Zhu, Wei Wang, Yiyin Shan, Ke Yang, Fig. 5)

表 2.5 回火钢半尺寸样品（5mm 厚）在 -30℃的冲击韧性和断口开裂情况

回火温度/℃	冲击能/J	开 裂	回火温度/℃	冲击能/J	开 裂
轧制态	56	无	575	49	通 体
200	60	无	600	50	通 体
300	50	无	625	53	通 体
400	51	局 部	650	49	通 体
500	47	通 体	700	55	局 部
550	45	通 体			

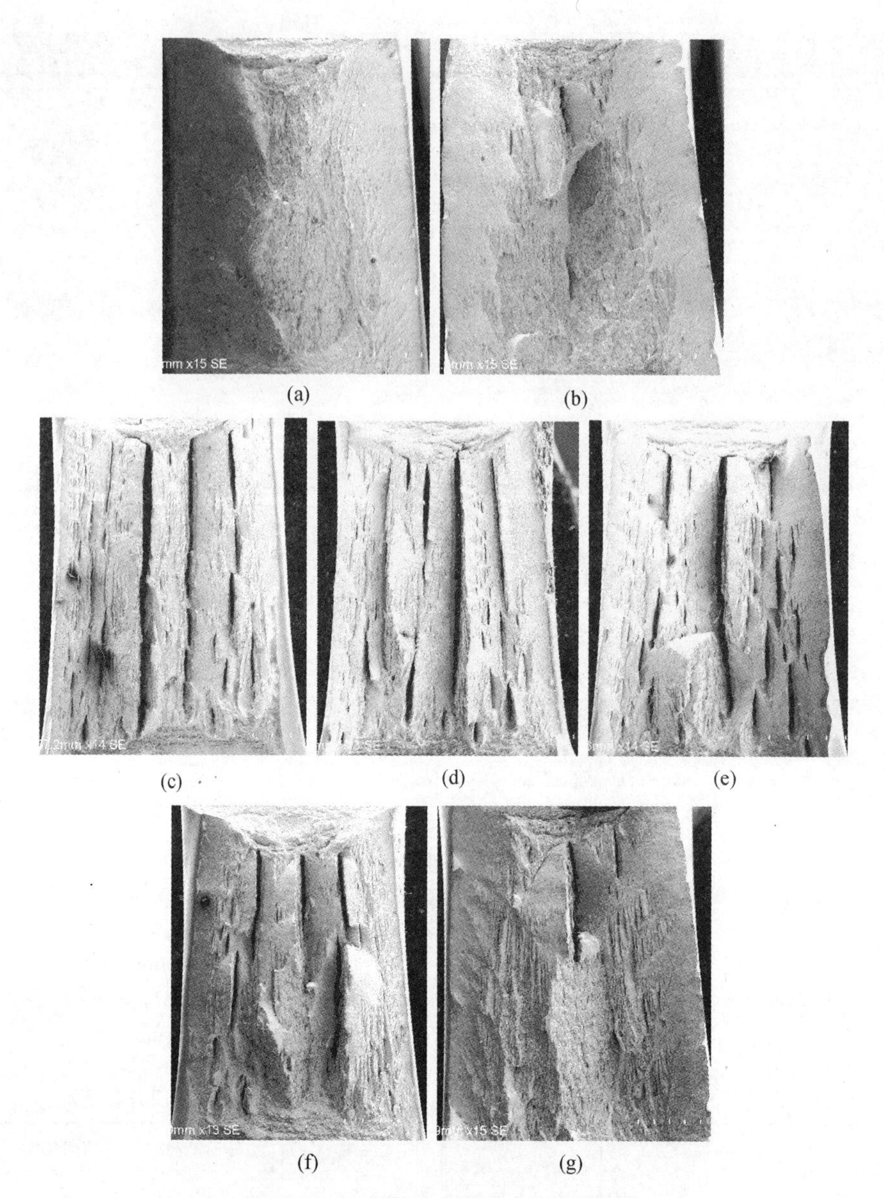

图 2. 17 －30℃冲击断口表面宏观照片

显示分层随着回火温度的变化从无到严重到轻微开裂的发展过程

（a）回火温度 200℃；（b）回火温度 400℃；（c）回火温度 500℃；（d）回火温度 550℃；（e）回火温度 600℃；（f）回火温度 650℃；（g）回火温度 700℃

每个图片中显示冲击样品的整体宽度为 5mm

（经 Springer Science + Business Media 许可：*Metallurgical and Materials Transactions A*，Delamination fracture related to tempering in a high-strength low-alloy steel，41，2010，159-171，Wei Yan，Wei Sha，Lin Zhu，Wei Wang，Yiyin Shan，Ke Yang，Fig. 11）

都降低。开裂程度的一个定量测试可以通过测量断口表面单位面积上开裂的总长度来进行。回火温度在500～650℃范围内，钢的断口表面出现成倍的连续开裂，而400℃和700℃回火钢的断口表面的上部区域（接近缺口处）只出现了一个局部开裂，在200℃回火钢的断口表面没有裂口出现。当回火温度为650℃时，连续裂口没有一直延伸到断口表面的后部，当回火温度升高到700℃时，连续裂口只在缺口附近的有限区域内出现。

连续且较深的开裂将分层的断口表面切分开，分开的裂缝呈45°剪切断裂。小的局部裂缝和大的分层都出现在断口表面。表面的详细情况如图2.18所示，图中所示为光滑的断口表面与韧性断口区域的混合表面。光滑的断口表面可能表明晶界强度降低，可在图2.18(c)中黑色箭头所指位置清楚地看到。Song et al.(2006)详细地解释了这个现象。

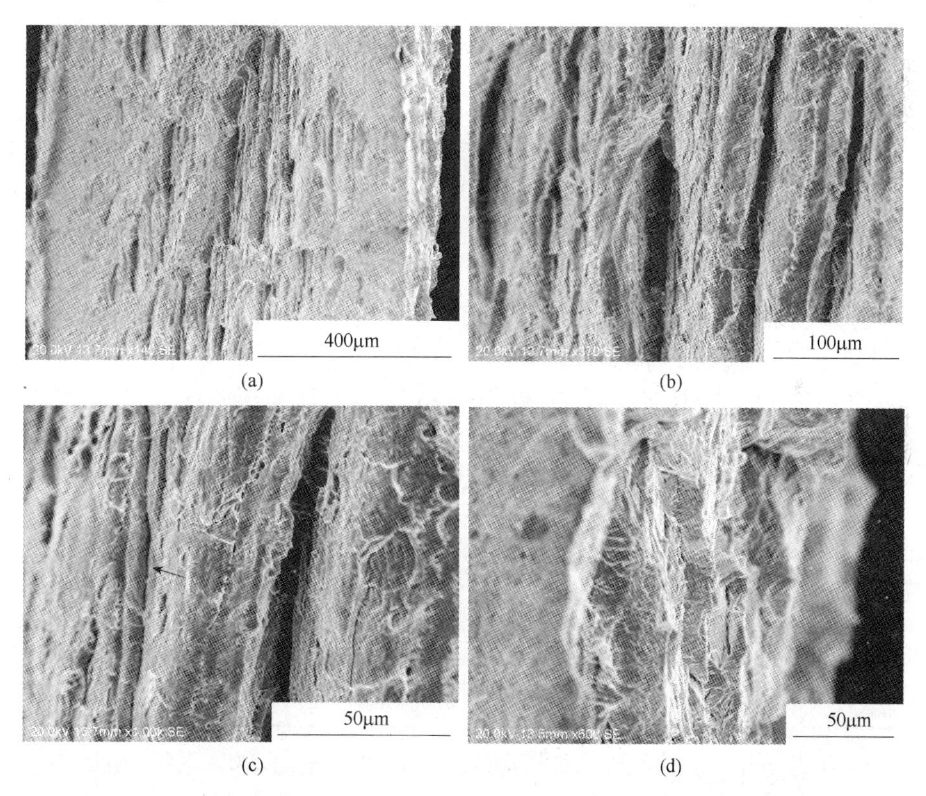

图2.18 SEM断口形貌显示钢经600℃回火后冲击断口表面细节

（a）分层断裂表面；（b）局部放大；（c）图（b）的局部放大，显示低结合力；（d）断片中的一个角部由于阶梯状断面不在同一个平面内，在角部左右两侧区域图像显得不够清晰

（经 Springer Science + Business Media 许可：*Metallurgical and Materials Transactions A*, Delamination fracture related to tempering in a high-strength low-alloy steel, 41, 2010, 159-171, Wei Yan, Wei Sha, Lin Zhu, Wei Wang, Yiyin Shan, Ke Yang, Fig. 12)

2.4.3　等轴晶样品的断口形貌和韧性

当三次淬火热处理将伸长的晶粒变成等轴晶形貌时，即使是600℃回火后的钢在-30℃冲击试验以及室温拉伸（图2.16(b),(c)）后，断口表面的分层都会消失。然而，与前面所见的常规分层不同，在拉伸断口表面可见很多小的二次裂缝（图2.16(d)）。

通常用夏比V形缺口冲击能来描述钢的韧性。具有拉长晶粒的HSLA钢在不同温度下回火后在-30℃的韧性值见表2.5。对于所有的回火温度，实验钢的韧性相近。轧制态和200℃回火的钢有较高的韧性值，分别为56J和60J，其他温度下回火后钢的韧性值均为50J左右。当伸长的晶粒变为等轴晶时，由于晶粒尺寸细小，钢在-30℃时韧性值略高，为65J。

2.4.4　回火钢的裂口尖端金相组织及XRD

图2.19所示为500℃回火钢冲击断口表面裂缝尖端的形貌。开裂路径是沿着原始的奥氏体晶界传播，可以通过光学显微镜和SEM清晰地分辨。当裂缝与晶界交叉时，在传播方向上可进行小幅度的调整，这图2.18(d)中，分层的裂片边缘的阶梯状断面形貌清楚地显示出来。由于阶梯不在同一个平面内，其周围的区域都显示不清。

X射线衍射可以根据主要衍射峰的相对高度定性地检测钢中晶体的织构。与完全随机的样品相比，那些峰值强度高出很多的平面可认定为织构方向。与（200）和（211）峰相比，体心立方结构中的主峰比所期望的（110）峰的强度稍高（表2.6），这表明在回火钢样品中可能存在一些有限的织构。衍射在钢板中平行于轧制平面（Yan et al. 2010）的表面上进行。

表2.6　在不同温度回火的钢中XRD峰的相对强度

峰值位置	标准（无织构）	200℃	400℃	600℃	700℃
110	100	348	284	262	335
200	20	14	18	13	12
211	30	30	30	30	30

在以上几节中，HSLA钢经过控制轧制后淬火，并在200~700℃范围内进行了回火，我们检测了实验钢拉伸和冲击断口表面的分层和开裂现象。在2.3节中讨论了拉伸和应变硬化行为。对2.3节中的一些重要的观察结果进行总结如下：

（1）轧制条件下的显微组织为：在高度拉长的、扁平的原奥氏体晶粒内存在有下贝氏体（铁素体板条中包含有拉长的渗碳体析出和高密度位错）。

（2）在经过200~400℃退火后，钢显示正常的应力-应变行为，应变硬化指数为0.11~0.13，屈强比约为0.85。

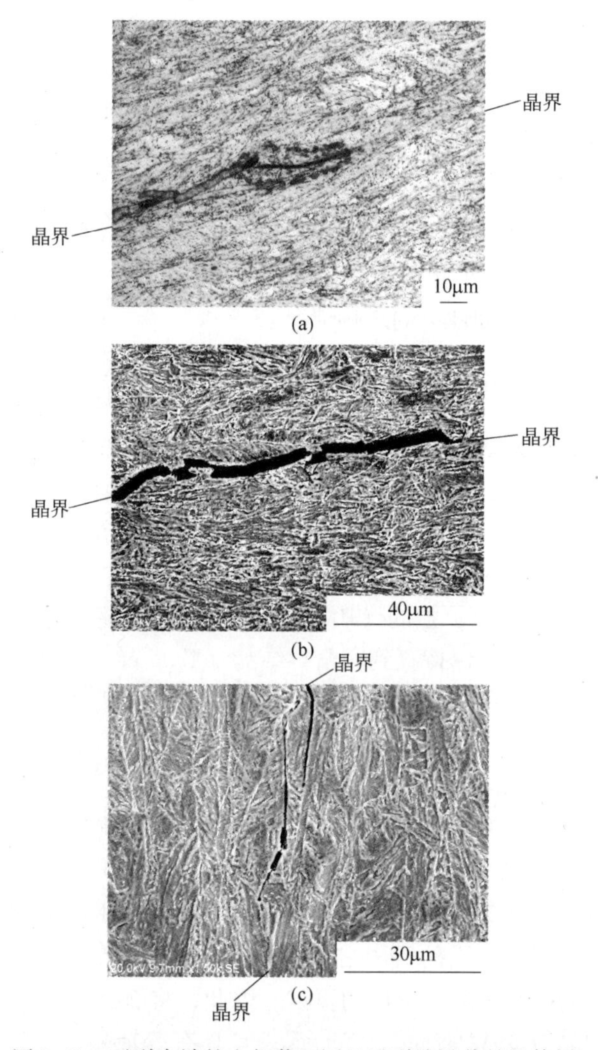

图 2.19 开裂尖端的金相截面图显示裂缝沿着晶界传播

（a）光学图片显示裂缝尖端（腐蚀剂为 4% 硝酸酒精溶液）；（b）SEM 图片显示裂缝传播路径；（c）SEM 图片显示裂缝尖端

（经 Springer Science + Business Media 许可：*Metallurgical and Materials Transactions A*，Delamination fracture related to tempering in a high-strength low-alloy steel，41，2010，159-171，Wei Yan，Wei Sha，Lin Zhu，Wei Wang，Yiyin Shan，Ke Yang，Fig. 13）

（3）回火温度在 500 ~ 650℃ 范围内，可观察到屈服点，应变硬化指数只有 0.02 ~ 0.08（即实际上没有应变硬化），且屈强比基本一致（即最大极限强度发生在屈服点附近）。

（4）在实验中的整个回火温度范围内，屈服和拉伸强度在一定程度上有所提高，在 600℃ 出现一个强度峰值，与马氏体回火时发生的二次硬化相似。

（5）在700℃回火后样品钢又回到正常状态，应变硬化指数为0.25，屈强比约为0.8。

目前为止，本节（2.4节）中出现的重要问题可讨论如下：

（1）在500~650℃温度范围内回火时发生的显微组织的变化使钢易于在接下来的拉伸和冲击加载过程中发生分层。

（2）应力条件导致室温拉伸样品的裂缝，室温冲击样品没有裂缝，而在-30℃冲击样品中则出现严重的开裂。

（3）得到了分层对韧性值的影响情况。

2.4.5　分层与各向异性微观组织

如上面所述，热轧钢中的分层行为与很多不同的现象有关，也都与各向异性的微观组织有关。前面已说明，可能导致分层的各向异性组织特征的原因有织构、平面夹杂物的排列，即排成一列的析出物和伸长的晶粒结构。从目前的情况看，织构可以排除，原因如下：首先，钢没有在易于形成强织构的$\alpha+\gamma$的两相区轧制（Yang et al. 2008）。强的（100）开裂平面织构随着退火温度的升高而加强，并在退火过程中一直保持直到完全再结晶（Tsuji et al. 2004）。因此，如果织构在所观察到的分层现象中起重要作用，会在轧制态及低温回火试样中出现严重的分层，而不是在500~650℃的回火钢中出现。此外，XRD结果表明各回火钢中的织构没有明显区别，证实了上述推断。（110）峰比（200）和（211）峰相对稍高，但（110）峰不是常规的开裂平面，并且没有随着回火温度的变化而变化的趋势。

在500~650℃温度范围内，可认为分层的主要原因是回火钢中的析出物。析出物有很好的理由成为分层的成因之一。为了区分伸长的晶粒和析出物的作用，有必要分析伸长的晶粒组织对分层的贡献。因此，将轧制态实验钢进行三次油淬热处理使伸长的晶粒变成等轴晶。实验钢一旦具有等轴晶，尽管在600℃进行回火，在-30℃冲击断口表面也没有显示分层。这一发现表明，伸长的晶粒是造成分层的必要条件。但只要没有在500~650℃区间回火，即便具有高度拉长的晶粒结构也未显示有大量的分层。在这一回火温度区间，类似于马氏体回火，贝氏体中的渗碳体很有可能发生固溶，因为钢中强的碳化物形成元素（钛、铌、钒、钼和铬）形成的碳化物颗粒在晶内和晶界上析出。

这两方面表明，在低于奥氏体再结晶温度下热轧而造成的伸长的晶粒和回火过程中产生的密集排列的析出物可能是共同构成严重分层的原因。单独任一种情况不能导致分层。这一观察也会得到如下假设：析出物使晶界脆化，并使晶界成为分层最可能的传播途径。这一推测实际上已通过研究裂口的尖端而得到了证实。在图2.19中，开裂裂缝的传播途径是沿着原奥氏体晶界。图2.18(a)~(c)

所示的被裂缝分开的两个断片上光滑的表面是裂缝沿晶界传播的另一个证据。因此，图 2.20 中描述得很清楚，拉伸和冲击断口表面连续的裂缝都沿着同一个方向，并且平行于扁平且伸长的晶粒所在的平面。

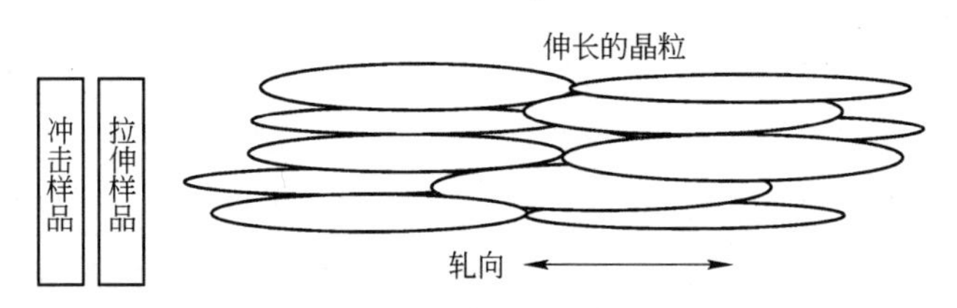

图 2.20 显示伸长的晶粒结构及拉伸和冲击试验样品方向的轧制平面示意图

（经 Springer Science + Business Media 许可：*Metallurgical and Materials Transactions A*，Delamination fracture related to tempering in a high-strength low-alloy steel，41，2010，159-171，Wei Yan，Wei Sha，Lin Zhu，Wei Wang，Yiyin Shan，Ke Yang，Fig. 1）

图 2.16(d)所示是等轴晶实验钢拉伸断口表面小的裂缝，它表明在 600℃ 回火过程中形成的析出物也会使等轴晶晶界变脆且容易开裂，这进一步证明了前面的假设。但是由于晶粒细化，单位体积内晶界面积大幅度地增加，而单位晶界面积上的析出物将会大幅度下降，因此削弱了脆化效果。此外，等轴晶结构将抑制裂纹的传播，而伸长的晶界由于其扁平伸长的形状几乎不能改变裂纹的传播方向。因此，分层由于缺少有利于其产生的伸长的晶粒结构而不能发生。

升高退火温度到超过奥氏体化的温度范围，即常化退火，可消除开裂现象。再奥氏体化将各向异性的显微结构变成各向同性。因此，分层因缺少各向异性的组织特征而变得困难且不可能发生。当钢在 700℃ 回火时，再奥氏体化不完全，且再奥氏体化开始主要沿着晶界，这将消耗析出相并消除脆性效应。因此，尽管开裂显著地减少了，但并没有消除。

2.4.6 分层与应力条件以及分层对韧性的影响

各向异性显微组织本身不能导致分层，应力条件是另一个重要的、实际上也是必要的因素。这些应力条件实际上依赖于材料的力学性能（尤其是韧性）以及样品的几何尺寸（尤其是厚度）。在夏比冲击实验和拉伸实验中，会出现一种平面应变状态（即三向拉应力）。在这种平面应变状态下的变形十分受限，这是由于在该刚性区内，应力可达到屈服强度的两至三倍（Yan et al. 2007）。

这种刚性平面应变区位于柱状拉伸试样颈缩的中心。拉伸试样颈缩处的应力状态包括均匀的轴向应力和拉伸的静水压力部分。静水压力部分从颈缩处表面的零值变化到中心线上的最大值，其大小取决于颈缩的程度和该位置的形状。因此，拉伸样品中的分层能在中心处得到充分的发展，将断口表面分成两半，说明这里存在一个薄弱面。颈缩通常开始于最大载荷或工程应力状态，同时均匀应变结束于最大载荷或工程应力状态。Yan et al.（2010）提到，由于钢具有相当均匀的延展性而导致应力状态条件不够强时，裂口状断裂不发达。值得注意的是，在500～650℃回火钢的室温拉伸样品都显示有分层现象。由于拉伸试验的加载速度低，拉伸样品在发生颈缩前先经历了一定量的均匀塑性变形。然而在临界的温度范围回火后，拉伸试验中最大的工程应力发生在屈服应力处，或非常接近屈服应力，因此会提前并强烈地产生颈缩。所以放射状和切向应力作用于薄弱的平面上，这将在很大程度上导致分层。

在室温下，与冲击载荷相比，分层会更广泛地出现在静态拉伸载荷下。一般来说，冲击载荷下的应力状态应该比拉伸载荷下的更为剧烈，因为其试样存在缺口且加载速度快。在拉伸载荷下，在颈缩前，分析塑性变形阶段的应力条件可以找到以上现象的原因。

然而，CVN样品中的应力和刚性区比拉伸试样中的更复杂。随着试样的弯曲，在缺口处形成一个塑性区，抑制厚度方向的压缩，形成三向应力状态。随着裂纹的生长，这一区域的位置将从缺口附近移动并蔓延到断裂表面的大部分区域，这就是为什么随着回火温度的增加分层发展成如图2.17所示的情况。在500～650℃温度范围回火的钢具有非常低的应变硬化能力，从而导致低的拉伸塑性（Song et al. 2006）（2.3节）。因此，应力条件易于造成分层，而各向异性的微观组织（即在三向拉伸应力区的伸长的晶粒）无疑会使钢沿热轧平面中薄弱的路径分开。实验钢在轧制状态以及在200℃、300℃、400℃和700℃回火后具有较好的延伸到断裂以及颈缩能力，结果没有分层或只有轻微的局部分层。

500～650℃回火钢的冲击样品在室温下没有裂缝，但在－30℃时出现严重的分层（表2.5）。一般来说，分层的数量随着回火温度的降低而增加（Song et al. 2005，2006；Tsuji et al. 2004）。随着温度的降低，钢的屈服强度会增加，并且延伸至断裂以及颈缩的能力将降低，这是被广泛认可的。在室温和－30℃之间，屈服强度的增加幅度可达到10%～15%。厚度方向的应力需要足够高以至于能将各向异性的显微组织沿着它的薄弱路径撕裂。因此认为，分层更可能发生在相对较低的温度。

之前的塑性应变可能沿着薄弱平面诱发一些微裂纹，这将大大降低裂纹扩展所需的应力并促进分层。然而在室温的CVN实验中，实验钢具有更好的延伸至断裂以及颈缩的能力，其应力集中达不到那么高的水平。

根据以上分析可以得出结论，当平面应变条件得到满足时就会发生分层。相应地，分层在拉伸条件下发生在颈缩后，在冲击条件下发生在主断裂之前。

很明显，开裂可以产生几个效果，如强烈的应力松弛；降低主断口尖端的应力集中；促进形成平面应力状态，即样品内部的双向应力状态，这会使分层更难以继续发展，导致韧性断裂。分离后的片层将在较薄的样品中继续断裂，如图

2.18(a)~(c)所示，在分离的片层中观察到了局部的开裂。可以合理地推断，在强应力这样的必要条件下，在主断口表面的这种浅裂缝应该是在主开裂发生的同时形成的。在分离的片层上具有特征韧窝的韧性断裂可能是在主断裂表面中最后断裂的。

在500~650℃回火的钢在室温和-30℃具有相近的韧性值（表2.5）。断口的形貌及相近的韧性值表明-30℃高于韧-脆转变温度（DBTT）。分层对钢的上架能没有显著影响。实际上，连续开裂只能吸收一点能量，而大部分的能量都被韧性断裂吸收。因此，通过对比断口表面的韧性百分比自然会发现冲击功没有明显变化。对比轧制态和在500~650℃回火钢的室温韧性，说明回火处理会造成韧性的降低。

2.4.7 小结

考察热轧和淬火钢经过200~700℃回火后在拉伸和冲击载荷下的分层行为，在500~650℃范围内回火会导致在室温拉伸和-30℃冲击载荷下的严重分层和开裂。热轧后获得伸长的晶粒以及回火过程中形成的析出物（合金碳化物和氮化物）造成的晶界脆性是导致分层的主要原因。分层对钢的上架冲击能没有影响。低温冲击断口表面开裂的数量和长度会随着回火温度的升高而增加，直到650℃，然后降低。

分层的原因是复杂的，但可以总结为各向异性的微观结构和三向应力条件综合作用的结果。当加载过程中形成适当的平面应变状态，各向异性的微观结构会沿着该状态下形成的薄弱平面开裂。因此，分层发生在拉伸加载过程中形成颈缩之后，以及在冲击加载过程中主体开裂之前。由于钢在临界温度范围回火后的应力-应变行为，在拉伸载荷下比在冲击载荷下更容易形成分层。降低温度会更易于形成分层，这与较高的屈服强度和较短的延伸至断裂过程有关。

参考文献

Antoine P, Vandeputte S, Vogt JB(2005) Effect of microstructure on strain-hardening behaviour of a Ti-IF steel grade. ISIJ Int 45: 399-404. doi: 10.2355/isijinternational.45.399.

Funakawa Y, Inazumi T, Hosoya Y(2001) Effect of morphological change of carbide on elongation of boron-bearing Al-killed steel sheets. ISIJ Int 41: 900-907. doi: 10.2355/isijinternational.41.900.

Guo Z, Sha W(2004) Kinetics of ferrite to Widmanstätten austenite transformation in a high-strength low-alloy steel revisited. Z Metallkd 95: 718-723.

Muljono D, Ferry M, Dunne DP(2001) Influence of heating rate on anisothermal recrystal-lization in low and ultra-low carbon steels. Mater Sci Eng A 303: 90-99. doi: 10.1016/ S0921-5093 (00) 01882-7.

Rivera-Díaz-del-Castillo PEJ, Bhadeshia HKDH(2001) Growth of needle and plate shaped par-ticles: theory for small supersaturations, maximum velocity hypothesis. Mater Sci Technol 17: 25-29. doi: 10. 1179/026708301101509070.

Song R, Ponge D, Raabe D(2005) Mechanical properties of an ultrafine grained C-Mn steel processed by warm deformation and annealing. Acta Mater 53: 4881-4892. doi: 10. 1016/j. actamat. 2005. 07. 009.

Song R, Ponge D, Raabe D, Speer JG, Matlock DK(2006) Overview of processing, microstruc-ture and mechanical properties of ultrafine grained bcc steels. Mater Sci Eng A 441: 1-17. doi: 10. 1016/j. msea. 2006. 08. 095.

Sha W(2001) Crystallization and nematic-isotropic transition activation energies measured using the Kissinger method. J Appl Polym Sci 80: 2535-2537. doi: 10. 1002/app. 1362.

Tsuji N, Okuno S, Koizumi Y, Minamino Y(2004) Toughness of ultrafine grained ferritic steels fabricated by ARB and annealing process. Mater Trans 45: 2272-2281. doi: 10. 2320/ matertrans. 45. 2272.

Yan W, Shan YY, Yang K(2007) Influence of TiN inclusions on the cleavage fracture behavior of low-carbon microalloyed steels. Metall Mater Trans A 38A: 1211-1222. doi: 10. 1007/ s11661-007-9161-2.

Yan W, Zhu L, Sha W, Shan YY, Yang K(2009) Change of tensile behavior of a high-strength low-alloy steel with tempering temperature. Mater Sci Eng A 517: 369-374. doi: 10. 1016/j. msea. 2009. 03. 085.

Yan W, Sha W, Zhu L, Wang W, Shan YY, Yang K(2010) Delamination fracture related to tempering in a high-strength low-alloy steel. Metall Mater Trans A 41A: 159-171. doi: 10. 1007/ s11661-009-0068-y.

Yang M, Chao YJ, Li X, Immel D, Tan J(2008) Splitting in dual-phase 590 high strength steel plates: Part II. Quantitative analysis and its effect on Charpy impact energy. Mater Sci Eng A 497: 462-470. doi: 10. 1016/j. msea. 2008. 07. 066.

3 耐 火 钢

摘 要 本章关注建筑用耐火钢的设计和特性。以耐火钢的性能要求为核心，内容包括添加合金的作用、晶粒尺寸控制、置换元素特性和加工工艺。所介绍的新型耐火钢用钼和铌或钨、钛和硼进行微合金化以保证高温强度。该耐火钢具有令人满意的高温强度，部分原因是其具有比传统钢更大的晶粒尺寸。针对平衡态的析出相进行了热力学计算。高温强化机制可能为 MC 和 Laves（莱夫斯）析出相弥散分布的二次形成、钼原子团簇和固溶的钼和铌。利用原子探针场离子显微镜（APFIM）对所设计的具有耐火显微组织的结构钢进行了原子尺度显微组织研究，在温度约为 650℃ 时有明显的析出，析出相可能为共格相，形成了稳定的弥散分布。

3.1 耐火设计

钢的设计很复杂，需使用迭代方法逐步改善并获得最佳性能。对结构钢力学性能的要求众所周知。对耐火钢的额外要求是在火灾等高温条件下具有足够高的强度。传统结构钢不能抵御火灾中的高温，因此必须进行耐火保护。本章研究内容作为一个欧洲合作项目的一部分，与建筑研究机构（BRE）和前英国钢铁公司合作进行，其中很多针对各种大型建筑的试验在英国的卡汀顿（Cardington）实验室完成。所研究的多数钢结构都没有耐火保护。对钢的温度进行了测量，最高温度在 691～1060℃之间。如果达到此最高温度，钢的极限应力低于工作应力，发生失效。因此，必须保护钢结构，并确保钢件温度在规定的耐火期内低于最高温度。

结构件必须在规定的耐火期内保持其功能性。建筑的规定耐火期为 30min 的倍数，例如 30min、60min、90min 等，具体倍数取决于建筑的尺寸、地点和使用情况。在英国的多层钢结构中，约 7% 的耐火期为 30min，60% 为 60min，10% 为 90min，15% 为 120min。钢件的耐火性能由燃烧试验评估，即根据钢件对遵循规定温度路径的标准燃烧曲线的反映进行评估。该曲线和自然火灾曲线不同，后者取决于以木材的公斤数所测量的火的载荷和通风量。标准燃烧曲线在本质上不同于自然火灾，但一直以来是比较结构件耐火性能的有效方法。

日本新日铁（Nippon Steel）公司生产的耐火钢性能优异，其成分见表3.1。以该成分为基础，通过添加合金元素和改善工艺参数可能使性能进一步得到提高。

表3.1 耐火钢和传统结构钢S275的化学成分（质量分数） （%）

钢	C	Si	Mn	Mo	Nb	N	其他元素	屈服强度/MPa	抗拉强度/MPa	伸长率/%
S275	0.1	0.35	0.9	—	—	0.001	—	280	318	19.5
新日铁Nb-Mo钢	0.11	0.24	1.14	0.52	0.03	0.004	—	350	552	20
新日铁Mo钢	0.1	0.1	0.64	0.51	—	0.003	—	380	507	21
新日铁Mo钢(2)	0.11	1.13	0.23	0.56	—	—		448	562	24
P8123(智能钢)	0.08	0.38	1.32	0.54	0.26	0.001	—	594	723	13.5
P8124(固溶钢)	0.02	0.36	0.87	0.16	0.63	0.001	—	411	538	15.5
P8240（低合金固溶钢）	0.014	0.28	0.28	0.21	0.58	—	—	214	389	29
P8241	0.004	0.19	0.22	—	—	—	0.5W，0.04Ti，0.013Al，0.001B	200	346	25

新耐火钢的设计可从两个不同的角度出发：一是设计在火灾中发生析出反应的“智能”钢，二是设计能抵御火灾的“固溶”钢。钢的成分设计应保证在高温下发生析出强化和固溶强化而提高强度，即分别服务于创造智能钢和固溶钢的目标。固溶强化提供稳定的强度来源，是静态的，适用于固溶钢。析出是动态的反应过程，因此更适用于智能钢。析出的碳化物（如MC和M_2C）和碳氮化物(如(V,Ti,Nb)(C,N))，在约650℃以上发生溶解或粗化，强化作用消失。合理的方法是为这两种钢分配“智能”和“固溶”特性，即一种钢以固溶强化为主，析出强化为辅；另一种钢则以析出强化为主，固溶强化为辅。该方法也使钢材在经历火灾后可以被重复利用。基体中存在一定数量的析出相可阻止奥氏体和铁素体晶粒在火灾中长大，从而防止强度降低，这已在新日铁的耐火钢中得到验证。

3.2 钢的设计要素

3.2.1 控制晶粒尺寸

钢中必须有一定数量的析出相来控制在高温条件下和轧制过程中的晶粒尺寸。然而，为了研究固溶钢的可行性，沉淀析出相的体积比应控制在最小限度。另一个条件是所选择的碳化物类型必须保证该碳化物在足够高的温度析出并细化晶粒，即在1200℃左右析出的MX碳化物。因此，碳化物形成元素限于钛、锆和铌，这些元素在1200℃左右和碳有极强的亲和力，可形成最稳定的

MC 型碳化物。此外的一个重要条件是，如果以固溶强化为研究重点，那么析出相不应大幅度增加钢的屈服强度。因此，应严格限制或尽量消除在 $\gamma \rightarrow \alpha$ 相变中和相变后析出相的产生。由于钛和铌的溶解度很低，它们几乎只在 γ 相中析出。

对于任意选取的0.01%的碳含量（质量分数），得到符合化学计量的 TiC 或 NbC 碳化物需要0.04%的钛（质量分数）或0.08%的铌（质量分数）。（如无另外说明，本章中所有成分的单位均为质量分数,%）对于 Fe-0.01C-0.04Ti 和 Fe-0.01C-0.08Nb 钢，热力学计算预计 TiC 和 NbC 析出相的溶解温度分别为957℃和1072℃，添加0.5%的钨使溶解温度发生略微变化，分别为956℃和1012℃。对于0.01C-0.04Ti 钢，所有的碳都存在于 TiC 中，钨留在固溶体中。对于析出相体积比低的完全铁素体钢，0.01%的碳和0.04%的钛可满足要求。

3.2.2 置换元素的特性

表3.2列出了铁中具有合适溶解度的不同置换元素的原子尺寸、剪切模量和所计算的在850℃的扩散率。模量的相互作用产生实际应变能，遗憾的是没有关于该应变能计算的可用信息。然而由表3.2可知，钨和铁的剪切模量相差最大，产生最大的模量相互作用。钨元素之后，依次为铌、钼、钛、钒元素。溶质原子只能通过模量与螺位错发生相互作用，因此这种模量相互作用越大越好。

表3.2 成分设计相关元素的物理参数

元素	Fe	Mn	Mo	Nb	W	Ti	Cr	V	Co	Ni
原子半径 R_x/nm	0.124	0.13	0.136	0.142	0.136	0.145	0.125	0.131	0.125	0.115
比率 R_x/R_{Fe}	1	1.05	1.10	1.15	1.10	1.17	1.01	1.06	1.01	0.93
电负性	1.83	1.55	2.16	1.60	—	1.54	1.66	1.63	1.88	1.91
剪切模量 G_x/GPa	82	80	126	38	161	46	115	47	82	76
$(G_x - G_{Fe})/G_{Fe}$/%	0	-3	54	-54	97	-44	41	-43	0	-7
在Fe中的扩散系数,850℃/$cm^2 \cdot s^{-1}$	7.9×10^{-12}	21×10^{-12}	21×10^{-12}	96×10^{-12}	9×10^{-12}	1791×10^{-12}	3.4×10^{-12}	22×10^{-12}	6.5×10^{-12}	0.0002×10^{-12}
在 γ 相中的扩散比，950℃	1	5	125	16	—	612	1.3	6	69	4
在 α 相中的扩散比，700℃	1	7	1.7	10	1.1	10	0.2	0.05	2.3	9×10^{-6}

这些元素的扩散率差异很大。在铁-钨合金中，钨可以延缓铁原子的自扩散。在钨含量（原子分数）达0.33%的铁合金中都观察到了这种延缓作用，即铁的自扩散系数显著降低。铁-钼合金也存在这种现象，但延缓程度显著降低。

总的有效应变能受限于各种溶质的溶解度，即形成 Laves 相的溶解极限。因此，计算并评价了每种元素的溶解度极限。在冷却条件下，置换元素扩散很慢，因此假设 Laves 相在 600℃ 以下不会形成。在 600℃ 的溶解极限下，计算得出 Laves 相中各元素的质量分数，钼、钨、钛和钒的含量分别为 1.8%、0.7%、0.8% 和 17%。Laves 相也可含有一些铌。

选择耐火钢的主要置换元素需要权衡很多因素。然而，剔除不适合的元素是可能的。钒的剪切模量相互作用小，可被剔除。铌的扩散率很高，不适合作为主要置换元素。在其余的元素中，钨的模量相互作用很大，钛和钼的作用很小。这些元素都有高于 0.5% 即形成 Laves 相的溶解度极限。然而，必须考虑到钨在铁素体中的较低扩散率可能会阻碍扩散控制的位错攀移。钨和螺位错有较强的剪切模量相互作用，而钛的作用较弱。因此，钨可以作为主要置换元素。Laves 相在 0.7% 和 600℃ 条件下形成，因此合适的钨含量为 0.5%。

3.2.3　加工、钢的成分和生产

合金元素和工艺参数的影响需要给予关注。钨和铌具有类似的稳定铁素体的作用。因此，钨含量为 0.5% 的钢在空冷后的组织全部为铁素体。图 3.1 为具有不同钨含量的 0.01C-0.04Ti-0.1Si-0.2Mn 钢的相图。当钨含量高时，相图形状与不锈钢类似。当钨含量为 0.5% 时，$\alpha + \gamma \rightarrow \gamma$ 相变的 A_{e3} 温度约为 920℃，且具有面心立方晶体结构的 TiC 相（线 2）应在约 970℃ 的平衡条件下开始析出。由于轧制后发生应变诱发析出，实际的析出温度可能远高于预期温度。

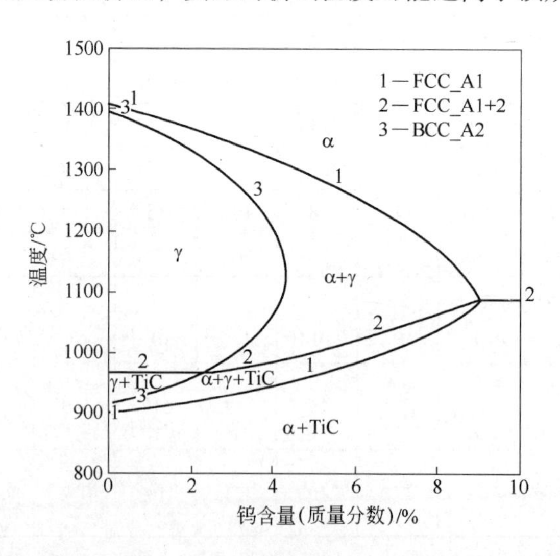

图 3.1　0.01C-0.04Ti-0.1Si-0.2Mn(质量分数,%)钢在不同温度和钨含量下的相图
(Sha et al. 2002，www.maney.co.uk/journals/mst 和 www.ingentaconnect.com/content/maney/mst)

四种试验耐火钢的总成分列于表 3.1，轧制参数列于表 3.3。

表 3.3 试验耐火钢的轧制参数

变 量	值
轧后冷却	空 冷
板坯再加热温度	1250℃
精轧温度	1050℃（P8123，P8124，P8240）；1000℃（P8241）
厚度压下率	25%
道次数目	5
初始板厚	75mm
最终板厚	18mm

3.3 显微组织

3.3.1 晶粒结构

图 3.2 和图 3.3 分别为两种试验钢(P8123 钢和 P8124 钢)在轧后和经 30min、650℃热处理后的显微组织。这两种钢有相似的晶粒结构。

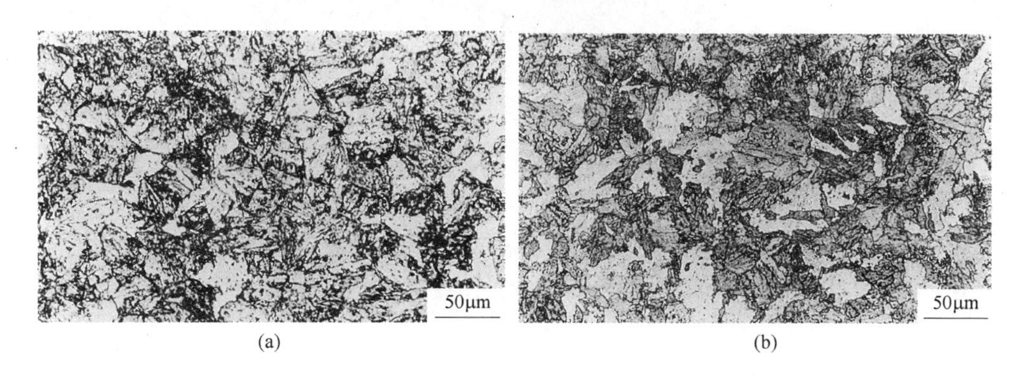

图 3.2 P8123 钢的光学显微镜照片

（a）轧后；（b）在 650℃进行 30min 热处理后

（Sha et al. 2002，www. maney. co. uk/journals/mst 和 www. ingentaconnect. com/content/maney/mst）

新日铁耐火钢的晶粒尺寸为 6μm。测量试验钢在轧后的晶粒尺寸，得出 P8123 钢为 13μm，P8124 钢为 14μm。由于采用了平均线截距法，照片中的晶粒看起来更大，晶粒直径约比平均线截距晶粒尺寸大 50%。与新日铁耐火钢相似，试验钢在热处理后的晶粒尺寸不变，表明没有发生晶粒长大。试验钢的显微组织均为多边形铁素体，在 P8123 钢中还有部分针状组织。两种钢中均存在大的 Fe_2Nb Laves 相粒子，尤其是 P8124 钢（图 3.4）。P8124 钢中这种大 Laves 相粒子的存在可以预测，然而 P8123 钢的铌含量较低，这种现象不应出现。

试验钢的晶粒尺寸稍稍偏大。将精轧温度由 1050℃降到 1000℃可略微减小晶粒尺寸。

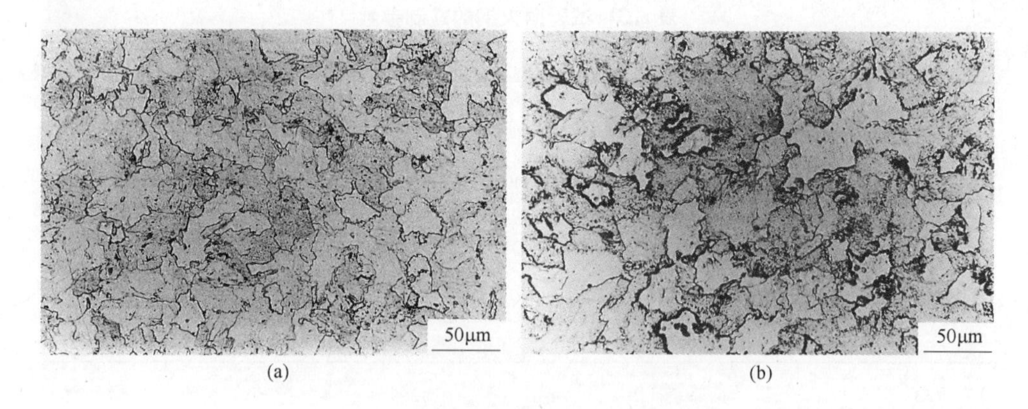

图 3.3　P8124 钢的光学显微镜照片

（a）轧后；（b）在 650℃进行 30min 热处理后

（Sha et al. 2002，www. maney. co. uk/journals/mst 和 www. ingentaconnect. com/content/maney/mst）

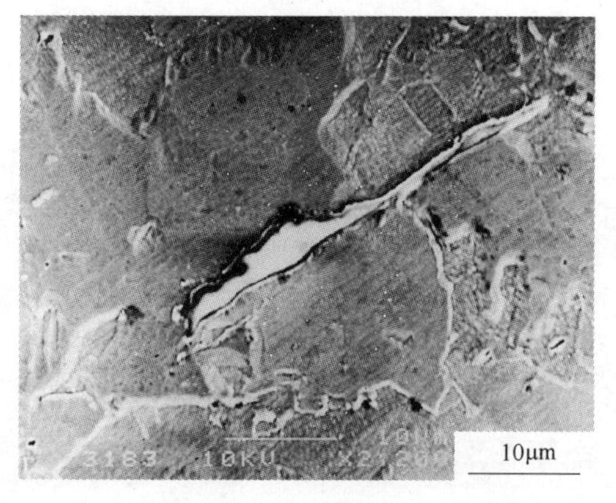

图 3.4　轧制态 P8124 钢中大的 Fe_2Nb 粒子的显微照片（SEM）

（Sha et al. 2002，www. maney. co. uk/journals/mst 和 www. ingentaconnect. com/content/maney/mst）

3.3.2　铁素体-奥氏体相变和析出

表 3.4 总结了图 3.5 中的 α-γ 相变温度。合金元素的作用是提高铁素体向奥氏体的相变温度。由于奥氏体的强度远低于铁素体，相变温度的提高有利于在高温下保持强度。经热力学计算，P8123 钢和 P8124 钢的 A_{c1} 分别为 679℃和 877℃。对于 P8240 钢和 P8241 钢，铁素体分别在 946℃和 934℃开始向奥氏体转变。

表 3.4　α-γ 相变温度　（℃）

钢	A_{c1}	A_{c3}	A_{r1}	A_{r3}
P8124	927	939	853	863
P8240	944	952	901	913
P8241	968	989	909	915

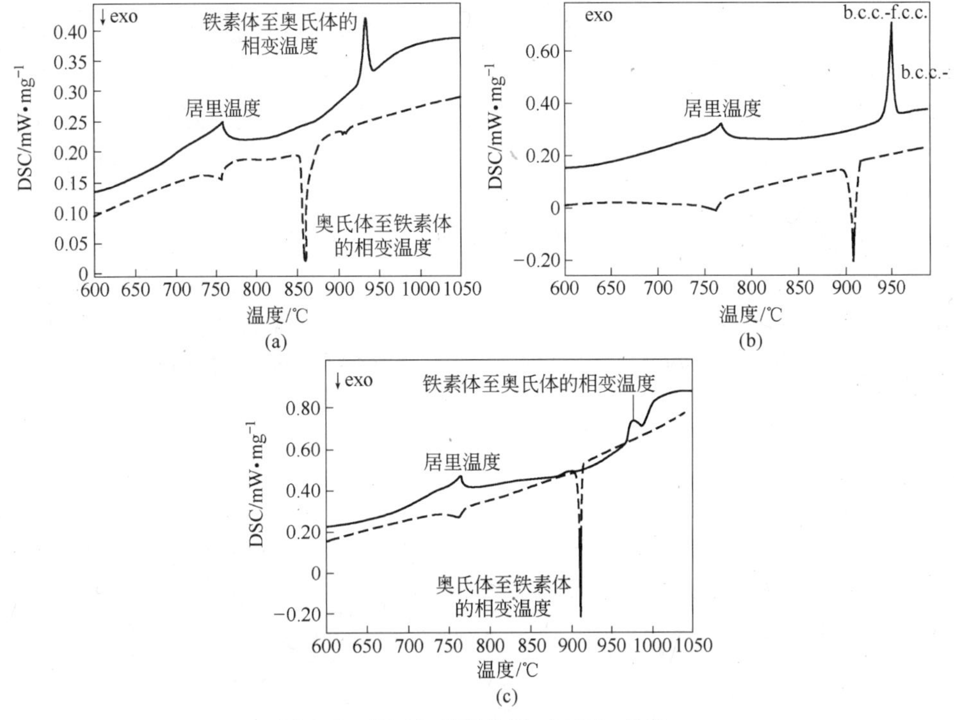

图 3.5 差示扫描量热计（DSC）曲线

实线为加热数据，虚线为冷却数据

（a）P8124 钢；（b）P8240 钢；（c）P8241 钢

（(a)和(c)引自 Sha et al. 2002，www. maney. co. uk/journals/mst 和 www. ingentaconnect. com/content/maney/mst）

轧制态 P8123 钢中的析出相为富铌化合物。根据热力学计算，20℃时平衡态铁素体基体的成分为 Fe-0. 39Si-0. 72Mn。表 3. 5 为计算出的 20℃和 650℃的析出相成分。通过比较两个温度下的铁素体和其他相的成分，可知渗碳体已在较高温度下消失，这是由于 MC 型碳化物更稳定。图 3. 2(b) 中渗碳体的消失与该机制有关。

表 3. 5 计算得出的 P8123 钢和 P8124 钢的析出相成分（原子分数,%）和摩尔分数

钢	温度	析出	C	Mn	Mo	Nb	Fe	相的摩尔分数
P8123	20℃①	Cementite	25	75. 0	0. 0	0. 0	0. 0	0. 008
		M_2C	33. 3	11. 6	1. 5	53. 6	0. 0	0. 003
		M_6C	14. 3	—	57. 1	—	28. 6	0. 005
	650℃	NbC	49. 9	0. 2	7. 6	42. 3	0. 0	0. 004
		MoC	50	—	50	—	—	0. 003
P8124	20℃①	Nb_2C	33. 3	0. 0	0. 0	66. 7	0. 0	0. 003
		$Fe_2(Nb,Mo)$	—	—	10. 9	22. 5	66. 7	0. 009

①在空冷后的低温条件下，不能达到平衡。

计算得到在20℃时平衡铁素体基体的成分为Fe-0.37Si-0.88Mn。Laves相的成分见表3.5。硅有降低铌在铁中的溶解度且促进Laves相形成的作用。1Si-2Nb钢中的Fe_2Nb析出相的硅含量约为15%。硅可减小Fe_2Nb的晶格常数，使所需的基体体积膨胀由13.8%降到12.2%，因此有助于形核。硅还可降低Laves相中铌的含量。硅的这些作用没有由热力学数据库证明，但是由实验数据得到了证实(3.3.4节)。

平衡状态下各相的比例与温度之间的关系可由热力学计算得出，包括析出相的摩尔分数（图3.6）和铁素体相的成分（图3.7）随温度增加而发生的变化。Laves相为$Fe_2(Nb,Mo)$，当温度由500℃升至700℃，Mo的原子分数由5%降到2%。Nb_2C和NbC在800℃可以两相共存。在900℃只观察到了NbC。

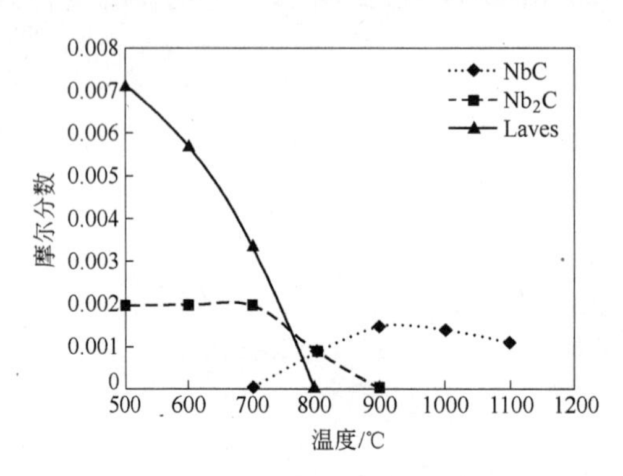

图3.6 通过热力学计算得出的P8240钢中析出相的摩尔分数与温度的函数关系

(Sha et al. 2002, www.maney.co.uk/journals/mst 和 www.ingentaconnect.com/content/maney/mst)

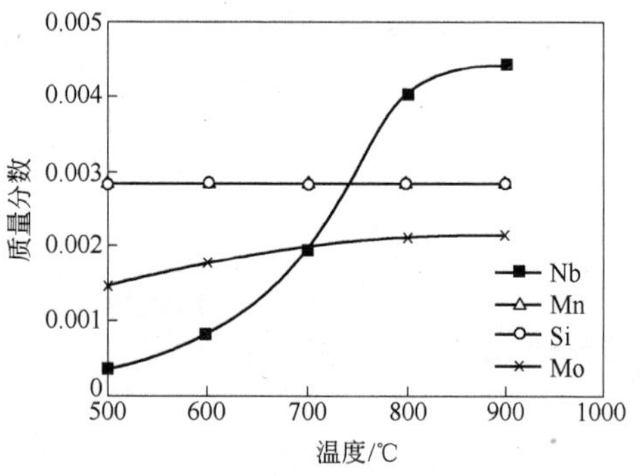

图3.7 P8240钢中铁素体相的成分与温度的函数关系

图中Mn和Si的数据点重叠

(Sha et al. 2002, www.maney.co.uk/journals/mst 和 www.ingentaconnect.com/content/maney/mst)

P8241钢中TiC的碳含量略低，约为47%（原子分数）。TiC和Fe_2B在温度分别达到1000℃和800℃之前存在于平衡相中，但是由于P8241钢的碳和硼的含量较低，这两种相很少。此外，Fe_2W在500℃以下也存在于所计算的平衡相中，虽然根据动力学预期Fe_2W相不应在此低温条件下存在。

试验钢在所采用的热处理时间和冷却速度下不大可能具有平衡态显微组织，但是热力学计算给出了钢中可能存在的相和最大含量，并且给出了各相的比例，因此可在一定程度上推断合金元素的有效性。

3.3.3 新日铁耐火钢

3.3.3.1 基体成分和渗碳体

需要注意以下几个特点：首先，基体固溶体中的碳含量很低。其次，虽然

Nb-Mo 钢固溶体中钼的含量低于 Mo 钢，但是大多数的钼存在于固溶体中。所测得的钼含量的差异与钼在晶界偏析和富钼析出相的消耗有关，将在后面的 3.3.3.2 节中讨论。最后，在热处理后的 Nb-Mo 钢中，基体中的硅含量明显高于名义含量，这表明硅在渗碳体中的溶解度低，使基体中的硅含量升高；基体中的锰含量几乎增加到名义含量，这可能是由于在轧制中产生的局部偏析经热处理后消失所致。

利用原子探针测量的渗碳体成分见表 3.6。相对于析出相，渗碳体不是很细小的且呈密集分布的相。

表 3.6 新日铁耐火钢在轧制状态下的渗碳体成分（原子分数） （%）

Steel	C	Fe	Mn	Si	Mo	Nb
Nb-Mo	26.9 ±1.4	71.9 ±1.4	0.3 ±0.2	0.4 ±0.2	0.4 ±0.2	0.1 ±0.1
Mo	23.1 ±1.6	75.4 ±1.6	0.6 ±0.3	0.1 ±0.1	0.9 ±0.4	—

3.3.3.2 晶界偏析和析出

图 3.8 为 Nb-Mo 和 Mo 钢中晶界处的场离子显微镜照片。两种钢的所有间隙和置换元素都在晶界处有很严重的偏析。

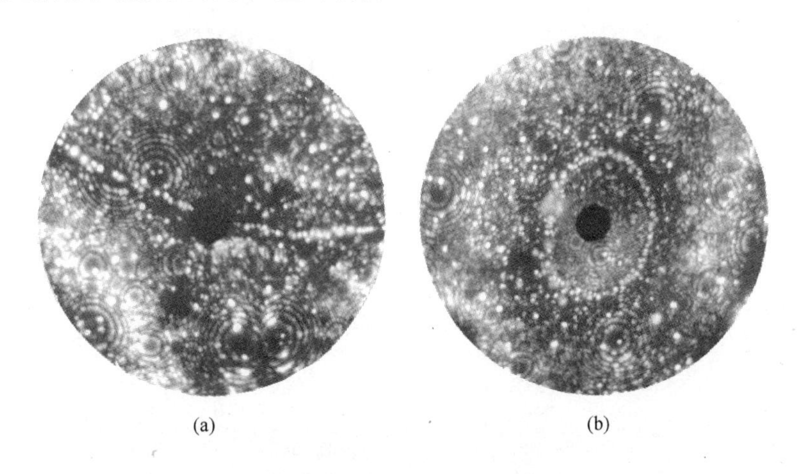

(a) (b)

图 3.8 两种新日铁耐火钢在轧制状态下晶界的场离子显微镜照片

照片直径长度分别为 75nm 和 85nm

（a）Nb-Mo 钢；（b）Mo 钢

（Sha and Kelly 2004，www. maney. co. uk/journals/mst 和 www. ingentaconnect. com/content/maney/mst）

晶界偏析是一种非平衡现象，因此各处偏析程度不同很正常。C 和 Mo 的偏析特别严重，而 Mn 和 Si 的偏析较弱。偏析的驱动力来自于原子的错配能。元素的错配能 U 可由式（3.1）计算：

$$U = 8\pi\mu r_0^3\varepsilon^2 \tag{3.1}$$

式中，ε 为外来原子产生的应变；μ 为基体的剪切模量；r_0 为基体原子半径。计算值见表 3.7。

表 3.7 元素的错配能

元 素	C	Mn	Si	Mo	Nb
U/kJ · mol^{-1}	1420	26	149	182	280

晶界处碳的偏析通过钉扎晶界位错而提高屈服强度，且使裂纹传播到相邻晶粒更困难。另外，晶界处的硅有相反作用，可排斥碳、氮等间隙原子并使它们离开晶界，即所谓的位置竞争效应。低的硅含量和高的碳偏析对强度有益。此外，晶界处扩散较慢的钼等元素会阻碍晶粒长大。

当温度为 $0.6T_m$，晶界扩散系数高于基体扩散系数约 105 倍时，沿晶界的扩散率会显著提高。因此，晶界上几乎一定形成析出相，即偏析的二次过程。0.2C-0.5Mo（质量分数）钢中的钼和碳有类似的偏析程度。

在新日铁耐火钢中只观察到了 MC 型析出相，如图 3.9 中析出相的场离子显微照片所示。除了析出相，在退火前后均观察到了钼原子团簇，且团簇量在热处理后增加。

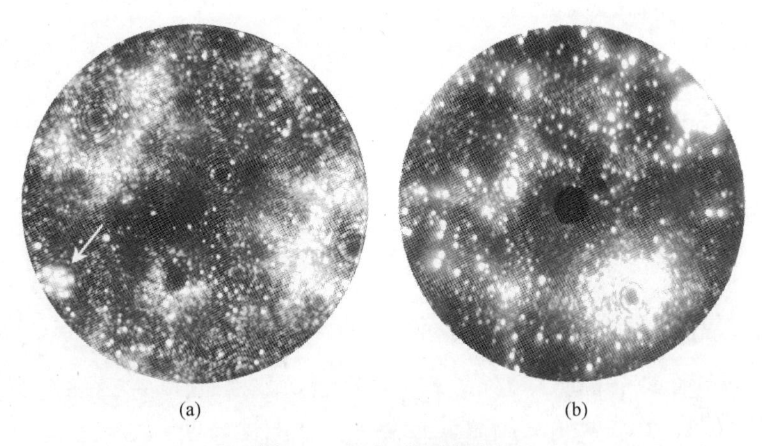

(a) (b)

图 3.9 场离子显微照片

（a）Nb-Mo 钢中的一个 NbC 析出相；（b）Mo 钢中的 MoC 析出相（右上角）

（Sha and Kelly 2004，www. maney. co. uk/journals/mst 和 www. ingentaconnect. com/content/maney/mst）

3.3.4 试验耐火钢

P8123 钢和 P8124 钢的总成分见表 3.1。表 3.8 也列出了这些成分，并列出了热力学计算的基体（铁素体）成分。在 20℃ 的平衡相为铁素体（97.8%，摩尔分数），渗碳体（1.2%，摩尔分数），Fe_2Nb（0.5%，摩尔分数）和 M_6C（Mo_4Fe_2C，0.5%，摩尔分数）。在 650℃ 的平衡相变为铁素体（99.3%，摩尔分数)，NbC（0.4%，摩尔分数）和 MoC（0.3%，摩尔分数）。因此，在轧后的 P8123 钢中，存在于渗碳体中的碳被释放出来并形成二次碳化物。

表 3.8 试验钢的名义成分（原子分数,%）**和计算的基体成分**（20℃，其余成分为铁）

钢	域	C	Si	Mn	Mo	Nb
P8123	名义	0.37	0.76	1.34	0.31	0.16
	基体	0.009	0.76	1.34	0.064	0.00
P8124	名义	0.09	0.72	0.88	0.09	0.38
	基体	0.00	0.72	0.88	0.08	0.05

析出相的平均成分见表 3.9。钢在热处理后形成了 NbC、MoC 和 Fe_2Nb 相。图 3.10 为 P8123 钢在热处理后的一种典型析出相的场离子显微照片。表 3.9 中的误差反映了用于分析不同析出相的总原子数。

表 3.9 P8123 钢和 P8124 钢在热处理前后利用原子探针测量的析出相成分(原子分数) （%）

钢	条 件	析出相	C	Nb	Mo	Fe	Si	Mn
P8123	650℃，30min	NbC	50 ±3	35 ±3	9 ±2	6 ±2	0	0
		MoC	46 ±6	15 ±4	33 ±6	6 ±3	0	0
P8124	轧制态	Fe_2Nb	0	35.4 ±1.5	1.5 ±0.4	49.0 ±1.6	13.0 ±1.1	0.8 ±0.3
	650℃，30min	Fe_2Nb	0	33.8 ±1.3	0.8 ±0.3	50.6 ±1.4	12.8 ±0.9	1.5 ±0.3

图 3.10 中的细小团簇不完全是真实的团簇，部分来自于钼等元素的强场滞效应。然而，可以预计某种真实团簇的存在。

由原子探针分析得知碳化物析出相的尺寸较小，且析出相中的铁含量约为 6%，因此基体几乎必然对析出相成分有所贡献。除了上述析出相，钼原子团也存在于退火前和退火后的 P8123 钢中。图 3.11(a)显示了一个典型的钼原子团簇。

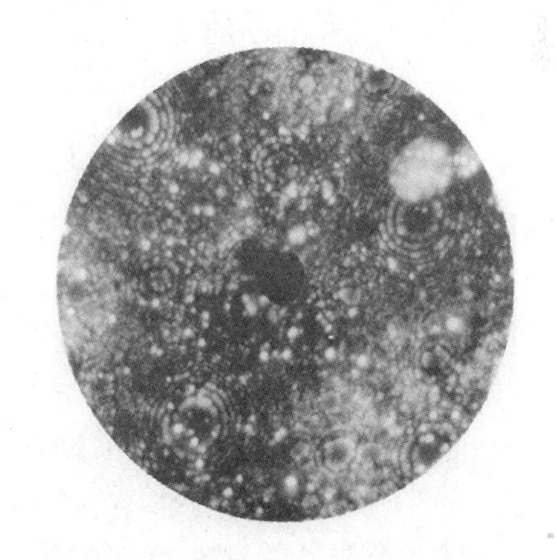

图 3.10 P8123 钢在热处理后的析出相的场离子显微照片

照片直径长度约为 65nm

（Sha and Kelly 2004，www.maney.co.uk/journals/mst 和 www.ingentaconnect.com/content/maney/mst.）

在退火后，钢中存在着大量非常细小的析出相(图 3.11(b))。由于场离子显微镜对析出相的放大效应，很难根据照片估计析出相的尺寸。然而，照片中明显有很多尺寸为 1 ~ 2nm 的析出相。

在轧制态和经 650℃、30min 热处理的 P8124 钢中，都只发现了 ε-Laves

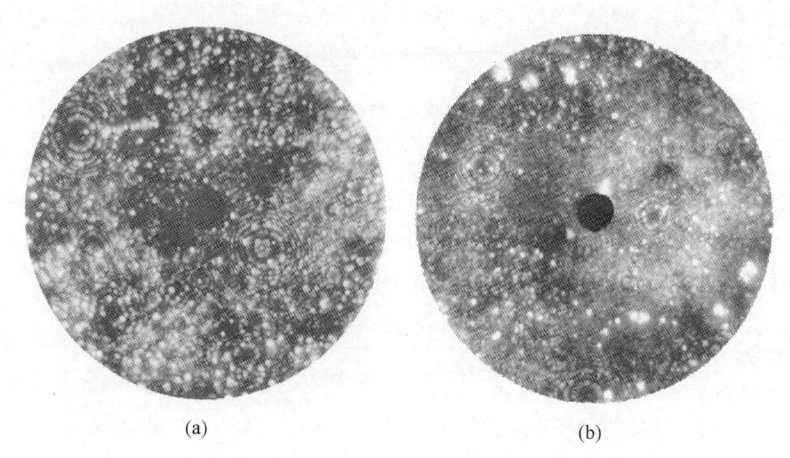

图 3.11 轧制态 P8123 钢中钼原子团簇的场离子显微照片（照片直径长度为 75nm）（a）及热处理后非常细小的 MC 析出相的典型密集分布（照片直径长度为 110nm）（b）
（Sha and Kelly 2004，www. maney. co. uk/journals/mst 和 www. ingentaconnect. com/content/maney/mst）

相，Fe_2Nb。这些 Fe_2Nb 析出物的成分见表 3.9。轧制态和热处理后的典型 Laves 析出相的场离子显微照片如图 3.12 所示。此外，钼原子团仅存在于热处理后的 P8124 钢中。

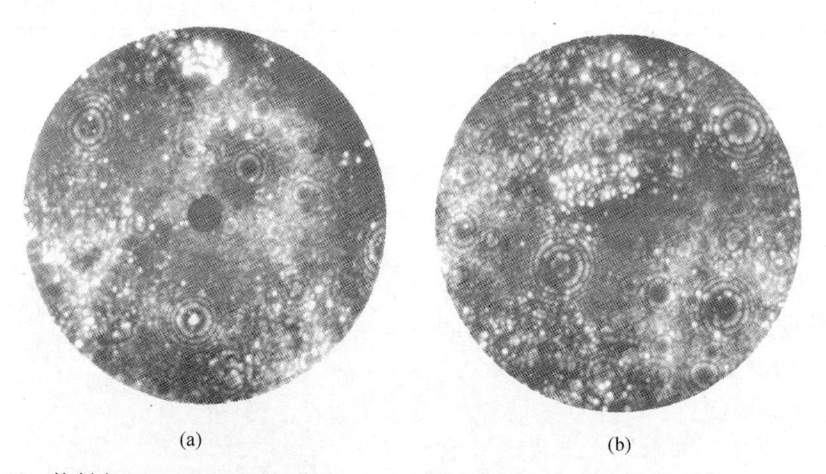

图 3.12 轧制态 P8124 钢中析出相 Fe_2Nb 的场离子显微照片（照片直径长度为 95nm）（a）及热处理后析出相 Fe_2Nb 的场离子显微照片（照片直径长度为 65nm）（b）
（Sha and Kelly 2004，www. maney. co. uk/journals/mst 和 www. ingentaconnect. com/content/maney/mst）

通过热力学计算的 Laves 相成分（3.3.2 节）在化学计量的本质上为 Fe_2Nb。对于 P8124 钢，计算所得到的 Laves 相的成分与实验测得的成分差异较大。实验结果表明，Laves 相中有大量的硅和少量的锰和钼，而计算结果表明 Laves 相中没有这些元素。此外，实验测得的铌含量也高于计算结果。

3.4 力学性能

3.4.1 强度

图3.13和图3.14分别为试验耐火钢的屈服强度（0.2%弹限强度）和抗拉强度与温度的关系曲线，均包含了S275钢的数据以便于比较。这些钢都为未经热处理的轧制态。60%的屈服强度比率可作为不同钢种的有效比较基础。P8123钢和P8124钢分别在725℃和730℃达到60%强度，相对于新日铁的Nb-Mo和Mo钢在625℃和645℃（达到60%强度），S275钢在510℃（达到60%强度），其耐火性有了显著改善。P8123钢和P8124钢在700℃以下呈现加工硬化，但在800℃无明显的加工硬化。

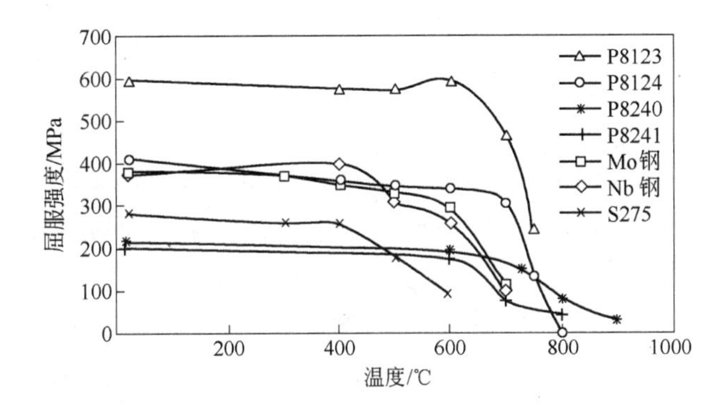

图3.13 耐火钢与传统结构钢的屈服强度与温度的关系
(Sha et al. 2002，www. maney. co. uk/journals/mst 和 www. ingentaconnect. com/content/maney/mst)

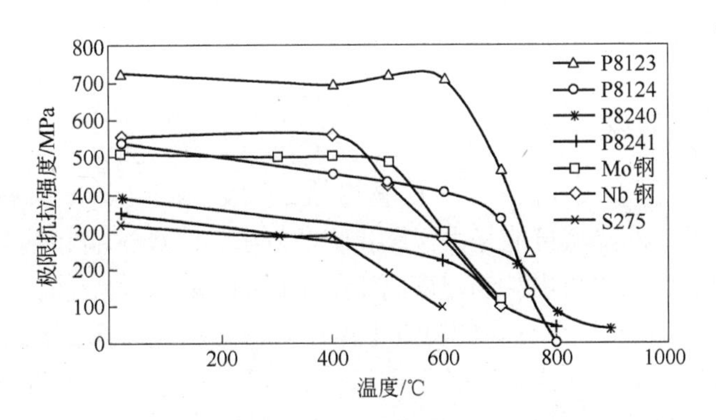

图3.14 耐火钢极限抗拉强度与温度的关系及与传统结构钢的比较
(Sha et al. 2002，www. maney. co. uk/journals/mst 和 www. ingentaconnect. com/content/maney/mst)

低合金固溶钢与P8124钢类似，但具有更低的合金含量（包括碳）。P8240钢经过轧制过程储存了大量的能量。

P8123钢和P8124钢在高于700℃时失去强度，可能是各种因素的协同作用所致。在此温度下，晶界滑移可能发生作用，且扩散速率的增大导致位错攀移更快。对于P8123钢，部分原因也可能是由于同时发生铁素体向奥氏体的相变，差示扫描量热试验表明相变的开始温度约为704℃。相变约在750℃结束，析出相在此温度下迅速变粗大并失去共格性。P8123钢和P8124钢强度的大幅下降与上述因素有关。

P8124钢的强度损失机制较难评价。热力学计算预计Laves相在756℃应完全溶解。然而，计算所用的数据库没有考虑硅对Laves相稳定性的提高作用，因此预计该反应不能发生。对750℃拉伸试样的TEM薄箔观察证实了Laves相的存在，且其形状和分布没有发生变化。在750℃，晶界滑移不太可能是强度损失的主要因素，这是由于相界面会影响和阻碍晶界滑移。晶界滑移包括晶界的滑动和迁移，相界面的存在可显著降低晶界滑移。在750℃，P8124钢中于晶界处析出的Laves相可覆盖50%的晶界，很难发生晶界迁移。因此，P8124钢在750℃的强度损失主要是由于扩散速率增加、空位生成和由此而增强的位错攀移。令人惊讶的是，由铁磁体向顺磁体转变的居里温度可能对该机制有重要影响。

计算得出P8123钢和P8124钢在600℃的点阵摩擦力（基体对位错运动的阻力）分别为440MPa和192MPa。用于比较的Nb-Mo、Mo和S275钢的点阵摩擦力分别为30MPa、72MPa和－92MPa。S275钢的点阵摩擦力为负值，表明在600℃以下发生晶界滑移或k_y不是常数。P8123钢和P8124钢的点阵摩擦力较高，这是由于钢中的析出相和钼原子团的体积分数较高，且固溶体中存在大量的钼和铌。P8123钢中分布着非常细小的NbC析出相，因此具有很高的点阵摩擦力。对于新日铁耐火钢，位错必须通过攀移翻越这些障碍才能穿过基体。然而，在所设计（试验）的耐火钢中，攀移过程较慢。

3.4.2 伸长率和断口

P8123钢和P8124钢的室温伸长率均低于商业钢。P8123钢和P8124钢在600～700℃伸长率的降低可能是由于碳化物的析出，DSC试验和热力学计算表明碳化物在此温度区间内析出。当温度高于这个区间，伸长率增加，表明析出相迅速发生过时效和/或攀移在更高的温度下增强。时效强化合金的一个特点是在低应变率下具有低延展性。P8123钢和P8124钢几乎在每个试验温度下的伸长率都远低于商业钢，因此认为对于结构钢而言，它们的伸长率过低。

P8123钢和P8124钢的低伸长率是由于在晶界析出了大量的渗碳体（3.3.2节和3.3.4节）和Laves相（3.3节）。此外，这两种钢都有高的锰含量，P8124钢为0.87%，P8123钢为1.32%。虽然高的锰含量对塑性有益，但仅适用于含有一定数量硫的商业钢。在高温下，固溶体中的锰使塑性降低。因此，锰的存在是

P8123 钢和 P8124 钢呈现较低的高温伸长率的因素之一。如果所设计的耐火钢必须纯度较高且不含硫，建议降低锰的含量。然而，如果该钢用于商业化生产，必须用锰来控制硫化物夹杂，其含量为 0.2% 即可。

常规室温拉伸试样的断口表明大尺寸 Laves 相的析出导致了 P8123 钢和 P8124 钢的低伸长率。断口处的韧窝一般起源于大的 Laves 相粒子。韧窝随着变形的进行发生相互连接和合并，形成了典型断口。P8123 钢断口处存在的许多小粒子为碳化物。Laves 相粒子的尺寸约为 5μm。

3.4.3 硬度和蠕变

两种钢的硬度如图 3.15 所示。P8123 钢和 P8124 钢的初始维氏硬度分别为 204HV 和 149HV，所对应的等效抗拉强度为 693MPa 和 506MPa，合理的分别接近于试验抗拉强度 723MPa 和 538MPa。P8123 钢的硬度在 550～650℃达到一个峰值。该峰值与显微镜观察到的二次析出和 DSC 试验的析出峰相符合，因此与 MC 相析出和/或额外的钼原子团簇的形成有关。P8124 钢的硬度在整个温度范围内基本恒定，所观察到的硬度值的微小增加在误差范围内，但也可能是由于少量的 Laves 相或钼原子团析出。与 TEM 和 DSC 分析一致，P8124 钢的硬度数据表明其本质上确实是非时效钢。

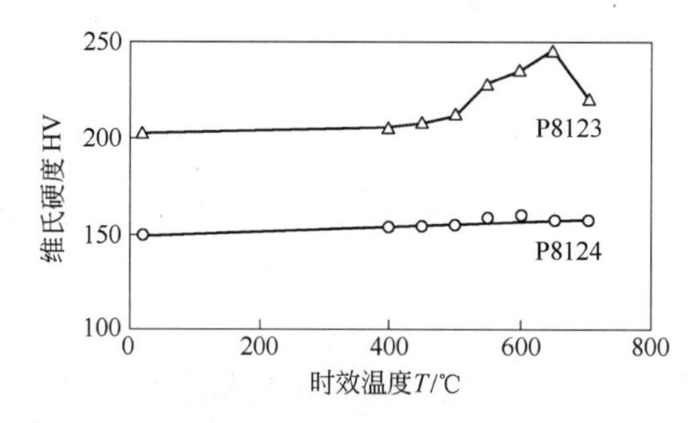

图 3.15 P8123 钢和 P8124 钢在不同温度进行 30min 热处理后的室温维氏硬度值 (Sha 2001)

所有的时效强化钢在析出强化中倾向于在 650℃达到强度峰值，然后回落到略高于峰前值的某值，如略高于 500℃时的强度。在 500℃和 700℃时效后的硬度差可能是由于在此温度区间内生成了更多的析出相。维氏硬度经 650℃和 3h 的热处理后基本不变。

P8240 钢和 P8241 钢在 600℃和 0.71 × σ_y（σ_y 为室温屈服强度）下的蠕变曲线与 P8123 钢和 P8124 钢相似，最大应变在 3h 蠕变后达到 0.18%。

3.4.4 原子探针数据与力学性能变化之间的联系

前面已经给出了两种钢在轧制后和热处理后的室温和高温综合力学性能。在

3.3.3 节和 3.3.4 节中，钢在轧制态和经 650℃、30min 时效后的硬度值与原子探针数据有特殊联系。表 3.10 给出了两种新日铁钢的数据。

表 3.10　新日铁耐火钢在热处理前后的维氏硬度

钢	轧制态	650℃，30min
Nb-Mo	166	163
Mo	148	144

总体来看，两种新日铁钢的硬度在 650℃ 和 30min 的热处理后基本保持不变。然而需要注意的是，在所有其他温度（400～600℃ 和 700℃）和相同时间的热处理后，两种钢的硬度明显下降，且在 650℃ 热处理后的硬度为峰值硬度。硬度的下降被认为是由于钢在经历了轧制变形后发生回复。因此，虽然在 650℃ 时效后的硬度值与轧制态的硬度值接近，但仍发生了显著的时效强化。由原子探针场离子显微镜观察可知，该强化效应来自于额外析出和晶界偏析。

3.4.5　高温瞬时拉伸性能

在 3.4.6 节中将介绍利用瞬时拉伸试验研究耐火钢的高温性能。各国对钢结构在火灾中一定时间内的性能有类似的最低标准。例如，当设计用于公众的钢结构时，该结构在某些特定情况下必须能够在 2h 内抵御火灾而不发生主体结构的破坏。这意味着结构钢部件通常必须能够在规定时间内抵御高于 1000℃ 的温度。

金属作为结构材料的重要原因几乎无不与其承受拉伸或压缩载荷的能力和抵御变形却不发生断裂的能力有关。这些性能通常用拉伸试验所得到的弹性模量、屈服或弹限强度、抗拉强度和伸长率来评价。用载荷除以试样的初始横截面积得到应力，用伸长量除以试样的热态初始长度得到应变，可绘制工程应力-应变曲线。该曲线中的应力随着应变的增加升至最大值，然后下降，直至试样断裂。该最大应力称为试样的抗拉强度。应力-应变曲线从起点到比例极限点之间呈线性，该极限点也称为弹性极限。初始的这段线性变形为材料的弹性变形，如卸除载荷则变形回复，即为弹性行为。曲线上开始偏离该线性阶段的那一点为弹性极限，此后的任何变形均为塑性变形，不可回复。

在许多钢结构中，承受载荷的钢件在火灾中遭遇温度变化很正常，研究钢材在变温条件下如何变形很重要，因此产生了瞬时加热条件下的拉伸试验。在该试验中，设定载荷为常量，以给定的速度增加温度，并时刻记录标距长度变化。对于加热速度为 10℃/min 的瞬时拉伸试验，拉伸曲线显示的应变通常到 2%，主要包括在室温加载时产生的少量弹性拉伸和之后随升温而缓慢发生的长度伸长。对于耐火工程设计，由瞬时拉伸曲线可以得出强度折减系数，即用应变为 2%、1.5% 和 0.5% 时所对应的应力除以材料的室温（约为 20℃）屈服强度，并绘制强度折减系数与温度的关系曲线。此外，拉断时的伸长率与温度之间的联系也可由瞬时拉伸试验数据确定。

3.4.6 高温瞬时拉伸试验

英国、西欧和北美对于钢结构耐火性的建筑标准与日本不同。欧美标准基于钢的强度折减系数，其定义为钢在高温下达到规定应变（如梁为2%）时的拉伸应力与室温屈服应力的比值。一般很容易通过恒温拉伸试验的应力-应变曲线得到在不同应变水平下的拉伸应力。然而，欧洲的建筑设计标准不允许通过这种试验方法得到应力，并规定必须使用瞬时拉伸试验。

在瞬时拉伸试验中，作用于拉伸试样的应力或载荷为常量，温度以10℃/min的规定速度升高，并在较短的时间间隔内测量应变。瞬时拉伸试验与蠕变试验相似，其主要的区别为蠕变试验的温度为恒定值。瞬时试验会生成一条应变对温度的曲线。对某一材料在多个应力下进行瞬时试验，可建立不同温度下的应力-应变曲线。英国和欧洲的标准规定必须通过由这种方法建立的应力-应变曲线获得强度折减系数。

实际上，两种试验的试验量差不多。恒温试验（欧洲标准中称之为稳态试验）是在不同的恒温下进行多次试验，每次试验的变形速度相同，而瞬时试验是在不同的恒应力下进行多次试验，每次试验的升温速度相同。然而，瞬时试验的应力-应变曲线的强度一般较低，这是由于试样在变形前被加热了很长时间而发生软化。例如，对于在620℃的应力-应变曲线，在获得试验数据前，钢已经被加热了1h，温度从20℃上升到620℃。然而，耐火钢可能呈现明显不同的力学性能。

作者从1995年起就致力于耐火钢的研究。通过与英国和欧洲建筑工业的长期联系发现，缺乏了解和信任是限制新日铁耐火钢应用的最大阻力。虽然新日铁钢被广泛宣传，但是由于其缺乏瞬时试验数据，因此也就没有强度折减系数。由于没有合适的材料强度数据，建筑设计师不能使用新日铁钢。钢铁公司可以以这个简单原因而拒绝新日铁钢。西方国家普遍认为新日铁钢是专门为日本市场而设计的钢。瞬时试验是西欧所认可的试验方法，瞬时试验数据将清晰地反映新日铁钢的性能。

3.5 小结

日本工业标准（JIS），《焊接结构用轧制钢材》规定了化学成分和室温力学性能，但没有明确高温力学性能。耐火钢满足JIS的规定。新日铁钢铁公司生产了Nb-Mo钢、Mo钢和Mo钢（2）三种耐火钢，其成分见表3.1。表3.1还列出了其屈服强度、抗拉强度和伸长率，并与结构钢的常规要求进行了比较，即屈服强度在300~400MPa之间，伸长率为20%。表3.11为钢中各种合金元素的简要说明。Nb-Mo 钢和 Mo 钢（2）为 G3106 SM490A，由于含有锰元素，室温抗拉强度大于或等于 490MPa。Mo 钢为 SM400A，室温抗拉强度大于或等于 400MPa。结构钢应满足焊接性能，并通过焊接测试，如在焊接热影响区（HAZ）的最大硬度试验。与传统钢相比，耐火钢在热影响区的硬度较低。

表 3.11 耐火钢中各种合金元素的简要说明

元 素	说 明
C(碳)	钢中的必要成分。增加碳含量可提高屈服点和硬度，降低塑性和焊接性
Si(硅)	增加硅含量可提高铁素体-奥氏体转变温度，从而提高钢的高温强度
Mn(锰)	锰在许多方面与铁相似，作为脱氧剂被广泛应用于钢中。锰有助于改善温度脆化。锰可降低铁素体-奥氏体转变温度，因此可用于稳定钢中的硅含量
Mo(钼)	钼在世界各地主要应用于合金钢。钼有助于降低钢的回火脆性。钼可提高钢的高温强度和抗蠕变能力，但会降低奥氏体-珠光体转变温度，从而降低室温屈服强度
Nb(铌)	铌可提高钢的室温和高温强度，且不影响焊接性能。铌也可提高蠕变强度

碳基钢在 700～750℃发生铁素体向奥氏体的相变，且碳化物析出相在高于 650℃的条件下相对不稳定。基于这些特点，碳基钢的高温应用值得商榷。相对于碳化物析出相，金属间化合物 Laves 相，即 Fe_2Nb，具有更强的抗时效能力，这表明金属间化合物析出相的利用可能非常有益于耐火钢设计。

新日铁钢中分布有极其细小的 MC 析出相和固溶的钼原子团和钼原子，因此其较传统结构钢具有更好的高温抗拉强度和蠕变性能。晶界偏析也有利于改善高温力学性能。此外，新日铁钢在 650℃左右发生强烈的二次析出。这些可能为共格的析出相可形成非常细小且稳定的弥散分布。

所设计的 P8123 钢，0. 08C-0. 38Si-1. 32Mn-0. 54Mo-0. 26Nb，其高温强度来自于超细 MC 析出相的分布和二次析出，以及固溶的钼和铌原子。这些析出相可生成一种超细共格析出相的稳定弥散分布，且析出相的粗大化非常缓慢。所设计的 P8124 钢，0. 02C-0. 36Si-0. 87Mn-0. 16Mo-0. 63Nb，其高温强度来自于稳定且抗粗化的 Laves 析出相，高温强度损失主要源于位错攀移。对于 P8123 钢，铁素体向奥氏体的相变使其强度显著下降。

所研发试验钢的显微组织几乎全部是铁素体，具有比新日铁耐火钢更高的高温强度。据此得出结论，高的高温强度不取决于针状相变产物，如针状铁素体或贝氏体。这种针状产物是新日铁钢具有高的高温强度的原因。P8123 试验钢展现了非常好的性能，但其室温屈服强度非常高，为 594MPa，显然不适合用作建筑结构钢。然而，P8124 试验钢代表了耐火钢发展方向的改变。P8124 钢的碳含量低、热稳定性好、显微组织全部为铁素体，因此没有铁素体/珠光体钢的过时效问题。相稳定和高强度的温度上限很高，约为 920℃，该高强度源于铁素体-奥氏体相变。难以区分大晶粒尺寸、高点阵摩擦力和 Laves 相粒子的体积分数对提高强度的作用。透射电子显微镜（TEM）表明，这些因素在 750℃热处理后仍然存在。因此，可以认为 P8124 钢的高的高温强度既与 Laves 相粒子有关，也与大的晶粒尺寸和固溶元素的高摩擦力有关。

对于结构钢而言，P8123 钢和 P8124 钢的伸长率不够，其原因是晶界偏析。因此，未来钢的伸长率需要提高。就作者所知，固溶钢从未被应用于高温，因此，设计一种几乎完全基于固溶效应的钢是具有科学价值的。

试验钢达到了钢种设计前所制定的耐火目标，可以基本保证无保护的工字钢抵御 30min 的火灾。

参 考 文 献

Sha W（2001）Mechanical properties of structural steels with fire resistance. In：Hanada S，Zhong Z，Nam SW，Wright RN（eds）The fourth Pacific Rim international conference on advanced materials and processing. The Japan Institute of Metals，Sendai，pp 2707-2710.

Sha W，Kelly FS（2004）Atom probe field ion microscopy study of commercial and experimental structural steels with fire resistant microstructures. Mater Sci Technol 20：449-457. doi：10. 1179/026708304225012305.

Sha W，Kelly FS，Browne P，Blackmore SPO，Long AE（2002）Development of structural steels with fire resistant microstructures. Mater Sci Technol 18：319-325. doi：10. 1179/026708301225000789.

4 耐热钢

摘 要 本章的主题之一是10Cr铁素体/马氏体耐热钢在600℃蠕变中的显微组织演变。10Cr钢与传统的ASME-P92钢相比具有更高的蠕变强度。在蠕变中，马氏体板条随时间增加而粗化，最终演变成亚晶粒。Laves相在蠕变中沿着原奥氏体晶界长大并聚集，引起固溶强化和析出强化效应的波动。应力可能加速显微组织演变。Laves相是铁素体/马氏体耐热钢中最重要的析出相之一。钢中的钴能加速Laves相的长大，且粗大的Laves相的合并可导致脆性晶间断裂。本章的另一主题是9/12Cr耐热钢在短期热暴露过程中的显微组织演变和热暴露后的力学性能。在600℃经3000h热暴露后，钢基体中的回火马氏体板条结构、碳化物析出相和MX型碳氮化物析出相保持稳定。在短期热暴露过程中，力学性能变化的主要原因是Laves析出相的形成和长大。

4.1 蠕变前的显微组织和蠕变断裂强度

在热处理后，10Cr钢和P92钢（表4.1）的显微组织均为回火马氏体，尺寸接近于原奥氏体晶粒，约为20μm。回火后，$M_{23}C_6$或MX析出相分布于原奥氏体晶界和板条边界。

表4.1 耐热钢的化学成分（质量分数） （%）

Steels	C	Si	Mn	Cr	Mo	W	Co	Cu	Ni	V	Nb	N
P92	0.11	0.37	0.46	8.77	0.42	1.73	—	0.15	0.41	0.17	0.057	0.048
9Cr	0.09	0.31	0.50	8.58	0.40	1.65	1.64	—	0.39	0.18	0.060	0.040
10Cr	0.088	0.31	0.50	10.42	0.40	2.55	2.19	—	0.33	0.18	0.056	0.058

图4.1以对数坐标给出了两种钢在600℃下的蠕变断裂强度和持久寿命之间的关系。蠕变断裂强度一般随着持久寿命的增加而减少。然而，10Cr钢的蠕变断裂强度在所测试的整个范围内都高于P92钢。在210MPa的蠕变断裂强度下，10Cr钢的持久寿命可达到约8354h，远高于P92钢的431h。因此，可以通过调节化学成分提高ASME-P92钢的蠕变断裂强度，如适当提高铬、钨及钴的含量。

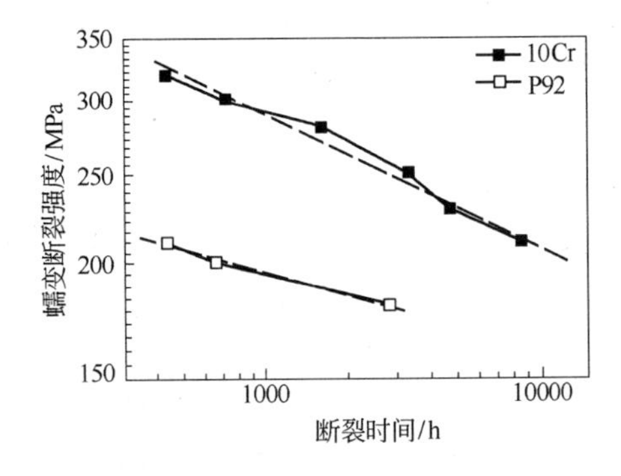

图 4.1　钢在 600℃下的蠕变断裂强度和断裂时间之间的关系
（Hu et al. 2011，经 Elsevier 许可）

此外，可以在 10Cr 钢的蠕变断裂强度和断裂时间的曲线上看到两个斜率变化。曲线的斜率在约 723h 后先减小，然后在约 1599h 后增加。由于强度取决于显微组织，这两个斜率变化应与蠕变中的显微组织演变有关。

4.2　显微组织演变对蠕变断裂强度的影响

4.2.1　马氏体板条结构

经过正火和回火后，10Cr 钢获得一种由 $M_{23}C_6$ 型碳化物和 MX 型碳氮化物强化的回火马氏体板条结构。大多数 $M_{23}C_6$ 型碳化物为 30～60nm 宽、60～300nm 长的杆状颗粒，主要沿板条边界析出。大多数 MX 型碳氮化物是尺寸为 20nm 的球状颗粒，一般在板条基体内的位错处形成。这些高密度的细小析出相可以阻止位错移动和板条边界迁移，从而使蠕变速率降低。因此，它们在初始显微组织中的存在有利于提高显微组织稳定性。

马氏体板条的平均宽度随着蠕变持久寿命的增加而增加。这些变宽的板条持续扩展，最终在 8354h 后演变成亚晶粒。蠕变中的板条变宽和亚晶粒的形成都可以归因于位错在基体内和板条边界处的不断运动和湮灭。

位错的这种行为由马氏体和热力学稳定的铁素体这两种相之间的自由能差所驱动，是一个热力学自发过程。随着板条变宽和亚晶粒的形成，板条边界的面积和板条内的位错密度通常降低，这应是图 4.1 中蠕变断裂强度略有下降的主要原因之一。

4.2.2　Laves 相

高温下的蠕变变形应来自于位错和亚晶界的迁移（Maruyama et al. 2001；Hald 2008）。热稳定的细小析出相的均匀分布可以有效钉扎位错和延缓亚晶粒粗化，从而使蠕变速率降低。对于9% ~12%（质量分数）铬铁素体/马氏体耐热钢，钢中主要有三类析出相：回火处理后析出的MX粒子（M可为Nb、V和Ti，X可为C或N）和$M_{23}C_6$（M可为Cr），以及在持久蠕变中形成的具有六方晶体结构的$(Fe,Cr)_2(W,Mo)$，即Laves相。对这些析出相的研究表明，MX和$M_{23}C_6$分别为最稳定和第二稳定的析出相，它们尺寸小且非常有利于显微组织的长期稳定。然而，研究发现Laves相的尺寸最大，且粗化速率最高。因此，Laves相作为显微组织的一个重要部分正在得到越来越多的关注。Laves相的形成需要消耗钨原子和钼原子，因此带来固溶强化和析出强化的此消彼长。对Laves相的此类影响已经开展了大量的研究：Lee et al.（2006）提出Laves相的析出强化能够在初期补偿固溶强化损失，但在后面阶段，粗大的Laves相不能补偿这种损失。Abe et al.(2007)似乎也发现了相似结果，9Cr-WVTa钢在650℃蠕变中的Laves相析出使蠕变速率降低，但在达到最小蠕变速率后，粗大的Laves相在加速蠕变阶段使蠕变速率增加。不过，该研究也发现Laves相在600℃的实验温度下没有发生显著的粗大化，因此，Laves相的析出可降低最小蠕变速率并增加钢的持久寿命，这与Lee et al.(2006)的观点不同。Hald(2008)的研究表明，Laves相的尺寸经过约10000h的蠕变后保持稳定，约为0.1μm；并指出在600℃下，P92钢中的Laves相的析出强化，与钨和钼原子的固溶强化相比，更有利于显微组织稳定和蠕变强度。该研究可能解释前面由Abe et al.(2007)发现的Laves相在600℃下对最小蠕变的有利作用。所有这些研究表明，Laves相的尺寸对于蠕变性能至关重要。因此，对耐热钢中Laves相的长大和粗化行为进行详细的研究是很重要的。

在钴含量高的钢中，Laves相的平均尺寸在600℃经相对较短时间（1598h）的蠕变后长大到0.2μm。尽管Lee et al.(2006)的研究发现，P92钢中的平均尺寸大于0.13μm的Laves相引起韧性穿晶至脆性晶间的断裂模式转变，但是脆性晶间断裂并不经常出现在其他的钢中。因此，Laves相的析出行为和对蠕变行为的影响可能是复杂的，4.3~4.5节将通过考虑钴对Laves相的形核和长大的影响来研究这个问题。

由10Cr钢蠕变试样变形区的显微组织观察可知，回火后不形成Laves相(Hu et al. 2011)。钢中Laves相在蠕变过程中的演变表明，Laves相的体积分数和平均尺寸均随着持久寿命的增加而增加。

在回火后，10Cr钢中的钨、钼、铬和碳均呈均匀分布。然而，钨、钼和铬经过8354h的蠕变后在某些区域发生聚集。这些富钼或富铬区域都与Laves相的形成有关。富铬或富碳区看似邻近于或环绕富钨或富钼区。颗粒状或薄膜状的Laves相依附于沿晶界分布的块状$M_{23}C_6$形成。因此，这些富铬或富碳区应与$M_{23}C_6$型碳化物有关。

经过 8354h 的蠕变后，在晶粒内和沿原奥氏体晶界的 Laves 相的尺寸大于 $M_{23}C_6$ 型碳化物。由于 Laves 相的形成远晚于 $M_{23}C_6$ 型碳化物，可推断 Laves 相一定比 $M_{23}C_6$ 型碳化物长大得更快。经过 8354h 的蠕变后，Laves 相的平均尺寸达到 0. 3μm。

除了体积分数和平均尺寸特点，Laves 相也倾向于沿原奥氏体晶界聚集。这种聚集行为显著降低了 Laves 相抑制板条边界迁移的作用，从而加速了板条的变宽和向亚晶粒的演变。

除了 $M_{23}C_6$ 碳化物和 MX 碳氮化物产生的析出强化外，钨和钼原子产生的固溶强化是 9% ~12% Cr 铁素体/马氏体耐热钢的一个重要强化机制。然而，Laves 相在这种钢中的形成是不可避免的（Hasegawa et al. 2001）。由于钨和钼是形成 Fe_2W 和 Fe_2Mo Laves 相的主要元素，Laves 相的形成必然会消耗固溶于基体中的钨和钼原子，从而削弱固溶强化。

图 4. 1 中 10Cr 钢的蠕变断裂强度与断裂时间曲线上的两个斜率变化也可以从 Laves 相析出行为的角度来解释。强化效应与 Laves 相的体积分数之间的定性关系如图 4. 2 所示。

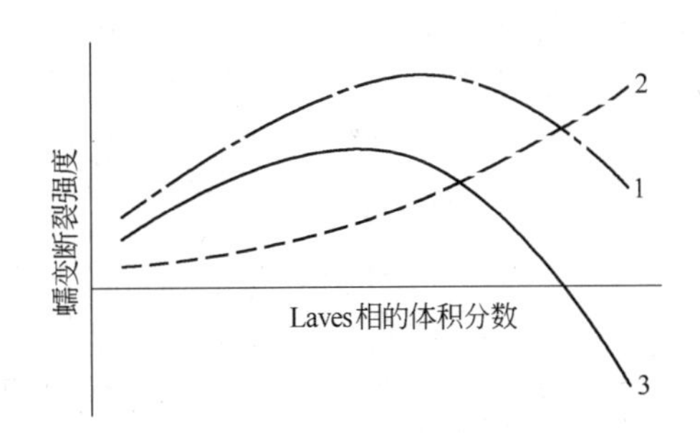

图 4. 2 强化效应与 Laves 相的体积分数之间的关系示意图

1—Laves 相的形成产生析出强化效应，使蠕变断裂强度增加；2—钨和钼溶质原子数量的减少使固溶强化减弱，导致蠕变断裂强度降低；3—1 和 2 的复合效应

如上所述，一方面，Laves 相的形成消耗溶质原子，即基体中的钨和钼，因此，钨和钼固溶强化的损失应随着 Laves 相的体积分数的增加而增大，如曲线 2 所示。

但另一方面，Laves 相的析出强化效应不随其体积分数单调递增，而是由其体积分数和平均尺寸共同决定。Laves 相的析出强化与体积分数之间的关系可能包括两个阶段，如图 4. 2 中的曲线 1 所示。在第一阶段，当 Laves 相的平均尺寸足够小且能够产生有效的强化效应时，其析出强化效应一定在曲线 1 的最大值之前随体积分数递增。在第二阶段，当 Laves 相长到较大尺寸后，其析出强化效应开始下降。

复合曲线 1 和 2 而得到的曲线 3 显示了固溶强化与析出强化的相互作用，即复合强化效应随 Laves 相体积分数的变化。在开始阶段，蠕变断裂强度由于形成 Laves 相细小颗粒而提高，并达到曲线 3 的峰值，之后由于 Laves 相快速长到大尺寸而开始下降，因此，定性地解释了蠕变断裂强度与断裂时间曲线中的两个斜率变化。

4.2.3 应力对显微组织演变的影响

图 4.3 为 10Cr 钢的维氏硬度与蠕变断裂强度之间的关系及所选取的三个维氏硬度测量点。A 点在断裂面附近；B 点在标距段的均匀变形区内，距离断口约 10mm；C 点在试样端部。标距段和端部是状态不同的两个部分。前者为蠕变状态，而后者可认为是简单的时效状态。

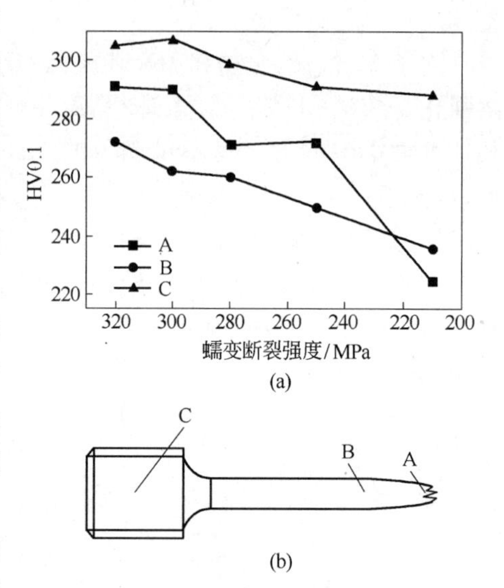

图 4.3 10Cr 钢的维氏硬度与蠕变断裂强度之间的关系(a)和蠕变试样上的维氏硬度测量位置(b)
(Hu et al. 2011，经 Elsevier 许可)

A 点和 B 点的硬度随持久寿命的增加而减小。然而，在从 437 ~ 8354h 的时间范围内，C 点的硬度降低远小于且慢于 A 点或 B 点。可以推断，在标距段施加的应力使硬度加速下降。

SEM 的背散射电子（BSE）图像的局部区域亮度与该区域内原子的平均原子序数成正比。钨、钼和铬的原子序数分别为 74、42 和 24。由于含有大量的钨和钼原子，Laves 相在背散射电子图像中应具有较高亮度，从而容易区别于$M_{23}C_6$型碳化物和 MX 型碳氮化物。

除了背散射电子成像，TEM 衍射花样和能量色散 X 射线光谱（EDS）分析也能够区分 Laves 相和 $M_{23}C_6$ 型碳化物。然而与 BSE 不同的是，TEM 亮场图像的局部区域亮度反比于该区域内原子的原子序数，因此，Laves 相暗于 $M_{23}C_6$ 型碳化物。

经 8354h 的蠕变后，试样端部的显微组织演变慢于标距段（图 4.4 和图 4.5）。在试样的时效段中形成的 Laves 相略少于蠕变段。此外，时效段中的马氏体的板条结构得到保留，没有转变成亚晶粒。因此，由于试样端部的显微组织演变较慢，其硬度降低量较小。

Sawada et al.(2001)发现，相对于试样端部，施加应力能够提高试样标距段中 MX 碳氮化物的长大速率。该研究认为可动位错一旦遇到 MX 碳氮化物就可以

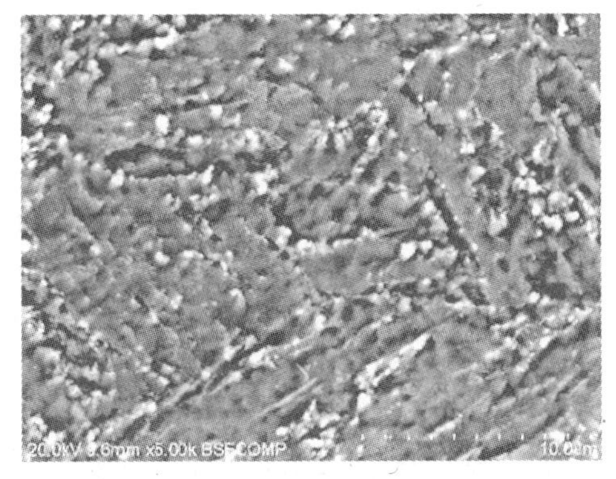

图 4.4 经 8354h 时效的 10Cr 钢的 SEM 背散射电子显微照片
（Hu et al. 2011，经 Elsevier 许可）

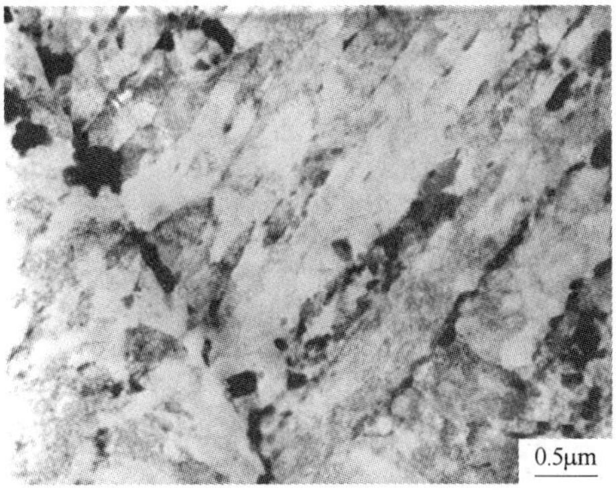

图 4.5 经 8354h 时效的 10Cr 钢的 TEM 照片
（Hu et al. 2011，经 Elsevier 许可）

成为快速扩散管道。原子的快速扩散使 MX 碳氮化物析出相的长大速率加快。施加应力既增加可动位错的数量，也促进它们的运动，从而产生两个结果：

（1）由于这种管扩散效应，试样标距段中 Laves 相的尺寸更大且数量更多；

（2）板条通过位错迁移更容易转变成亚晶粒。

总结 4.1 和 4.2 节，10Cr 钢在蠕变过程中发生显微组织演变，主要体现在两个方面：（1）马氏体板条变宽并演变成亚晶粒；（2）Laves 相沿原奥氏体晶界长大并聚集。10Cr 钢的蠕变断裂强度和寿命的关系曲线上的两个斜率变化与 Laves 相的析出行为有关。应力加速显微组织演变。

4.3 热力学计算

平衡态热力学计算表明，Laves 相在 1050℃ 的正火温度下不应存在，但在 760℃ 的回火温度和 600℃ 的蠕变温度下应作为平衡相存在。Laves 相在 600℃ 下的平衡含量约为 1.6%，大于在 760℃ 下的 0.6%。Laves 相的含量将需要时间来达到平衡。图 4.6 为 Laves 相在 600℃ 和 760℃ 下的体积分数与时间之间的关系。在一段仅为 2000s 的短孕育期后，Laves 相在 760℃ 开始形成，但其体积分数即使经 90min 回火后也只是勉强超过 0.05%。因此，可以推断回火状态钢的显微组织中的主要析出相为 MX 和 $M_{23}C_6$，并且大多数 Laves 相应该在 600℃ 的蠕变中形成。对于在 600℃ 蠕变的回火钢，Laves 相在约 139h 的长孕育期后开始析出，之后其体积分数迅速增加，在约 8344h 后达到约为 1.6% 的稳定水平。

图 4.6 也显示出 Laves 相的形成可以被清晰地分成两个阶段。一个是以孕育期为特征的形核阶段；另一个是体积分数随时间增加而迅速增加的长大阶段。当 Laves 相的生长结束，粗化阶段开始。然而，Laves 相的体积分数在粗化期内将保

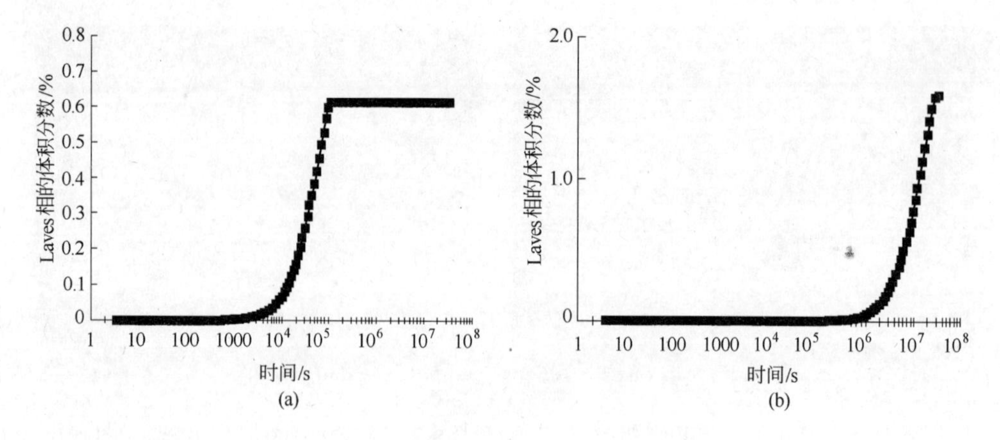

图 4.6　Laves 相的体积分数随时间的变化图

（a）在 760℃下；（b）在 600℃下

（Hu et al. 2009，*Frontiers of Materials Science in China*，经 Springer Science + Business Media 许可）

持稳定。

根据该计算，由于最长的持久寿命为 8354h，所以 Laves 相在发生蠕变断裂时仍然处于长大阶段。因此，下面将讨论处于长大阶段的 Laves 相。

4.4　原始显微组织和 Laves 相在蠕变中的长大

图 4.7 为回火马氏体原始显微组织的光学显微镜照片。利用回火中析出的 $M_{23}C_6$ 和 MX 粒子可以勾勒出原奥氏体晶界和板条边界。钢中几乎没有 δ-铁素体，该相经常在高 Cr 马氏体时效钢中形成且不利于蠕变断裂强度。钢的原奥氏体晶粒尺寸约为 15μm。

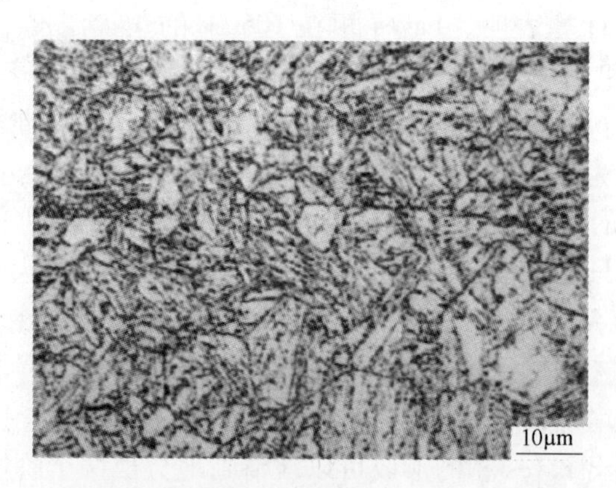

图 4.7　钢的原始显微组织的光学显微镜照片

（Hu et al. 2009，*Frontiers of Materials Science*，经 Springer Science + Business Media 许可）

图 4.8 以双对数坐标给出了外加应力与持久寿命的关系。蠕变断裂强度随着持久寿命的增加呈线性下降。实验发现 Laves 相的数量随持久寿命从 436 ~ 3230h 的增加而增加（Hu et al. 2009），与前面图 4.6(b)中的热力学计算一致。

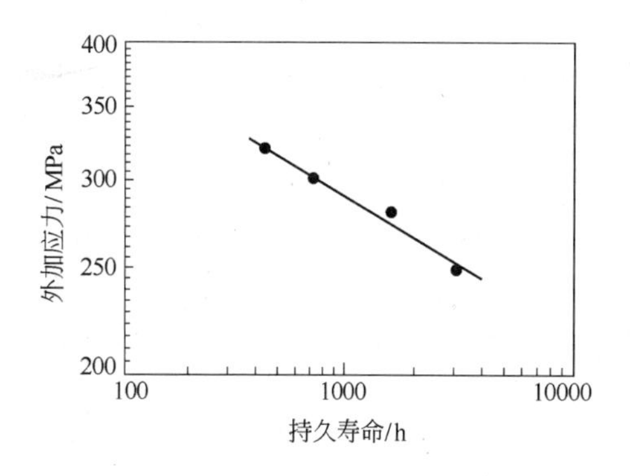

图 4.8　钢在双对数坐标下的持久蠕变曲线

（Hu et al. 2009，*Frontiers of Materials Science*，经 Springer Science + Business Media 许可）

Li(2006)指出 Laves 相首先在马氏体板条边界形核并与板条保持共格，然后以随机方向长入邻近板条。这种形态特征有助于鉴别 Laves 相。Laves 相根据形态可分为三种：板条边界处的细板条形和粗矩形 Laves 相，以及基体中的粗块形 Laves 相。Li(2006)认为前两种 Laves 相应与相邻板条成共格关系。根据对钢中 Laves 相生长过程的 TEM 观察（Hu et al. 2009），在从 436 ~ 3230h 的持久寿命范围内，Laves 相在蠕变早期更倾向于沿板条边界分布。在之后的蠕变中，越来越多的完全长大的 Laves 相在板条内或亚晶粒内随机分布。Laves 相经 3230h 蠕变后的平均尺寸大于 0.2μm，远远大于相同条件下的尺寸约为 50nm 的 $M_{23}C_6$，说明 Laves 相比 $M_{23}C_6$ 更容易长到大尺寸。

4.5　Laves 相尺寸对蠕变行为的影响和钴对 Laves 相尺寸的影响

作为马氏体板条在蠕变中的演变过程的一部分，马氏体板条的平均宽度随着持久寿命的增加而增大，并且在 3230h 后的某个时刻演变成亚晶粒结构。板条变宽是由于板条边界吸收自由位错而发生迁移。一方面，蠕变过程中 Laves 相的形成使固溶的钨和钼原子减少，从而削弱钉扎作用并且加快位错迁移；另一方面，板条边界处的共格 Laves 相能阻碍板条边界迁移并延缓板条粗化。然而，细小且共格的 Laves 相将长大并变得非共格，在很大程度上将减弱对位错和板条边界的钉扎作用。因此，由于基体中钨和钼的减少而减弱的固溶强化在蠕变初期可被细小且共格的 Laves 相的析出强化所补偿，但在后面阶段却不能被大的且非共格的 Laves 相补偿。这种 Laves 相对钢的蠕变强度影响的变化与 Lee et al.(2006)关于 P92 钢的研究结果一致。

Lee et al. (2006)还发现，平均尺寸超过0.13μm的Laves相会引发韧性至脆性的断裂模式转变，并成为蠕变断裂强度失效的主要原因。然而，本节所讨论的钢中，Laves相的平均尺寸在蠕变仅1598h后就超过了这个临界值（Hu et al. 2009）。此外，承载250MPa并在第3230h断裂的钢呈现以韧窝为特征的韧性断裂，如图4.9所示。蠕变断面上的这种韧窝形貌意味着韧性穿晶断裂。因此，除了大尺寸Laves相以外，一定有其他原因使断裂模式从韧性穿晶断裂转变为脆性晶间断裂。粗大的Laves相是蠕变空洞的理想形核位置。在短期蠕变中，晶粒内有大量的大尺寸Laves相粒子，首先它们在晶粒内生成大量的蠕变空洞，然后这些空洞在断裂前通过穿晶裂纹的传播而相互连接，引起韧性穿晶断裂。然而，Laves相在蠕变过程中会沿着原奥氏体晶界聚集，如图4.10所示。假定显微组织中Laves相的含量经长时间蠕变后达到恒定，那么粗大的Laves相沿晶界的密度将增加，但在晶粒内的密度将减小。沿原奥氏体晶界分布的高密度Laves相将沿晶界生成密集的蠕变空洞，这种行为应与脆性晶间断裂有关。实际上，Lee et al. (2006) 观察到，当发生脆性晶间断裂时，蠕变空洞经常依附于晶界上粗大的Laves析出相，但是对于蠕变空洞为何在晶界上粗大的Laves相粒子处优先形核未给出解释。

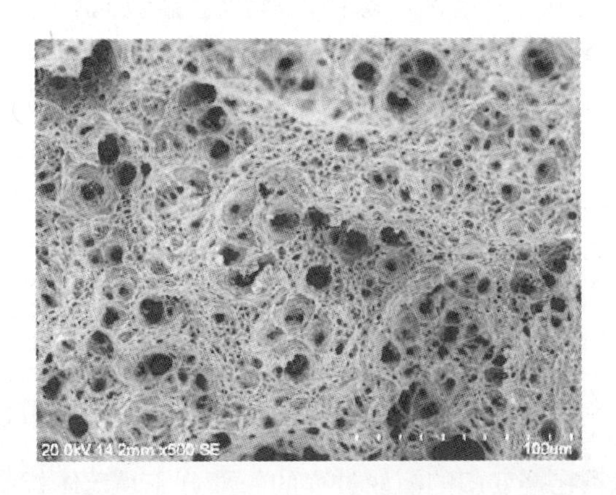

图4.9 承载250MPa的钢在第3230h断裂后的断面

（Hu et al. 2009，*Frontiers of Materials Science*，经Springer Science + Business Media许可）

Laves相的长大速率由扩散控制。由于扩散系数取决于居里温度，而添加钴可以提高居里温度，所以钴能延缓钢中金属原子的扩散，并延缓各种析出反应。因此，添加钴可抑制Laves相的长大。Hald(2008)发现P92钢在600℃经10000h蠕变后，Laves相的尺寸接近0.1μm，且在该温度下基本保持稳定。Lee et al. (2006)也发现P92钢在600℃进行约25000h的蠕变后，Laves相的尺寸增大到接近0.13μm。然而，目前的新型钢在经过仅1598h的蠕变后，Laves相的平均尺寸就能达到约0.2μm。相对于不含钴的P92钢，这种含钴钢中的Laves相展现了更

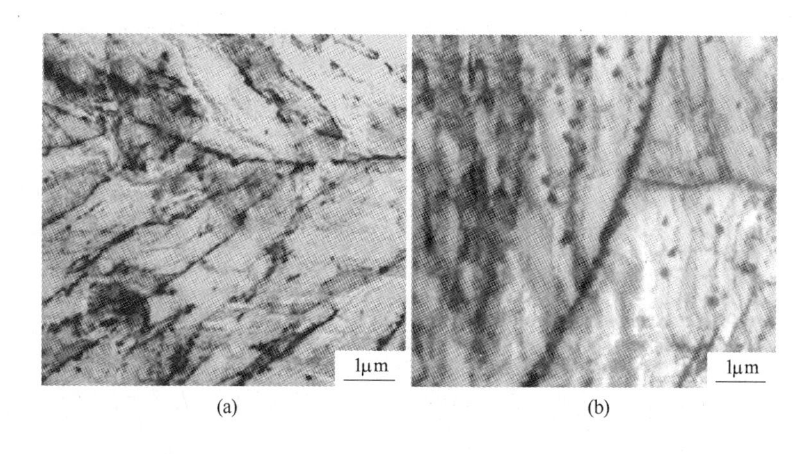

(a) (b)

图 4.10 显示 Laves 相沿原奥氏体晶界聚集的 TEM 照片

(a) 436h，320MPa；(b) 1598h，280MPa

(Hu et al. 2009，*Frontiers of Materials Science*，经 Springer Science + Business Media 许可)

快的长大速率，这与那些认为钴延缓析出的研究结果相矛盾。钴还是一种重要的马氏体时效钢添加元素，而且钴对这些钢的析出行为的影响也存在争议。对马氏体时效钢的实验表明钴可降低钼在基体中的溶解度，并促进 Laves 相（Fe_2Mo）的析出。Cui et al. (2001) 对 Fe-10% Cr-6% W 合金的研究发现，钴能促进 Laves 相的长大。通过比较 P92 钢和当前新钢的 Laves 相的长大速率，可以推断出新钢中的钴能促进而非抑制 Laves 相的长大，这可能是由于钴能阻止 δ-铁素体相的形成，使更多的钨和钼在正火后保存于基体中，从而为 Laves 相长大提供更多的所需原子和驱动力。

总结 4.3 ~4.5 节，在含钴的 10Cr 耐热钢中，Laves 相在相对短的蠕变时间内长成大尺寸。随着蠕变时间的增加，Laves 相不仅长大，而且失去与相邻板条的共格关系，使析出强化效应减弱。此外，由于消耗固溶的钨和钼原子，Laves 析出相数量的增加使固溶强化效应减弱。析出和固溶强化效应的减弱是蠕变断裂强度降低的两个原因。韧性穿晶断裂转变为脆性晶间断裂的原因应是大尺寸 Laves 析出相沿原奥氏体晶界的严重聚集，而非大尺寸 Laves 析出相本身。钴的添加会提高 Laves 相的长大速率。

4.6 短期热暴露钢的显微组织和力学性能

通过合金化处理和优化热处理工艺可以提高 9/12Cr 耐热钢的持久蠕变断裂强度和显微组织稳定性（Gustafson and Ågren 2001）。最新的改进采用了钴或钨的合金化（Helis et al. 2009 and Yamada et al. 2003）。例如，已证实 9/12Cr 耐热钢中的钴是抑制高温正火中形成 δ-铁素体的重要合金元素之一。相反，研究也发现添加2%～3%的钴能够显著提高短期蠕变强度。同样，含钨耐热钢的较低蠕变速率和较高蠕变断裂强度是由于Laves相（Fe_2W）或μ相（Fe_7W_6）的析出和添加钨产生的固溶强化（钨较钼能产生更大的晶格错配度）。

然而，含钴或钨钢的显微组织在热暴露过程中会发生变化，使力学性能降低。研究发现，在含钨12Cr钢的长期热暴露中，$M_{23}C_6$和MX碳化物变粗大，且析出Laves相（Kadoya et al. 2002）。大多数钨或钴含量较高的耐热钢随蠕变持久寿命的增加呈现韧性至脆性转变，且研究发现蠕变空洞容易形核于沿晶界分布的粗大Laves相。这些研究表明，一方面，钨或钴在短期热暴露过程中能够促进析出；另一方面，钨或钴在长期热暴露过程中能够加速析出相的粗化。当粗大化的Laves析出相或碳化物超过一个临界尺寸，就会引发空洞的形成及之后的脆性晶间断裂的发生（Lee et al. 2006；Abe 2004；Sawada et al. 2001）。在热暴露过程中，析出的粒子可能破裂或从基体中分离，且空洞可能在显微组织中形成。这些因素可能最终影响铁素体钢在之后的室温变形中的断裂模式。

以往的研究往往侧重于9/12Cr耐热钢经长期热暴露或者在蠕变中的力学性能和显微组织演变。少有研究对显微组织在短期热暴露下的变化进行讨论。针对9/12Cr耐热钢在短期热暴露下的显微组织演变研究对于综合理解温度和应力对结构稳定性的影响具有补充作用。在4.7～4.10节中，基于ASME-P92的化学成分，通过添加钨和钴设计了两种铁素体/马氏体钢，完成了实验室规模的制备，并分析了9/12Cr耐热钢在热暴露中的室温力学性能和显微组织演变。其目的是找出经短期热暴露的9/12Cr耐热钢的低冲击韧性的原因。此外，还讨论了钨和钴的添加对9/12Cr耐热钢的显微组织演变和断裂特点的影响。

4.7 热暴露对力学性能的影响

图4.11总结了经热暴露（600℃）的钢（表4.1）的室温力学性能。在600℃下的短期热暴露对包括屈服强度（YS）、极限抗拉强度（UTS）、断裂伸长率（A）和面缩率（Z）在内的拉伸性能的影响很小。在600℃热暴露500h后，10Cr钢的UTS增加，之后趋于恒定。P92和9Cr钢在热暴露前后的UTS都小于10Cr钢。据推测，这几种钢的UTS的差异应与钴的成分无关，而应与钨的成分有关。分析原因如下，一般认为9/12Cr耐热钢可通过添加钨和钴产生固溶强化，然而对于目前的P92和9Cr钢，钴的添加未使9Cr钢的UTS增加。9Cr钢含有1.64%的钴，而P92钢不含钴（表4.1），但是9Cr钢的UTS更低（图4.11(a)）。如果钴有强化作用，那么9Cr钢应有更高的强度。只有当钨含量增加到2.55%时，10Cr钢UTS才能增加约100MPa。

因此，热暴露对三种钢的拉伸性能的影响是不显著的。然而，热时效对冲击

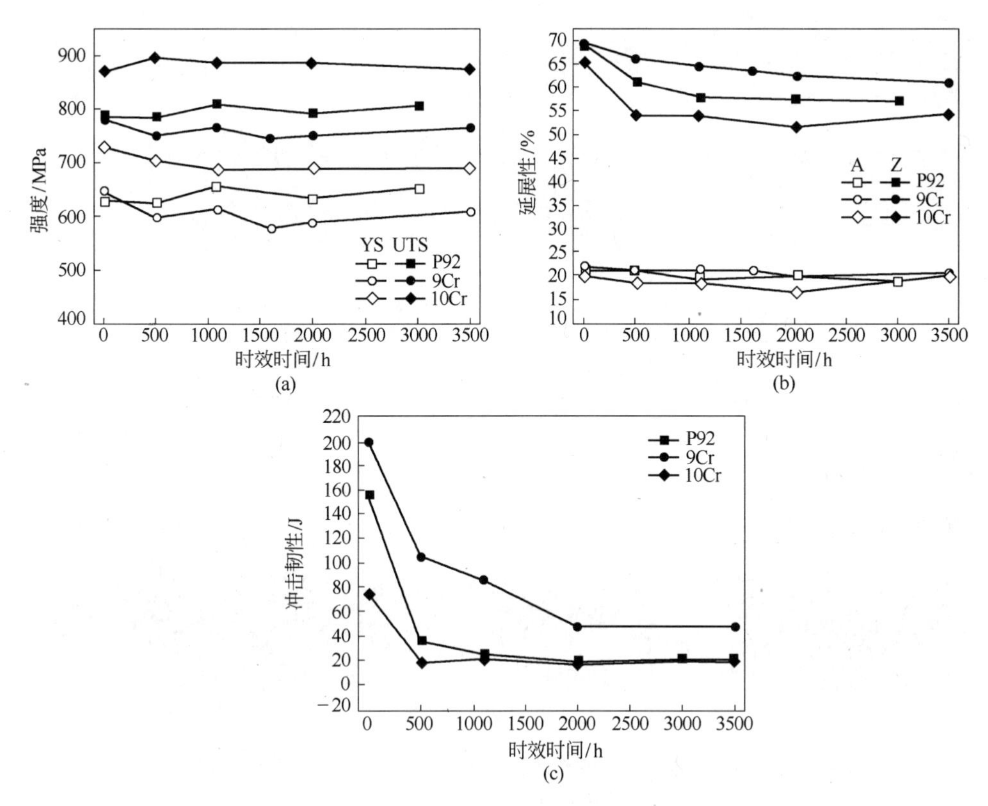

图 4.11 拉伸（a，b）和冲击（c）性能随热暴露时间的变化

Charpy 冲击实验使用具有 V 形中央凹口（深度为 2mm）的标准棱柱试样（10mm × 10mm × 55mm）

（Wang et al. 2012，经 Springer Science + Business Media 许可）

韧性有着显著影响，如图 4.11(c)所示。三种钢的冲击韧性经 500h 的热暴露后均显著降低，之后趋于恒定。其中，9Cr 钢呈现最高的冲击韧性。因此，该冲击数据支持众所周知的观点，即同一显微组织类型的大多数材料的韧性随着强度降低而升高（第 7 章；Kim et al. 2008）。

4.8 热暴露对断裂特征的影响

图 4.12 为在 600℃ 下经过不同时间热暴露的 P92 钢的冲击断面全貌。随着暴露时间的增加，断裂模式由韧性向脆性转变。回火钢的断裂模式的特征是微空洞合并导致的穿晶韧性韧窝撕裂，但是 500h 的暴露时间引发了 100% 的解理断裂。特别是当暴露时间延至 3000h 时，在裂纹萌生处发现了晶间断裂特征，如图 4.12(c)所示。

图 4.13 给出了 9Cr 钢在热暴露前后的冲击断面的全貌。热暴露前的 9Cr 钢的断裂机制与 P92 钢一样。然而，经 500h 热暴露后，冲击断面同时含有韧性区

(a) (b) (c)

图 4.12 经过不同时间的热暴露后，P92 钢的冲击试样的 SEM 断口照片

（a）0h；（b）500h；（c）3000h

（Wang et al. 2012，经 Springer Science + Business Media 许可）

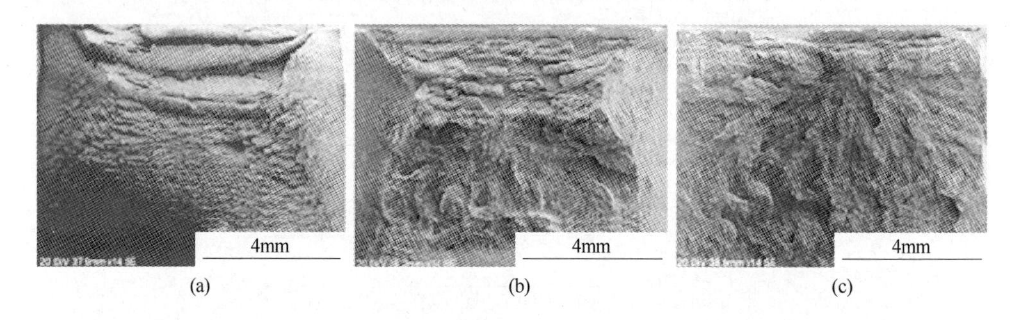

(a) (b) (c)

图 4.13 经过不同时间的热暴露后，9Cr 钢的冲击试样的 SEM 断口照片

（a）0h；（b）500h；（c）3000h

（Wang et al. 2012，经 Springer Science + Business Media 许可）

和脆性区。脆性区的面积随暴露时间的增加而增大。经 3000h 热暴露后，整个断面为脆性准解理断裂。

10Cr 钢的断口形貌与另外两种钢不同。在热暴露前，10Cr 钢的断裂模式呈现兼具脆性准解理和韧窝的混合断裂特征。在热暴露后，转变为完全的脆性准解理断裂，如图 4.14 所示。

(a) (b) (c)

图 4.14 经过不同时间的热暴露后，10Cr 钢的冲击试样的 SEM 断口照片

（a）0h；（b）500h；（c）3000h

（Wang et al. 2012，经 Springer Science + Business Media 许可）

4.9 热暴露对显微组织的影响

与拉伸性能相反，三种钢在热暴露过程中的冲击韧性和断裂模式呈现相当大的差异，主要原因应为热暴露过程中的显微组织演变。

图4.15(a)~(c)和4.15(d)~(f)分别为三种钢经过500h和3000h热暴露后的SEM图像。大量的细小析出相分布在原奥氏体晶界、马氏体板条和板条内部。析出相是富含铁、铬和钨的碳化物。此外，纳米尺寸的MX型碳氮化物在马氏体板条基体内形成。Helis et al.（2009）、Kadoya et al.（2002）、Lee et al.（2006）、

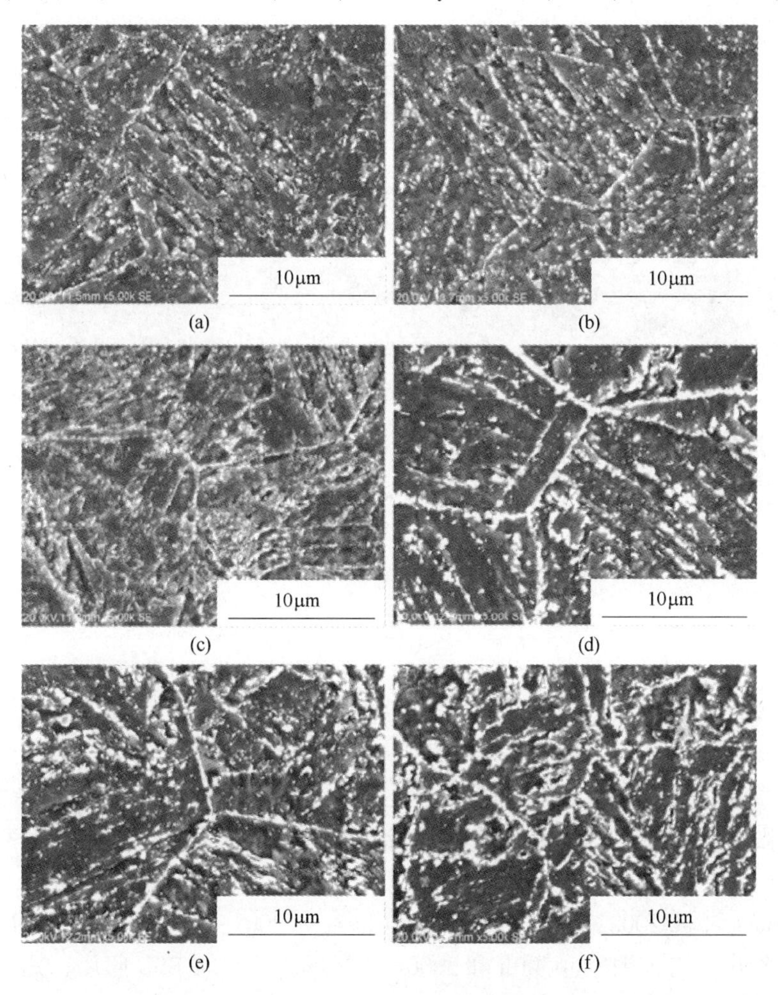

图4.15 经过500h和3000h热暴露后的显微组织SEM照片
（a）500h，P92钢；（b）500h，9Cr钢；（c）500h，10Cr钢；（d）3000h，P92钢；（e）3000h，9Cr钢；（f）3000h，10Cr钢
（Wang et al. 2012，经Springer Science + Business Media许可）

Abe(2004)、Sawada et al. (2001)和 Blach et al. (2009)发现，添加钨和钴能够加速碳化物和 MX 碳氮化物在热暴露过程中的长大，但这些研究结果得自于长时间热暴露或者蠕变的试验条件。在这里，碳化物和 MX 碳氮化物的析出相尺寸在短时间的热暴露中没有显著增大。

Ghassemi-Armaki et al. （2009）发现马氏体板条在热暴露中的粗化速率低。如图 4. 16 所示，这三种钢经过 3000h 热暴露后仍然保持着回火后的马氏体结构。这些显微照片表明，回火钢的马氏体结构几乎没有发生变化。随后本节将讨论在马氏体界面观察到的析出相的化学成分。对于析出相的晶体结构，我们将在 4. 10 节中展示 Laves 析出相的衍射花样。Laves 析出相对强化的作用也将在 4. 10 节中进行讨论。在无应力影响的热暴露过程中，碳化物和 MX 能够有效地减缓位错在板条边界或板条内部的运动，即使 3000h 的热暴露也不能引发明显的回复。

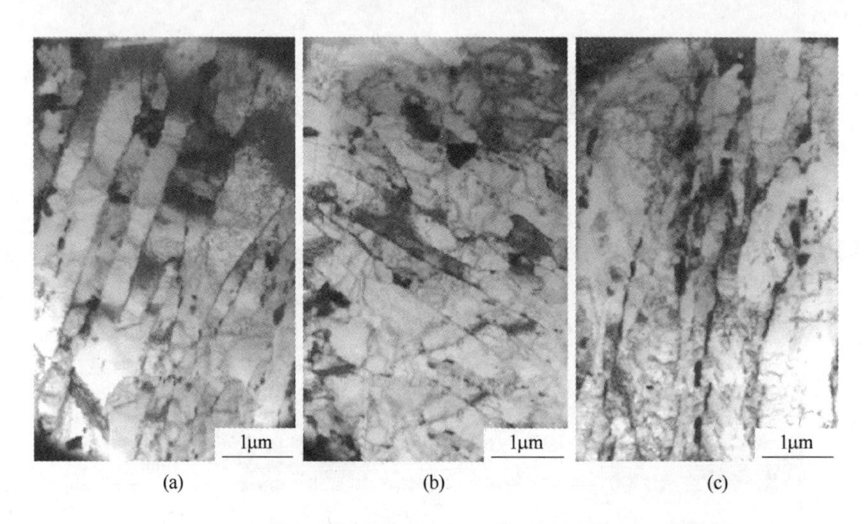

图 4. 16　马氏体板条结构经过 3000h 的热暴露后的 TEM 照片
显示回火钢的马氏体结构几乎不发生变化
（a）P92 钢；（b）9Cr 钢；（c）10Cr 钢
（Wang et al. 2012，经 Springer Science + Business Media 许可）

如果碳化物和 MX 不发生粗化且排除回复机制，那么是何原因导致了热暴露后的冲击韧性差异？除了碳化物和 MX，不应忽视另一种析出相的变化，即 Laves 相（Kadoya et al. 2002；Lee et al. 2006；Cui et al. 2001；Thomas Paul et al. 2008）。图 4. 17 给出了三种钢经过 500h 和 3000h 热暴露后的 SEM BSE 照片。某一析出相在 SEM BSE 照片中的亮度取决于该化合物相的平均原子质量。由于 $M_{23}C_6$ 型碳化物具有低于基体的平均原子质量，该碳化物不应为亮的颗粒。相反，尽管在 SEM BSE 照片中能够辨别出超细颗粒，如(V,Nb)(N,C)，但是其尺寸没有显著增加。因此，容易区别出图 4. 17 中具有明反衬的 Laves 相（Fe_2W）。图 4. 17 中具有明反衬的较大粒子含有钨元素，应为钢中的 Laves 相。随着热暴露时间的增加，Laves 析出相的数量、体积分数和尺寸均增加。

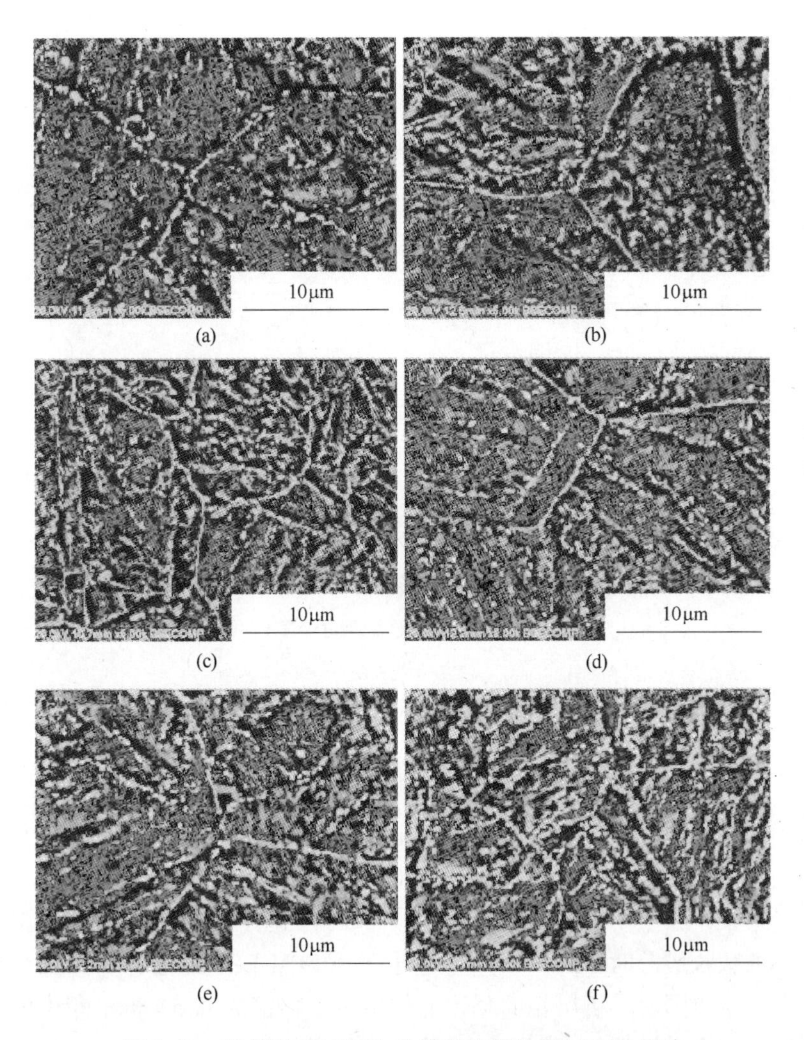

图 4. 17　经 500h 和 3000h 热暴露的钢的 SEM BSE 照片

图中亮的颗粒为 Laves 相

（a）500h，P92 钢；（b）500h，9Cr 钢；（c）500h，10Cr 钢；（d）3000h，P92 钢；

（e）3000h，9Cr 钢；（f）3000h，10Cr 钢

（Wang et al. 2012，经 Springer Science + Business Media 许可）

同时，图 4. 18 中的 EDS 分析给出了经 3000h 热暴露后的 P92、9Cr 和 10Cr 钢中的 Laves 相的不同成分。显微组织的 EDS 光谱表征表明这些 Laves 相富含钨。应注意的是，在附于 SEM 的 EDS 分析中，空间分辨率为 1μm 级。当析出相的尺寸远小于此值时，EDS 数据不是真实的析出相成分，而是 $1\mu m^3$ 总体积包含的析

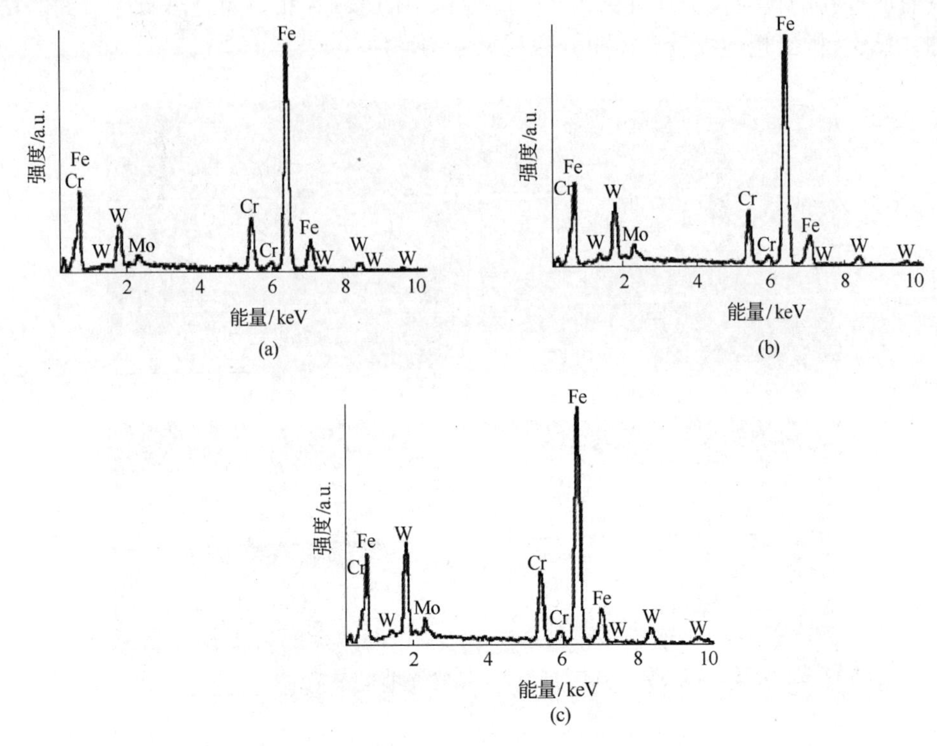

图 4.18 经 3000h 时效后，显微组织中的 Laves 相的 SEM-EDS 分析

（a）P92；（b）9Cr；（c）10Cr

（Wang et al. 2012，经 Springer Science + Business Media 许可）

出相和周围基体的成分。所分析的析出相只占该体积的一个小的比例，且取决于所测量的析出相的精确尺寸，各种析出相所占的比例各不相同。因此，不同析出相的测量结果差异主要由这个因素控制，而非统计因素。因此，当测量远小于这个分辨率的颗粒成分时，统计误差将远小于由 SEM-EDS 的固有空间分辨率造成的误差。由于包围着小析出相的基体的作用，三种钢的 Laves 析出相中的钨含量以及可能的钼含量被低估。钢中钨或钴含量的增加可以促进 Laves 相的析出，并且加快 Laves 相对钨的吸收。不同于新生成的 Laves 相，这三种钢中的原始析出物（碳化物和 MX）的数量和尺寸即使经 3000h 热暴露后仍几乎与回火态保持一致。因此，冲击韧性的显著降低应归因于钢中 Laves 相的析出和长大。

4.10 显微组织演变对力学性能的影响

在短期热暴露过程中，可以忽略钴和钨对碳化物和 MX 的尺寸和分布的影响，而且力学性能的差异可能主要是由于钢中 Laves 相的析出所致。然而，钴和钨影响钢中 Laves 相析出的演变过程。

关于钴和钨对9/12Cr钢显微组织演变的影响存在争议。随着钨的添加，钢基体的扩散系数降低，位错运动、碳化物粗化和马氏体回复都可能被延缓，从而最终使钢的蠕变断裂强度增加（Abe 2004；Hasegawa et al. 2001）。然而，经长时间热暴露后，钨的存在会促进钢中Laves析出相的形成和长大，从而有害于钢的冲击性能和钨的固溶强化效应（Fernández et al. 2002）。特别是在9/12Cr钢中同时添加钴和钨时，两种元素对显微组织和力学性能的协同作用会更明显。一方面，因为金属原子的扩散系数取决于居里温度，而居里温度由于钴的添加而有所提高，所以钴能够延缓钢中金属原子的扩散。因此，添加钴可以抑制钢中Laves析出相的粗化。另一方面，添加钴能够促进含钨化合物从钢的基体中析出。众所周知，由于钴能降低钼在马氏体基体中的溶解度，钴是马氏体时效钢中的重要添加元素（He et al. 2002）。那么，应有更多的钼参与时效反应并强化马氏体时效钢，称之为这种类型钢中的钴和钼的协同作用。对于9/12Cr钢，由于钨在某些方面与钼相似，钴和钨产生协同作用是可能的。

对于钨和钴含量更高的10Cr钢，Laves相的形核驱动力应增加，并且大量的Laves相可能从基体中析出。如图4.17所示，对于500h和3000h这两种时间的热暴露，10Cr钢中的Laves析出相的数量均远多于9Cr和P92钢。因此，10Cr钢的抗拉强度更高。那么，为何10Cr钢比其他两种钢的冲击韧性更低呢？非共格的Laves相会引发从韧性至脆性的断裂模式转变，如图4.12～图4.14所示。Lee et al.(2006)发现，当Laves析出相的平均尺寸超过0.13μm时，细小且共格的Laves析出相会长成非共格相，显著降低对位错运动和板条边界的钉扎作用。如图4.17所示，随着热暴露时间和钨与钴含量的增加，越来越多的Laves析出相沿晶界聚集。图4.19为经3000h热暴露的10Cr钢中的Laves析出相的形貌，其尺寸超过0.1μm。沿晶界分布的大尺寸和高密度的Laves析出相首先生成空洞，然后导致脆性晶间断裂。需要注意4.6～4.10节不涉及蠕变强度，即高温下的强度，而是研究经高温热暴露后的室温强度和冲击韧性。在这几节中并未讨论高温加载的情况。这些钢经短期时效后所呈现的高延展性和低冲击韧性是一个有趣的现象。

总而言之，4.6～4.10节介绍了不同9/12Cr耐热钢经短期热暴露后的显微组织演变和力学性能。钴和钨含量更高的10Cr钢的抗拉强度高于添加钴的9Cr钢和商用P92钢，后两种钢的钴和钨含量低于前者，但是前者的冲击韧性低于后两种钢。在达到3000h的短期热暴露中，钴和钨对碳化物和MX的尺寸和分布的影响可以忽略。力学性能的变化主要是由于钢中Laves相的析出。在短期热暴露的过程中，随着钴和钨含量的增加，钴能促进钨沿马氏体板条的偏析，以形成Laves析出相。沿晶界分布的Laves析出相的大尺寸和高密度可能导致了钢的脆性晶间断裂。

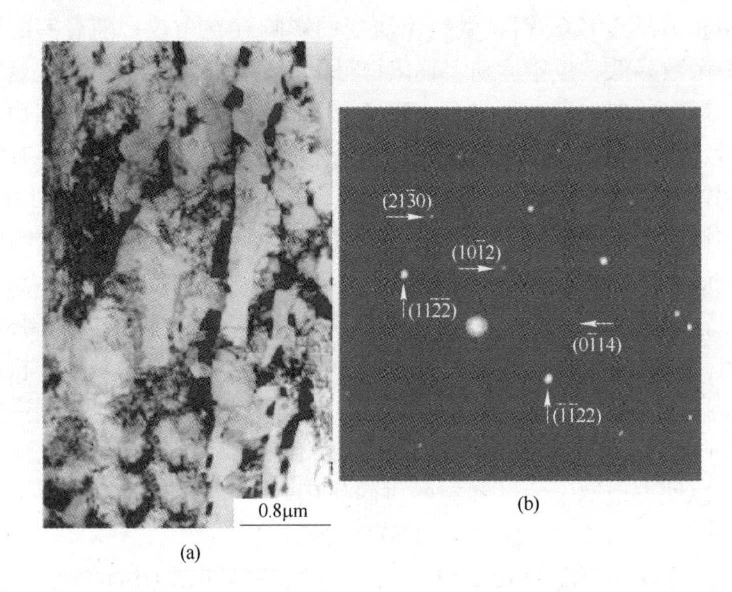

图 4.19 经 3000h 热暴露的 10Cr 钢中的 Laves 相

（a）分布在板条边界的粗大的立方体 Laves 析出相和钢基体中的粗大的块状 Laves 相的 TEM 亮场照片；（b）衍射花样

（Wang et al. 2012，经 Springer Science + Business Media 许可）

参 考 文 献

Abe F(2004)Coarsening behavior of lath and its effect on creep rates in tempered martensitic 9Cr-W steels. Mater Sci Eng A 387-389：565-569. doi：10. 1016/j. msea. 2004. 01. 057.

Abe F，Semba H，Sakuraya T(2007)Effect of boron on microstructure and creep deformation behavior of tempered martensitic 9Cr steel. Mater Sci Forum 539-543：2982-2987. doi：10. 4028/www. scientific. net/MSF. 539-543. 2982

Blach J，Falat L，Ševc P(2009)Fracture characteristics of thermally exposed 9Cr-1Mo steel after tensile and impact testing at room temperature. Eng Fail Anal 16：1397-1403. doi：10. 1016/j. engfailanal. 2008. 09. 003

Cui J，Kim IS，Kang CY，Miyahara K(2001)Creep stress effect on the precipitation behavior of Laves phase in Fe-10% Cr-6% W alloys. ISIJ Int 41：368-371. doi：10. 2355/isijinternational. 41. 368

Fernández P，Hernández-Mayoral M，Lapeña J，Lancha AM，De Diego G(2002)Correlation between microstructure and mechanical properties of reduced activation modified F-82H ferritic martensitic steel. Mater Sci Technol 18：1353-1362. doi：10. 1179/026708302225007411

Ghassemi-Armaki H，Chen RP，Maruyama K，Yoshizawa M，Igarashi M (2009) Static recovery of tempered lath martensite microstructures during long-term aging in 9-12% Cr heat resistant steels. Mater Lett 63：2423-2425. doi：10. 1016/j. matlet. 2009. 08. 024

Gustafson Å, Ågren J(2001) Possible effect of Co on coarsening of $M_{23}C_6$ carbide and Orowan stress in a 9% Cr steel. ISIJ Int 41: 356-360. doi: 10.2355/isijinternational.41.356

Hald J(2008) Microstructure and long-term creep properties of 9-12% Cr steels. Int J Pres Ves Pip 85: 30-37. doi: 10.1016/j.ijpvp.2007.06.010

Hasegawa T, Abe YR, Tomita Y, Maruyama N, Sugiyama M(2001) Microstructural evolution during creep test in 9Cr-2W-V-Ta steels and 9Cr-1Mo-V-Nb steels. ISIJ Int 41: 922-929. doi: 10.2355/isijinternational.41.922

He Y, Yang K, Qu W, Kong F, Su G(2002) Strengthening and toughing of a 2800-MPa grade maraging steel. Mater Lett 56: 763-769. doi: 10.1016/S0167-577X(02)00610-9

Helis L, Toda Y, Hara T, Miyazaki H, Abe F(2009) Effect of cobalt on the microstructure of tempered martensitic 9Cr steel for ultra-supercritical power plants. Mater Sci Eng A 510-511: 88-94. doi: 10.1016/j.msea.2008.04.131

Hu P, Yan W, Sha W, Wang W, Guo Z, Shan Y, Yang K(2009) Study on laves phase in an advanced heat-resistant steel. Front Mater Sci Chin 3: 434-441. doi: 10.1007/s11706-009-0063-7

Hu P, Yan W, Sha W, Wang W, Shan Y, Yang K(2011) Microstructure evolution of a 10Cr heat-resistant steel during high temperature creep. J Mater Sci Technol 27: 344-351. doi: 10.1016/S1005-0302(11)60072-8

Kadoya Y, Dyson BF, McLean M(2002) Microstructural stability during creep of Mo- or W-bearing 12Cr steels. Metall Mater Trans A 33A: 2549-2557. doi: 10.1007/s11661-002-0375-z

Kim BC, Park SW, Lee DG(2008) Fracture toughness of the nano-particle reinforced epoxy composite. Compos Struct 86: 69-77. doi: 10.1016/j.compstruct.2008.03.005

Lee JS, Armaki HG, Maruyama K, Maruki T, Asahi H(2006) Causes of breakdown of creep strength in 9Cr-1.8W-0.5Mo-VNb steel. Mater Sci Eng A 428: 270-275. doi: 10.1016/j.msea.2006.05.010

Li Q(2006) Precipitation of Fe_2W laves phase and modeling of its direct influence on the strength of a 12Cr-2W steel. Metall Mater Trans A 37A: 89-97. doi: 10.1007/s11661-006-0155-2

Maruyama K, Sawada K, Koike J(2001) Strengthening mechanisms of creep resistant tempered martensitic steel. ISIJ Int 41: 641-653. doi: 10.2355/isijinternational.41.641

Sawada K, Kubo K, Abe F(2001) Creep behavior and stability of MX precipitates at high temperature in 9Cr-0.5Mo-1.8W-VNb steel. Mater Sci Eng A 319-321: 784-787. doi: 10.1016/S0921-5093(01)00973-X

Thomas Paul V, Saroja S, Vijayalakshmi M(2008) Microstructural stability of modified 9Cr-1Mo steel during long term exposures at elevated temperatures. J Nucl Mater 378: 273-281. doi: 10.1016/j.jnucmat.2008.06.033

Yamada K, Igarashi M, Muneki S, Abe F(2003) Effect of Co addition on microstructure in high Cr ferritic steels. ISIJ Int 43: 1438-1443. doi: 10.2355/isijinternational.43.1438

Wang W, Yan W, Sha W, Shan Y, Yang K(2012) Microstructural evolution and mechanical properties of short-term thermally exposed 9/12Cr heat-resistant steels. Metall Mater Trans A 43 A, pp 4113-4122. doi: 10.1007/s11661-012-1240-3

5 氮化物强化的铁素体/马氏体钢

摘 要 由于氮化物具有卓越的热稳定性，预期氮化物强化的低活化铁素体/马氏体（RAFM）钢具有更高的抗蠕变强度。这些具有不同锰含量的钢是基于Eurofer 97钢的化学成分设计的，但其碳含量降到了非常低的水平。钢中的大量的富钒氮化物和更多的溶解于基体中的铬使其强度类似于Eurofer 97钢。这些钢的显微组织完全为马氏体，细小的氮化物均匀分布其中，强度极高，但韧性较差。与低碳钢（0.005%，质量分数）相比，高碳钢（0.012%，质量分数）不仅具有较高的强度，而且具有更高的冲击韧性和晶粒粗化温度。复杂的 Al_2O_3 夹杂物成为临界裂纹并引发了解理断裂源。本章的最后部分关注了传统的氮化物强化马氏体耐热钢。当回火温度从650℃增加到750℃，半尺寸试样的冲击能意外地从几焦耳剧增到近100J。

5.1 显微组织、氮化物析出相、硬度及回火温度的影响

未来核聚变反应堆的结构材料需要在长期荷载和辐射下抵御高温（Li et al. 2010）。与奥氏体不锈钢相比，低活化铁素体/马氏体（RAFM）钢具有良好的热性能和优异的防胀性能，因此是目前核聚变反应堆首选的结构材料。

RAFM钢的典型组织为含有大量析出物的回火马氏体（Tanigawa et al. 2011）。RAFM钢中主要有两种析出相，$M_{23}C_6$（M为Cr,Fe,W等）和MX（M为V，Ta等；X为C，N）。然而，研究表明这两种析出相在蠕变中的粗化率不同，$M_{23}C_6$ 型碳化物的粗化率比MX型氮化物更高（Sawada et al. 2001）。研究表明，利用热稳定的析出相得到具有良好热稳定性的显微组织是提高蠕变强度的有效方法之一（Sklenička et al. 2003）。据Taneike et al.（2004）报道，当碳含量降到很低时，用于发电厂的耐热钢的抗断裂时间显著增加，这可能是由于消除了具有热不稳定性的 $M_{23}C_6$ 碳化物。因此，利用具有优良热稳定性的氮化物来强化RAFM钢可以延长其蠕变寿命。

在氮化物强化RAFM钢的组织与成分设计中，考虑到活化性能的下降和Laves相 Fe_2W 的形成，用锰替代钴和钨来抑制由于碳缺失而易形成的δ-铁素体。添加3%的锰可以获得完全马氏体组织。然而，高的锰含量会导致 A_{c1} 温度降低和

锰沿原晶界及众多 MnS 夹杂物发生偏析等严重问题。这些影响非常不利，使得锰含量高的氮化物强化 RAFM 钢呈现较差的性能（Hu et al. 2010）。幸运的是，当锰含量降低到 1.4% 以下，氮化物强化 RAFM 钢可以在高达 750℃ 的温度下回火，从而表现出优异的韧性。本章介绍了优化的氮化物强化 RAFM 钢的显微组织和力学性能。在 1.4.1 节中更详细的综述了已发表的有关铁素体/马氏体钢的大量工作，其中包括低活性类型。为使铁素体/马氏体钢低活化，应去除钼和铌，用钨和钽替代，并应避免钴的存在。本章的创新点是所设计的新的钢成分，这些成分从未得到系统的研究。

NS1 钢（表 5.1）通过空冷和水冷都不能产生完全马氏体组织（Hu et al. 2010）。大量的 δ-铁素体不可避免的存在于 NS1 钢的显微组织中。NS1 钢在 1200℃ 热处理后的晶粒尺寸比在 1050℃ 热处理后的大。众所周知，马氏体的维氏硬度高于 δ-铁素体。因此，可以用维氏硬度区分不同硬度的微观组织。如图 5.1 所示，NS1 钢在 1200℃ 热处理后测得两个维氏硬度值，HV170 和 HV300，表明两个不同的相在显微组织中同时存在，即 δ-铁素体和马氏体。

表 5.1　低活性耐热钢的化学成分（质量分数）　　　　（%）

钢	C	Si	Mn	Cr	W	V	Ta	N
NS1	0.006	0.16	0.47	9.11	1.47	0.21	0.11	0.043
NS2	0.005	0.05	3.73	9.06	1.49	0.15	0.12	0.039
NS3	0.012	0.06	4.00	8.92	1.49	0.15	0.13	0.042
NS4	0.003	—	1.40	8.72	1.55	0.15	0.09	0.039

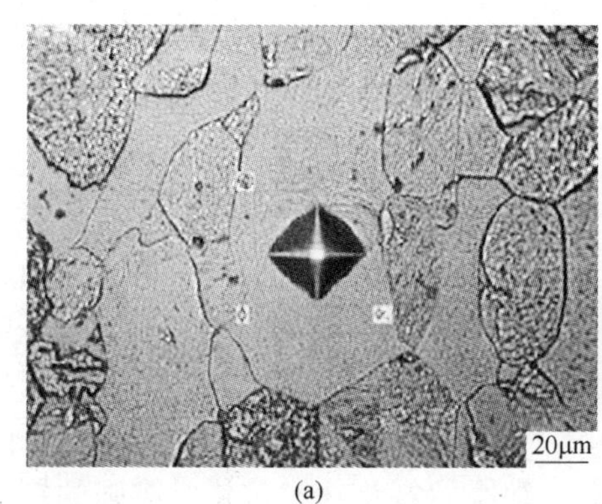

(a)

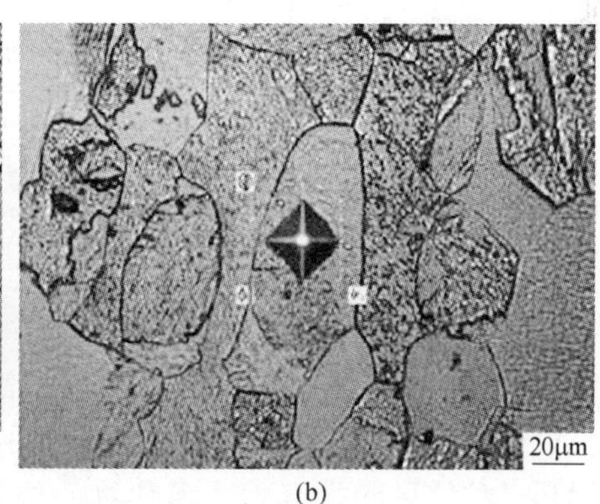

(b)

图 5.1　在不同相上的压痕

（a）一个硬度为 HV174 的 δ-铁素体晶粒；（b）一个硬度为 HV291 的马氏体晶粒

（Hu et al. 2010，经 Elsevier 许可）

马氏体中均匀分布着大量的平均尺寸为 50nm 的细小氮化物（Hu et al. 2010）。大多数氮化物呈立方形，少量呈针形。然而，在 δ-铁素体中的氮化物为聚集态，且均为针状。在显微组织中有两种不同形状的δ-铁素体：块状δ-铁素体和伸长的δ-铁素体。每个δ-铁素体晶粒分为两个区：中心区和边缘区。氮化物析出物主要集中在中心区，在边缘区较少。边缘区的宽度为0.5 ~ 1μm。

Yoshizawa and Igarashi(2007)，Yamada et al.(2003)和Hu et al.(2009)也发现了$M_{23}C_6$、MX和Laves相在δ-铁素体中的非均匀析出行为。尽管非均匀析出的机制尚不清楚，但是可以确定δ-铁素体促进非均匀析出。在NS1钢中，由高温奥氏体生成的马氏体富含奥氏体形成元素，经高温到室温过程保留的δ-铁素体富含铁素体形成元素（如钒）。因此，δ-铁素体中的氮化物应该富含钒。Yamada et al.(2003)发现，细小且高密度的富钒MX在δ-铁素体中发生局部析出，且含钒的氮化物总是在其他已析出相上析出，形成翼形钒的形状。这应该是δ-铁素体中氮化物呈针状的原因。然而，马氏体中的大多数氮化物为TaN和VN。因此，大多数氮化物为立方体，少量为针状。

作为一个高温相，δ-铁素体不仅有间隙空间大的bcc结构，还有较大的晶格，这些都非常有利于原子扩散。就析出硬化而言，含有少量氮化物的边缘区是蠕变中的薄弱部分。因此，为了确保高的蠕变断裂强度，应该消除δ-铁素体。

NS2钢、NS3钢和NS4钢（表5.1）经980℃正火后可获得完全马氏体组织，且分布着细小的MX型析出相（Yan et al.，2012）。例如，NS4钢中的马氏体板条宽度约为0.6μm。马氏体基体包含高密度的位错和少量的沿晶界或板条边界分布的大的$M_{23}C_6$碳化物。NS4钢经650℃和700℃回火后位错密集分布，但经750℃回火后位错数量减少，且没有发生再结晶。大多数的析出相为立方体形状，表明为MX型析出相。NS4钢中析出相的数量随回火温度由650℃升至750℃而增加，即在650℃回火时析出物很少，升至700℃回火时析出物的数量显著增加，当进一步升至750℃时纳米尺寸氮化物的数量持续增加。此外，氮化物的形状更加明显和清晰，说明氮化物逐渐非共格于基体。

透射电子显微镜的能量色散X射线光谱仪（EDS）可用于分析析出相的成分。碳含量较低的NS2钢的析出相更加细小。由于这些钢具有强磁性，使电子束移动，因此难以获得析出相的选区电子衍射花样。

氮化物与位错相互作用。一些位错的两端被基体中的细小氮化物牢固钉扎，呈弓形。位错弓的端点就是氮化物的位置。细小的氮化物对位错具有强的钉扎作用。

位错强化对高强度的贡献很大（见5.3节）。然而，可以观察到细小氮化物与位错的相互作用，如图5.2所示。钢中的氮化物较细小，约为10nm，可有效地阻止位错运动。位错即使在高温下也不能移动。因此，强度在600℃仍然很高（见5.3节）。

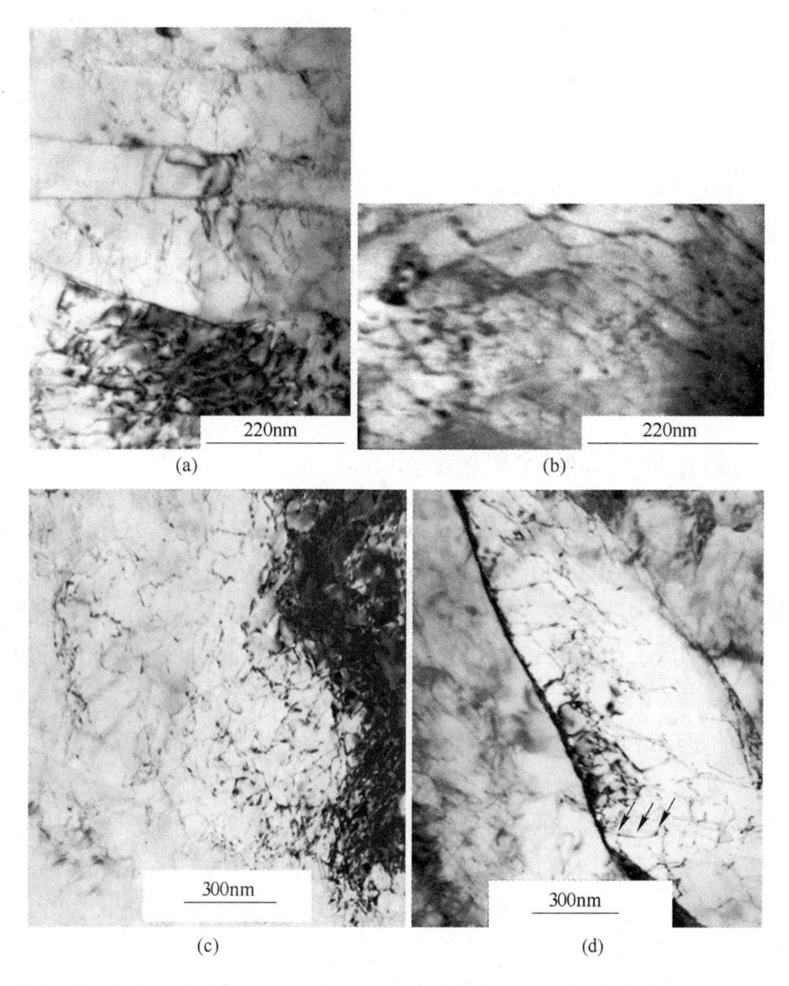

(a) (b) (c) (d)

图 5.2 经 980℃正火和 650℃回火后的 NS3 钢中的细小氮化物与位错的相互作用
可以看到被析出相钉扎的位错及形成的弓形位错；如图（d）中的三个平行箭头所示，
两个外侧的箭头指向钉扎位错的两个析出相，中间的箭头指向位错；位错呈弓形
（Yan et al. 2012，图 2，经 Springer Science + Business Media 许可）

经 700℃回火后的 NS4 钢在 -20℃的冲击韧性仅为 3J，而经 750℃回火后在 -20℃的冲击韧性约为 100J。氮化物在 700℃的回火温度下远未完全析出，因为如果完全析出，钢的冲击韧性应该和在 750℃回火时一样好。

可以通过形态辨认析出相粒子。由于氮化物的尺寸小，其化学成分的测量非常困难。

在成分设计中，考虑到避免形成 Z 相。因此，氮的含量被严格控制在 0.05% 以下。此外，9% 的铬含量不利于 Z 相在 10000h 的蠕变前形成。Hald 和其他研究人员已经对这方面进行了广泛报道（Sawada et al. 2007；Danielsen and

Hald，2004，2006，2007；Cipolla et al. 2010；Hald，2008）。Z 相在铬含量为9%的钢中问题不大，但在铬含量为12%的钢中应该给予考虑。

析出强化取决于析出相粒子之间的距离。根据对该距离的测量，可以讨论氮化物的析出强化，并与伴有溶质氮固溶强化的析出强化进行比较。

析出相粒子间距不能简单地由 SEM 和 TEM 照片测量得出，因为 SEM 是一种表面或截面技术，而 TEM 试样的厚度有限。简单来说，不能将 SEM 或 TEM 照片中的粒子之间的平均距离直接作为平均粒子间距。

硬度与回火温度的关系见表 5.2。硬度随回火温度的升高而略微降低。氮化物析出的峰值温度约为 750℃。由于回火温度不够高，氮化物不能从基体中析出。这也是基体韧性差的原因。

5.2　冲击韧性及其与回火和相变的关系

韧-脆转变温度（DBTT）是 RAFM 钢的一个非常重要的性质。一般认为，RAFM 钢必须有低的 DBTT 值，但辐射照射会显著增加 DBTT 值。关于这方面的研究已得到越来越多的关注。传统的 Eurofer 97 钢、CLAM 钢和 F82H 钢的 DBTT 值分别约为 －90℃（Reith et al. 2003），－91℃（Baluc et al. 2007）和 －60℃（Jisukawa et al. 2002）。这些钢在室温下具有更高的冲击韧性，并呈韧性断裂。然而，NS1 钢的室温冲击韧性远低于这三种钢，其平均值只有 12J，且呈脆性解理断裂。

已经充分证明，大量的 δ-铁素体会导致冲击韧性的降低，其原因有多种，如：（1）与回火马氏体相比，δ-铁素体的韧性较低（Ryu et al. 2006）；（2）δ-铁素体/马氏体的界面成为裂纹扩展路径（Hu et al. 2009；Ryu et al. 2006）；（3）析出相引起的脆化。Hu et al.（2009）证明，当 δ-铁素体的体积分数超过 4%，铬含量为 10% 的马氏体耐热钢的室温冲击韧性将降至低于 15J。因此，NS1 钢中存在的大量 δ-铁素体应该是低冲击韧性的关键性因素之一。

除 δ-铁素体之外，通过对冲击断面的断口金相分析，发现了另一个影响冲击韧性的不利因素。脆性解理断裂源自 NS1 钢中的夹杂物。能谱（EDS）清楚地表明夹杂物富钽（图 5.3）。大量的富钽夹杂物随机分布在 NS1 钢中，如图 5.4 所示。因此可以推断，作为冲击过程中的解理断裂源，富钽夹杂物可导致 NS1 钢的冲击韧性进一步下降。然而，还不能确定 NS1 钢中存在富钽夹杂物的原因。将 δ-铁素体和富钽夹杂物从氮化物强化钢的显微组织中去除有望成为提高冲击韧性的有效方法。

表 5.2 中给出了 NS2 钢和 NS3 钢的室温冲击能。两种钢都呈现差的冲击韧性。NS3 钢的冲击能约为 12J，NS2 钢约为 2J。

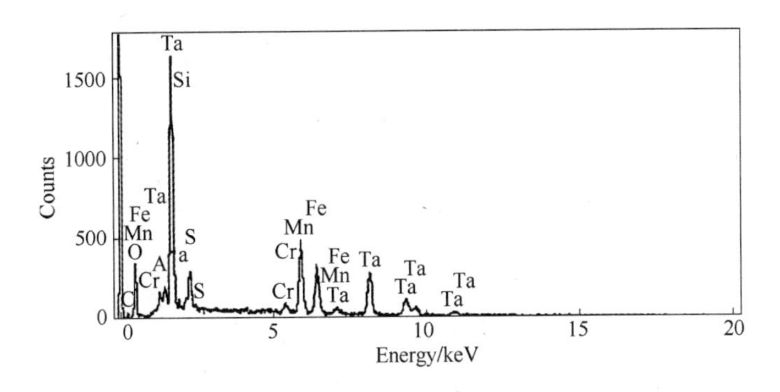

图 5.3 夹杂物的 EDS

（Hu et al. 2010，经 Elsevier 许可）

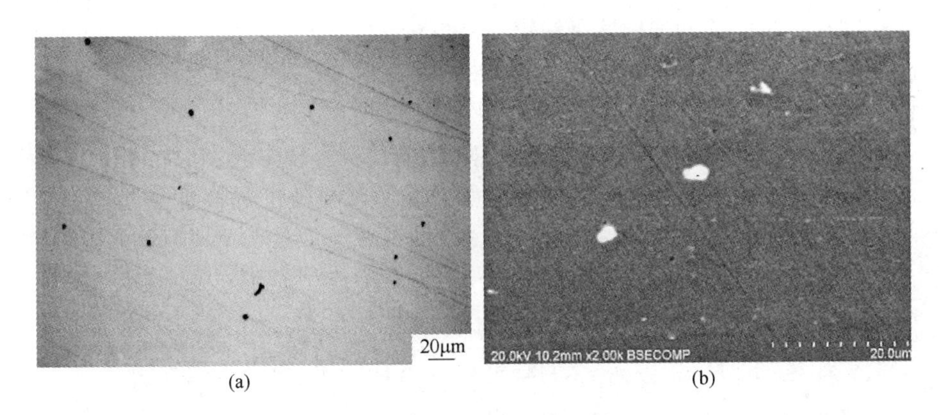

图 5.4 NS1 钢中的夹杂物

（a）光学显微照片；（b）SEM 背散射照片

（Hu et al. 2010，经 Elsevier 许可）

表 5.2 钢经 600℃或 650℃回火后的室温力学性能

钢	正火(30min)+回火(90min)温度/℃	HRC	屈服强度/MPa	抗拉强度/MPa	伸长率/%	面缩率/%	夏比冲击能(V 形缺口,半尺寸)	
							室 温	-20℃
NS2	980+600	30.7	865.8	946.7	17.7	66.7	1.5	1.3±0.4
	980+650	28.1	828	915	18	70	1.5±0.7	1.5±0.7
NS3	980+600	31.8	915.5	1003.2	15.3	64.4	8±6	2
	980+650	30.2	855	952	16	66	12	1.5±0.7

NS3 钢不仅有更高的强度，而且有更高的冲击能。我们知道，晶粒细化是提高强度和韧性的一种方法。因此，可以认为，由于 NS3 钢的晶粒更细，NS3 钢具有比 NS2 钢更高的抗拉强度和室温冲击韧性。一方面，NS2 钢的碳含量的降低导致了富钽夹杂物的生成；另一方面，钽的碳氮化物的缺失使晶粒在高温正火时长得更大，从而降低了冲击韧性。

由于锰显著降低 A_{c1} 温度，NS2 钢和 NS3 钢的 A_{c1} 温度较低，分别为 670℃和 682℃。应避免回火温度高于 A_{c1}，因此仅采用 600℃和 650℃作为回火温度。由于这两种钢的 A_{c1} 温度低，所采用的回火温度不是很低。锰含量不必与热力学计算值（3%以上）一样高。含量为1%的锰足以抑制 δ-铁素体并获得完全马氏体。从表 5.2 可以看出，这两种钢的韧性没有随回火温度从 600℃增加到 650℃而提高。

NS4 钢（表 5.1）的奥氏体化起始温度（A_{c1}）高达 770℃，因此可在高温下回火。该钢的马氏体相变即使在 0.05℃/s 的缓慢冷却速率下也能发生，说明很容易获得马氏体组织。

在 650℃回火 90min 后，NS4 钢的室温冲击能低至 2J。然而，随着回火温度从 650℃增加到 700℃和 750℃，室温冲击能突然增加到 100J 左右。经 700℃回火的 NS4 钢在 -20℃的冲击韧性仍然较差，与 650℃回火后类似。然而，当回火温度进一步升至 750℃后，钢在 -20℃的冲击韧性再次显著提高。即使经 750℃回火后，该钢在 -40℃的冲击能也只有几焦耳。

在经 650℃回火的钢的冲击断面上观察到了源于富钽夹杂物的脆性解理断裂，如图 5.5(a)～(d)所示。冲击韧性随着回火温度的提高而显著提高。在

(a)

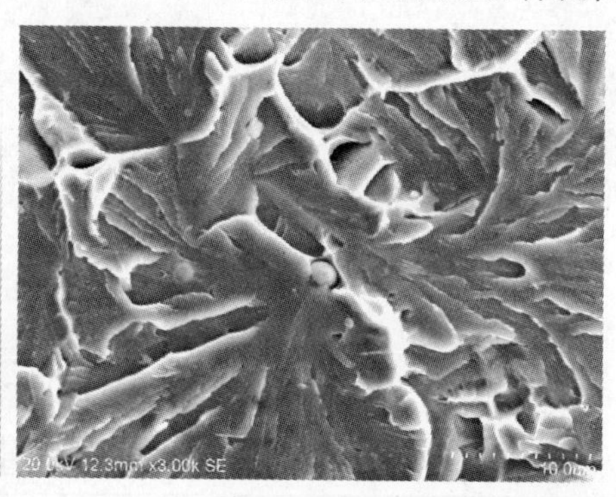

(b)

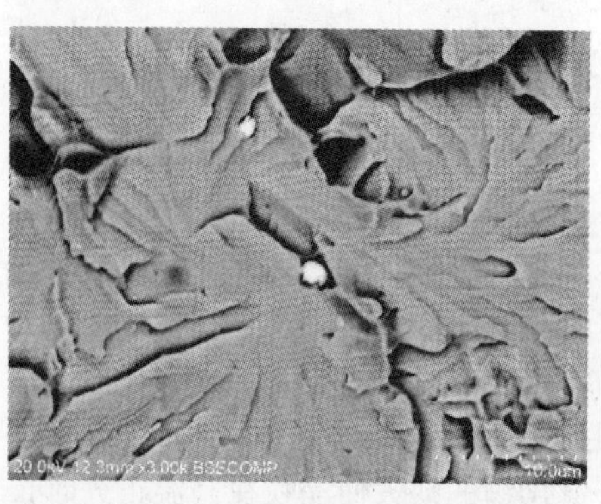

(c)

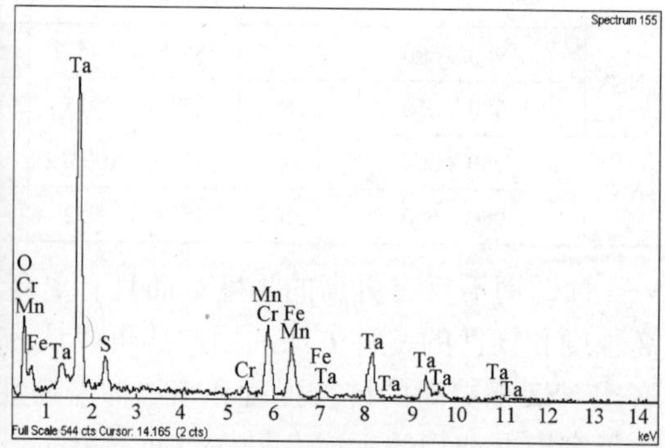

(d)

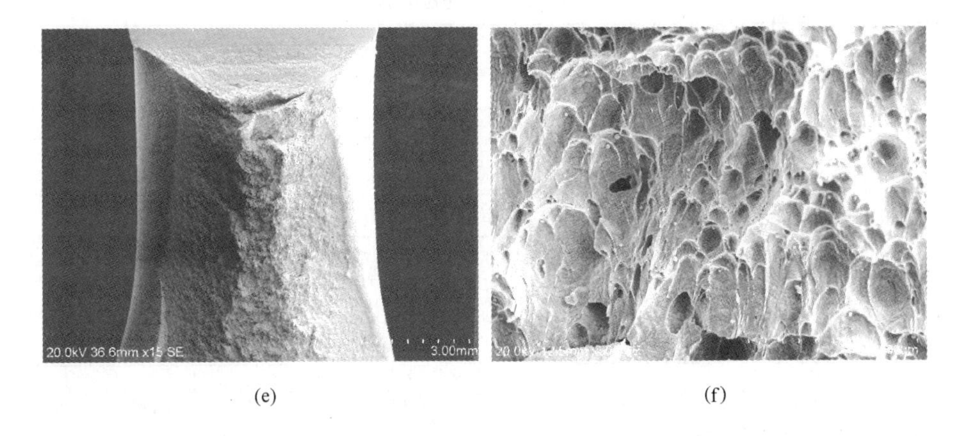

(e) (f)

图5.5 NS4 钢经650℃（a～d）和750℃（e，f）回火后的室温冲击断口显微照片
（Zhou et al. 2012，图6，经 Springer Science + Business Media 许可）

750℃回火后，钢呈现了优异的室温冲击能（107J）和韧性断裂特征，如图5.5(e)和(f)所示。当回火温度从650℃增加到750℃，韧-脆转变温度（DBTT）从室温以上显著降到－30℃。

冲击韧性在很大程度上取决于回火温度。在5.1节中描述的显微组织变化也可以解释室温冲击韧性与回火温度的关系。随着回火温度的增加，位错密度或通过位错的热互作用而降低，或通过位错成为氮化物的成核位置而降低。因此，基体的韧性提高，并能承受更大的变形和吸收更多的能量，即具有高的冲击韧性(Kimura et al. 2010)。

低DBTT是RAFM钢的关键问题之一。当回火温度从650℃增加到750℃，DBTT从室温以上降到－30℃。一般可以假设解理断裂应力随断裂温度和回火温度发生轻微变化。因此，随着回火温度的增加，从现象学的角度不难理解DBTT由于屈服强度降低（Sawada et al. 2003）而下降。如前所述，位错密度和氮化物析出的减少是由于屈服强度的降低。因此，实际上可以解释为，DBTT的降低确实与显微组织的两个变化相关。

5.3 拉伸性能及化学成分和回火温度的影响

表5.3为NS1钢、Eurofer 97钢（Reith et al. 2003）和CLAM钢（Li et al. 2006）在室温和600℃的拉伸性能。应该注意，这三种钢的热处理不同。在室温下，这三种钢具有几乎相同的强度。在600℃时，NS1钢与Eurofer 97钢和CLAM钢相比具有较高的屈服强度和抗拉强度，然而其伸长率和断面收缩率较低。

表 5.3 三种钢的拉伸性能

钢	热处理	温度	屈服强度 /MPa	抗拉强度 /MPa	伸长率 /%	面缩率 /%
NS1	1050℃正火 50min，760℃回火 90min	室温	542	642	22	77
		600℃	337	375	20	80
Eurofer 97 (Reith et al. 2003)	980℃固溶处理 27min，空冷，760℃回火 90min	室温	537	652	21	80
		600℃	277	292	29	94
CLAM (Li et al. 2006)	980℃固溶处理 30min，水冷，760℃回火 90min	室温	514	668	25	72
		600℃	293	334	29	87

理论上来说，钢的强度通常与化学成分和显微组织都有关。作为超级超临界发电的结构材料，高铬铁素体/马氏体耐热钢中的位错强化、析出强化和固溶强化是三种主要的强化机制（Maruyama et al. 2001）。高铬 RAFM 钢也由这三种机制强化。根据这三种传统强化机制，NS1 钢的抗拉强度应该比 Eurofer 97 钢和 CLAM 钢的抗拉强度低。第一，由于未能获得完全马氏体组织，NS1 钢由位错强化产生的强度增加应该低于 Eurofer 97 钢和完全马氏体的 CLAM 钢。第二，NS1 钢中碳含量降低到非常低的水平，所以固溶强化产生的强度增加也应该低于 Eurofer 97 钢和 CLAM 钢。第三，富钽夹杂物比 TaN 氮化物消耗了更多的钽，因此与 Eurofer 97 钢和 CLAM 钢相比，NS1 钢由析出强化产生的强度增加将降低。然而，NS1 钢不仅在室温具有与 Eurofer 97 钢和 CLAM 钢几乎相同的强度，而且在 600℃下具有更高的强度，这一定有其他原因。

众所周知，钢的强度还与热处理工艺有关。如表 5.3 所示，对于相同的回火处理，NS1 钢比 Eurofer 97 钢或 CLAM 钢经历了更高的固溶温度和更长的保温时间。预计铁素体钢（Shen et al. 2009）中钒和钽的溶解度随着正火温度（钒在 900～1070℃之间，钽在 980～1150℃之间）的升高而变大。因此，可以推断，与 Eurofer 97 钢和 CLAM 钢相比，NS1 钢中溶解的钒和钽更多。因此，回火后在 NS1 钢中应生成更多的钒/富钽析出相。由于 NS1 钢的碳含量被控制在极低的水平，这些钒/富钽析出相应该主要是氮化物。Taneike et al.（2004）证明，当碳含量从 0.12%（质量分数）降至接近 0 时，由于回火后的析出物几乎都是氮化物，在基体中溶解的铬量可增加约 1%（质量分数）。然而，考虑到富钽夹杂物，NS1 钢比 Eurofer 97 钢和 CLAM 钢经历了更高的固溶温度和更长的保温时间，应生成更多的富钒氮化物，而不是富钽氮化物。因此，由富钒氮化物和更多的溶于基体的铬原子所引起的强度增加至少可以弥补上述三个因素造成的强度损失。Lu et al.（2009）也发现，Eurofer 97 钢的硬度（与抗拉强度成正比）随着正火温度由 980℃升高至 1150℃而逐渐增加。

由于 δ-铁素体对铁素体/马氏体钢的蠕变断裂强度（Yoshizawa and Igarashi，

2007；Yamada et al. 2003）和冲击韧性（Hu et al. 2009；Ryu et al. 2006）有不利影响，应该将其去除。为了生成完全马氏体组织，需要考虑钢的化学成分对显微组织的影响。众所周知，一些奥氏体形成元素能有效防止固溶处理中δ-铁素体的形成。镍、铜、钴和锰都是奥氏体形成元素。然而，镍、铜和钴在辐照过程中可能产生长寿命放射性同位素，因此在 RAFM 钢中应尽量消除或减少这些元素。因此，只有锰可被选为 RAFM 钢的奥氏体形成元素。此外，添加锰可使钢的连续冷却转变曲线（CCT）右移，从而降低连续冷却过程中马氏体相变的临界冷却速度。因此，相对于 NS1 钢，NS2 钢的设计含有 3.73%（质量分数）的锰，以利用锰对δ-铁素体形成的抑制作用。NS2 钢（图 5.6）经过 1200℃、50min 的正火处理后成功获得了完全马氏体组织，硬度约为 HV280。

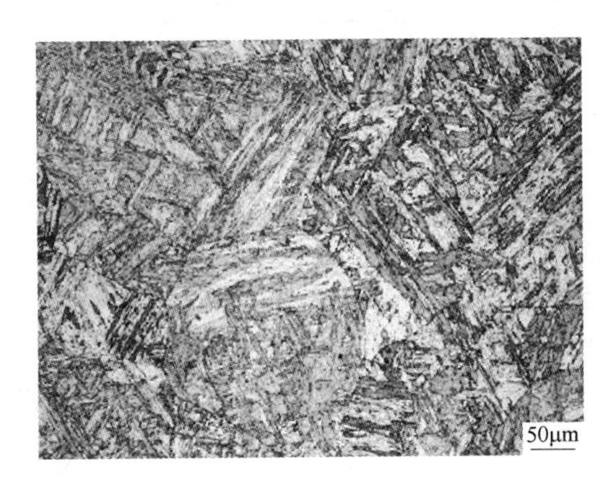

图 5.6　NS2 的光学显微照片
（Hu et al. 2010，经 Elsevier 许可）

在此总结 5.1～5.3 节，低锰钢不能获得完全马氏体组织，且不能避免固溶处理后δ-铁素体的形成。然而，如果将锰含量增加至 3.73（质量分数,%），可以得到完全马氏体组织。除了δ-铁素体之外，富钽夹杂物成为冲击过程中解理断裂的起源，是钢具有极低的室温冲击韧性的另一个重要原因。更高的固溶温度和更长的保温时间可使钢中形成更多的富钒氮化物。由于碳含量极低，基体中应该保留更多的铬。这两个因素可解释 NS1 钢具有与 Eurofer 97 钢或 CLAM 钢相似的室温强度和更高的在 600℃的强度。

表 5.2 和表 5.4 中给出了两种钢的力学性能。这两种钢在室温和 600℃均具有高强度，该高强度可从以下角度进行解释。高的锰含量应该是最重要的原因之一。通常认为，锰没有强的或有效的置换固溶强化作用。固溶的锰虽然具有一些固溶强化效果，但是不会增加 DBTT（Yong，2006）。因此，高强低合金钢中需要添加 1%～2% 的锰来提高其可硬化性（Jun et al. 2006）。然而，由于这两种钢的锰含量高达 4%，不可忽视其固溶强化作用。因此，高含量锰的加入应该是高

强度的主要原因。第二个重要原因为氮的固溶强化对强度的贡献。据报道，在这种钢中只有一半的钒可以形成氮化物（Abe et al. 2007；Taneike et al. 2004；Sawada et al. 2004）。如前所述，约75%～90%的钽不形成碳氮化物，而以固溶态存在或存在于夹杂物中。因此，游离氮的固溶强化可能对钢的强度有显著贡献。

表5.4 经600℃和650℃回火后，钢在600℃的高温拉伸性能

钢	正火(30min)+回火(90min)温度/℃	屈服强度/MPa	抗拉强度/MPa	伸长率/%
NS2	980+600	493	572	17
	980+650	485	553	18
NS3	980+600	520	606	15
	980+650	515	580	18

虽然强度随温度从室温升到600℃而明显降低，但延展性没有按预期增加。强度的降低主要是由于高温下位错密度的下降所致。可以假设，即使在600℃，位错运动依然受到细小氮化物的强烈阻碍，导致延展性几乎不能提高。这可能就是伸长率在室温和600℃（表5.2和表5.4）基本相同的原因。此外，高密度的残余位错可能导致高的流动应力。

经不同温度的回火后，钢在600℃的高温强度见表5.4。强度在600～650℃的回火温度范围内没有发生太大的变化。高的回火温度似乎导致了屈服强度和极限抗拉强度的略微下降，其原因可能与导致硬度变化的原因相同，见5.1节。

经过在600℃变形的钢的光学显微组织如图5.7所示。钢在高温和室温拉伸变形中的显微组织没有差异。

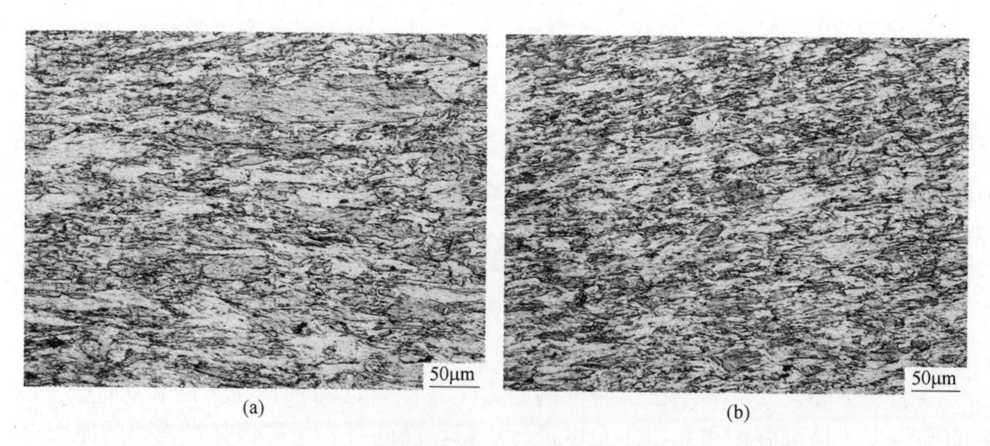

图5.7 钢在600℃变形后的光学显微组织

（a）NS2；（b）NS3

（Yan et al. 2012，图7，经Springer Science + Businesses Media许可）

NS4钢的拉伸性能见表5.5。当回火温度从650℃增加到700℃，再到750℃，钢的室温屈服强度从 799MPa 下降到 734MPa，再下降到 565MPa。当回火温度从700℃增加到 750℃，屈服强度的下降似乎更为显著，降低量为 169MPa。然而，当回火温度从 650℃增加到 700℃，再到 750℃，钢在 600℃的屈服强度没有呈现类似的趋势，降低量分别为 62MPa 和 73MPa，该降低量的差别较小，可以忽略。

表 5.5 NS4 钢的拉伸性能

实验温度	回火温度/℃	屈服强度/MPa	极限抗拉强度/MPa	伸长率/%
室 温	650	799	884	19
	700	734	809	19
	750	565	725	21
600℃	650	484	537	18
	700	422	468	21
	750	349	389	19

Eurofer 97 有非常高的 A_{c1} 温度，因此可以在 760℃ 回火。然而，NS4 钢的 A_{c1} 温度较低，为 770℃。回火温度不应高于 A_{c1} 温度，因此不宜与 Eurofer 97 在完全相同的热处理条件下进行比较。重要的一点是，它们都可以在 600℃ 使用。此外，如果锰含量降低到 1%，A_{c1} 温度约增加到 820℃。

强度随着回火温度的增加而降低。强度的降低可归于几个原因：如再结晶（Mungole et al. 2008）、位错密度的降低（Pešička et al. 2003）以及固溶体中合金元素数量的减少（Sawada et al. 2004）。基体中游离氮原子的强化效果远好于氮化物的析出强化。因此，屈服强度经 750℃ 回火后迅速下降。由于回火组织中不发生再结晶，因此再结晶对强度下降不起作用。对于位错密度，由于 650℃ 或更高的回火温度足以使位错运动或湮灭，并达到一个稳定的密度，因此，在 650 ~ 750℃ 范围内的某一回火温度会产生一个相应的位错密度。因此，如果位错密度降低的影响最大，强度应随回火温度的增加而逐渐降低。然而，从表 5.5 可看出，当回火温度从 700℃ 增加到 750℃，屈服强度降低 169MPa，且当回火温度从 650 增加到 700℃，屈服强度降低 65MPa，前者远大于后者。因此，除了位错密度，还应寻找引起强度显著降低的深层原因。

氮具有和碳相似的固溶强化效果。氮的固溶强化可显著增加屈服强度和极限抗拉强度，因此应是钢在 650℃ 回火后具有高的室温强度的重要原因之一。当回火温度升高到 750℃，显微组织中的重要变化是氮化物的析出。大量的氮化物沿晶界和在基体内形成。一方面，氮化物析出相通过在位错处成核而消耗位错，从而使强度降低（Ghassemi-Armaki et al. 2009）。另一方面，氮化物的形成消耗了大量的游离氮，削弱了游离氮很强的固溶强化作用，从而导致强度的大幅下降。虽然氮化物的析出强化可提高强度，但是不能弥补氮原子固溶强化的损失。因此，在750℃回火后，钢的强度下降更快，见表5.5。

然而，高温强度和室温极限抗拉强度随着回火温度的增加几乎呈线性下降，这似乎表明固溶强化对高温强度和高温极限拉伸强度的影响没有对室温屈服强度的影响大。

5.4　夹杂物

两种钢中的夹杂物如图5.8和图5.9所示。NS3钢中的夹杂物主要是大尺寸的 Al_2O_3 和MnS夹杂。由于钢的磁性和夹杂物的随机取向，难以利用电子衍射辨别夹杂物。然而，我们可以根据形态和利用EDS测量的化学成分来辨别夹杂物。夹杂物的核心为大的 Al_2O_3 颗粒，其表面完全被MnS夹杂物覆盖，如图5.9所示。夹杂物的尺寸范围为2～5μm。MnS夹杂物较软且易变形（Poulachon et al. 2002），因此被MnS包裹的大的 Al_2O_3 夹杂物可能对韧性无害。除了这种特点的夹杂物，还有一些被少量MnS包裹的 Al_2O_3 夹杂物，如图5.9中的一张显微照片所示。由于只对一个抛光面进行了SEM观察，因此这些夹杂可能也被MnS夹杂物所包裹，如果从另一个方向观察可能会明确包裹状态。即使是这种情况，至少从一个方向可以看到大的 Al_2O_3 夹杂物上附有很少MnS或没有包裹MnS。这一观察是理解这些夹杂物对NS3钢韧性的影响的关键，随后会对此进行讨论。

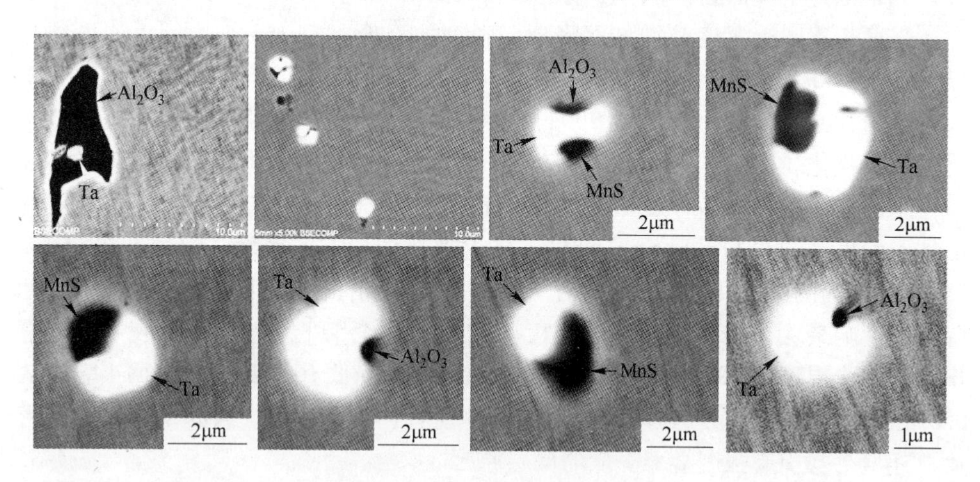

图5.8　NS2钢中夹杂物的形态

（Yan et al. 2012，图4，经Springer Science + Business Media许可）

Al_2O_3 颗粒和MnS夹杂物之间可能的相互作用如下：Al_2O_3 夹杂物甚至能存在于钢液中（Zhang and Thomas，2003）。由于锰的含量如此之高，NS3钢中的MnS夹杂物也具有较高的形成温度。因此，MnS夹杂物借助于已有 Al_2O_3 颗粒在其表面形核，Al_2O_3 夹杂物被MnS包裹，形成了前述NS3钢中夹杂物的特点。

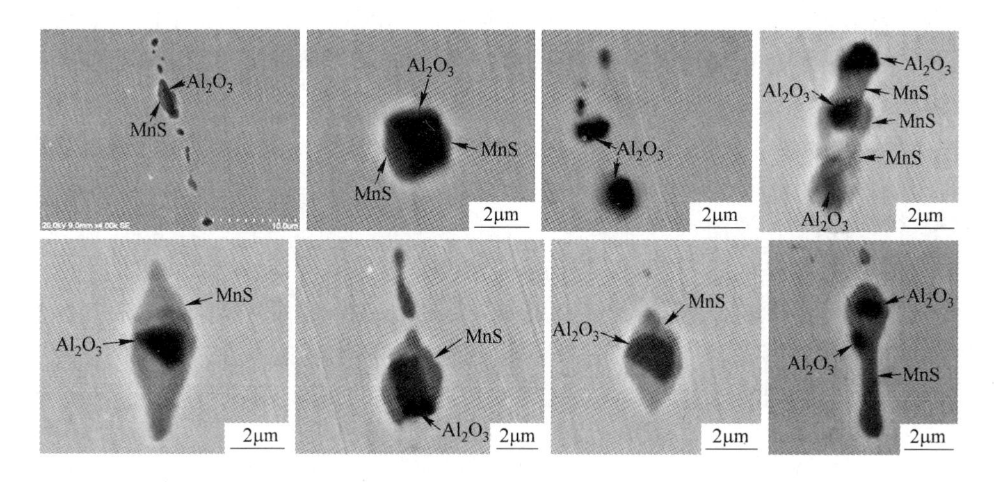

图 5.9 NS3 钢中夹杂物的形态

（Yan et al. 2012，图 3，经 Springer Science + Business Media 许可）

NS2 钢中的 Al_2O_3 颗粒不被 MnS 所覆盖。小尺寸的 Al_2O_3 颗粒被大量的钽和小尺寸的不溶性钽粒子覆盖，并且 MnS 颗粒附着在大的 Al_2O_3 夹杂物上。大量存在着直径为 2～7μm 的富钽夹杂物，在背散射电子图像上显示为白色颗粒。小尺寸的 Al_2O_3 颗粒和 MnS 夹杂是富钽夹杂物的核心。

已有的细小 Al_2O_3 颗粒和小的 MnS 夹杂物可作为形核点促进富钽夹杂物的形成。这些细小的 Al_2O_3 颗粒和小尺寸的 MnS 夹杂物被钽彼此隔离，因此不能生成 NS3 钢中的形态。这些富钽夹杂物的另一个特点是它们总是呈球形。具有不规则形状的 Al_2O_3 颗粒和小的 MnS 夹杂物被钽包裹形成球形。由于富钽夹杂物为球形，不可能引发解理断裂。虽然富钽夹杂物包含危险的 Al_2O_3 颗粒，但其尺寸太小，不能引发裂纹。那些大尺寸的 Al_2O_3 颗粒太大，以至于不能被钽完全覆盖。因此，钽或 MnS 夹杂物附着在大的 Al_2O_3 颗粒的局部表面上，使大尺寸的 Al_2O_3 颗粒能够成为有害的裂纹引发源。

前面的讨论并不能明确富钽夹杂物形成的确切机制。一些研究者发现，钢中 75%～90% 的钽由于未知原因以固溶状态存在，没有按预期形成碳氮化物（Klueh 2005）。因此，如上所述，溶解的钽可在已有 Al_2O_3 颗粒或 MnS 夹杂物的有利条件下发生偏析。此外，难以辨别富钽夹杂物是偏析形成还是不溶形成。这两种钢由同一熔炼炉和相同工艺制备，而 NS3 钢中无此富钽夹杂物，这表明碳含量的差异可能是生成富钽夹杂物的一个原因，但这需要另外的研究来证明。

经 650℃ 回火后，钢的强度很高，但韧性差。通常，更高的强度与较小的临界裂纹尺寸有关（Blach et al. 2009）。这意味着钢在 650℃ 回火后虽然具有较高的强度，但只能容纳尺寸非常小的夹杂物。大于临界裂纹尺寸的夹杂物对冲击韧性有害。如图5.5(a)~(d)所示，经EDS检测，富钽的夹杂物相当于已有裂纹并引发了解理断裂，对冲击韧性不利。因此，可以通过提高钢的纯度进一步改善冲击韧性。

然而，经750℃回火后，钢的强度降低且基体的韧性提高，即钢的临界裂纹尺寸增加。因此，基体可以容纳大尺寸的夹杂物。所以，在一些韧窝的底部观察到了富钽夹杂物，如图5.5(f)所示。

富钽夹杂物是纯的不溶的钽，而不是Fe_2Ta或FeTa。在所有条件下的钢中都可以观察到这些颗粒。它们甚至存在于熔融态的钢中。然而，所采用的时间和温度条件足以使钽熔入基体，因此很难理解这些纯的不溶钽的存在。针对钽在纯铁中最大溶解度的研究有助于理解是否钽的含量太高导致其不溶于钢。如果是这种情况，可通过降低钽含量来消除富钽夹杂物。

5.5　原奥氏体晶粒尺寸与正火温度的关系

两种钢在不同正火温度下的原奥氏体晶粒尺寸分别如图5.10和图5.11所

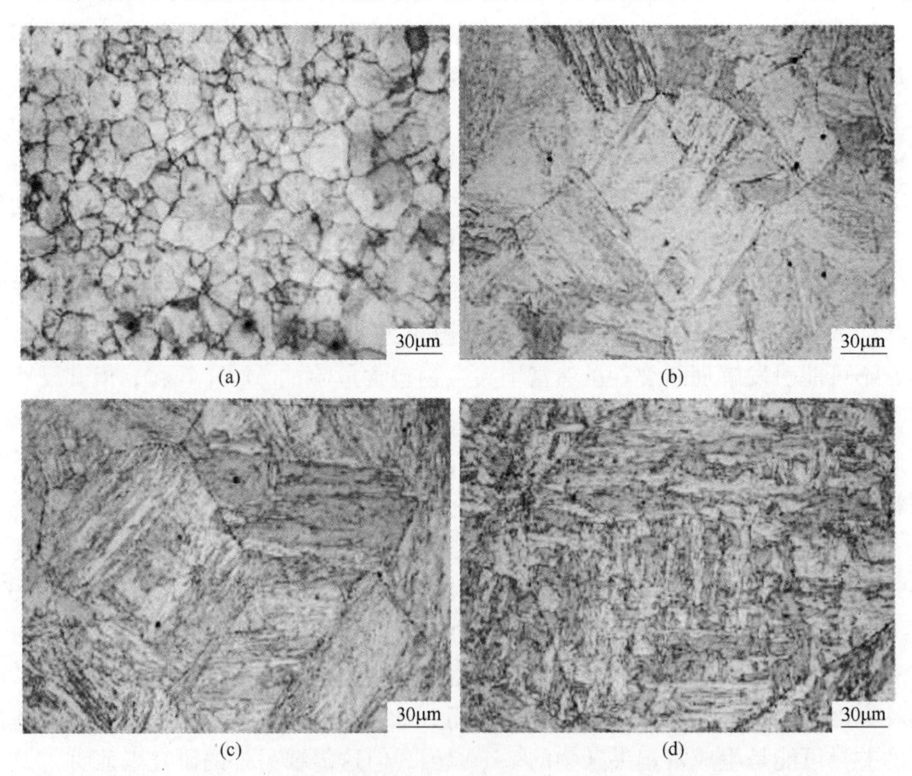

图5.10　NS2钢的原奥氏体晶粒尺寸与正火温度的关系

(a) 980℃；(b) 1050℃；(c) 1100℃；(d) 1200℃

(Yan et al. 2012，图6，经Springer Science + Business Media许可)

示。在980℃，NS3钢的晶粒尺寸较小，约为15μm，而NS2钢的晶粒尺寸为25μm。

图5.11 NS3钢的原奥氏体晶粒尺寸与正火温度的关系
(a) 980℃；(b) 1050℃；(c) 1100℃；(d) 1200℃
(Yan et al. 2012，图5，经 Springer Science + Business Media 许可)

当正火温度升到1050℃时，NS3钢的晶粒尺寸增至约50μm，而NS2钢的晶粒尺寸增至80μm。当正火温度进一步升到1200℃时，NS3钢的晶粒尺寸略有增加，约为60μm，而NS2钢的晶粒尺寸大幅度增加，约为200μm。

在相同的正火温度，NS3钢的原奥氏体晶粒尺寸明显比NS2钢的小。随着正火温度的升高，NS3钢的奥氏体晶粒的长大程度也低于NS2钢。

晶粒尺寸取决于固溶温度和沉淀钉扎效应等因素。在NS2钢中，众多的富钽夹杂物几乎将钽耗尽。因此，一方面，只能形成有限数量的TaN颗粒来产生对奥氏体晶粒尺寸的钉扎效应，即比NS3钢更弱的钉扎效应。另一方面，NS3钢不仅具有较高的碳含量，而且不含富钽夹杂物。NS3钢中大量的碳氮钽化物可以阻碍晶界迁移。因此，NS3钢在相同的正火温度下具有比NS2钢更小的奥氏体晶粒。

5.6 引发解理断裂的夹杂物

一般而言，一旦屈服强度明显提高，临界裂纹尺寸将减小，且钢对大尺寸的碳氮化物和夹杂物等小缺陷更加敏感。在缺口前方应力集中的刚性区域，几微米大小的夹杂物在尺度上足以引发脆性解理断裂（Yan et al. 2007）。使用扫描电子显微镜对断裂的冲击试样进行了断口分析。能谱分析表明，两种钢中的粗大 Al_2O_3 夹杂物在夏氏冲击试样的顶部引发了脆性解理断裂并且降低了韧性，如图 5.12 ~ 图 5.14 所示。

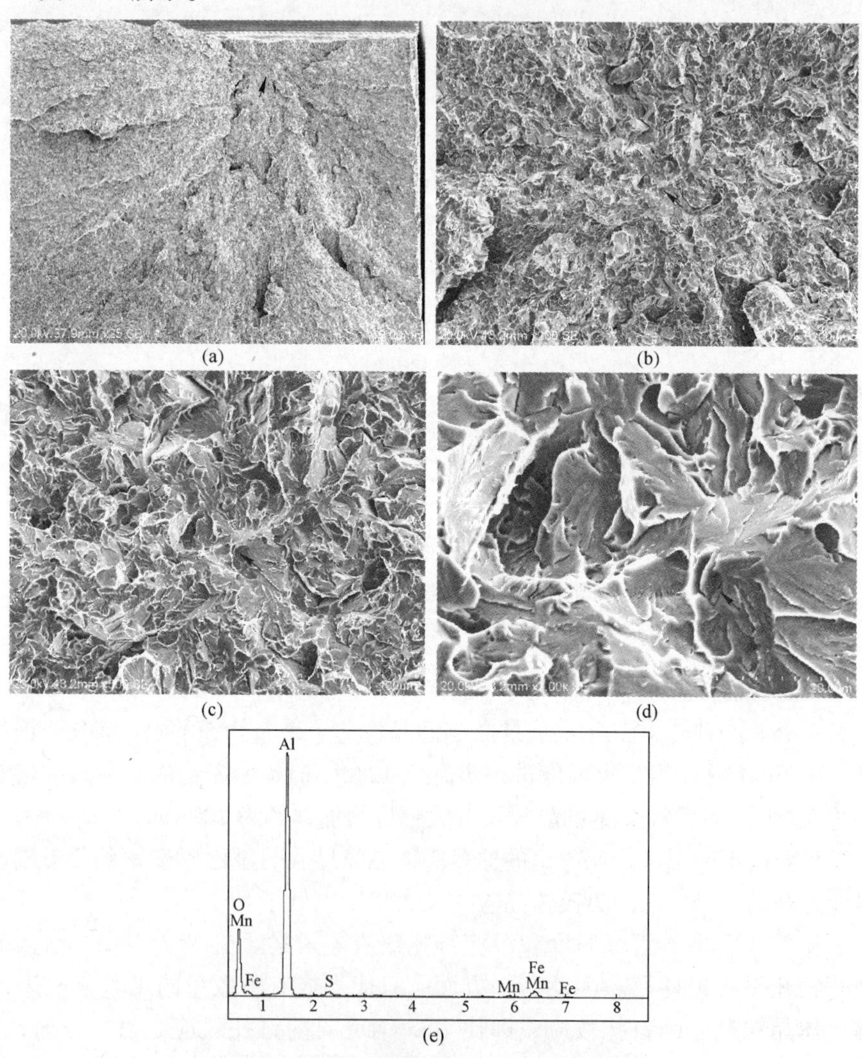

图 5.12 NS3 钢的冲击断口的显微形貌

（a）解理断裂源的 SEM 照片；（b）（a）中断裂源区域的放大；（c）裂纹源的引发源；（d）（c）中裂纹源的引发源的放大；（e）夹杂物的 EDS

（Yan et al. 2012，图 8，经 Springer Science + Business Media 许可）

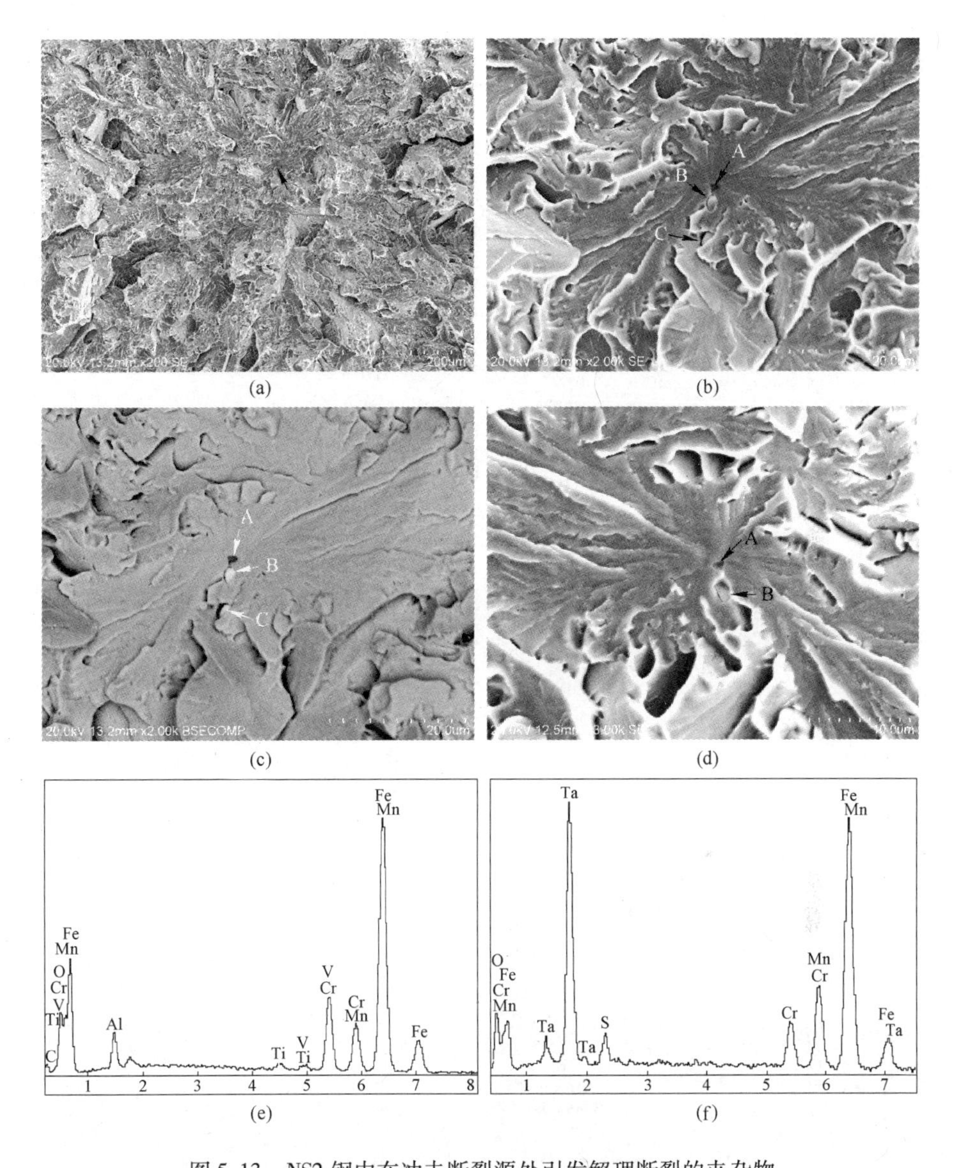

(a) (b) (c) (d) (e) (f)

图 5.13　NS2 钢中在冲击断裂源处引发解理断裂的夹杂物

(a) 解理断裂源的 SEM 照片；(b) 裂纹源的引发源；(c) 图 (b) 的背散射图像；(d) 断裂的冲击试样上相对应的引发源；(e) 夹杂物 A 的 EDS；(f) 夹杂物 B 的 EDS

(Yan et al. 2012，图 9，经 Springer Science + Business Media 许可)

NS3 钢的冲击断裂的引发源包括 Al_2O_3 和 MnS 夹杂物，如图 5.12(e)所示，这与图 5.9 中的夹杂物形态一致。图 5.14(d)和(e)中引发源的 SEM 照片表明大尺寸（约 4μm）的 Al_2O_3 夹杂物上附有小的钽颗粒，与图 5.8 中的大 Al_2O_3 夹杂物的形态一致。

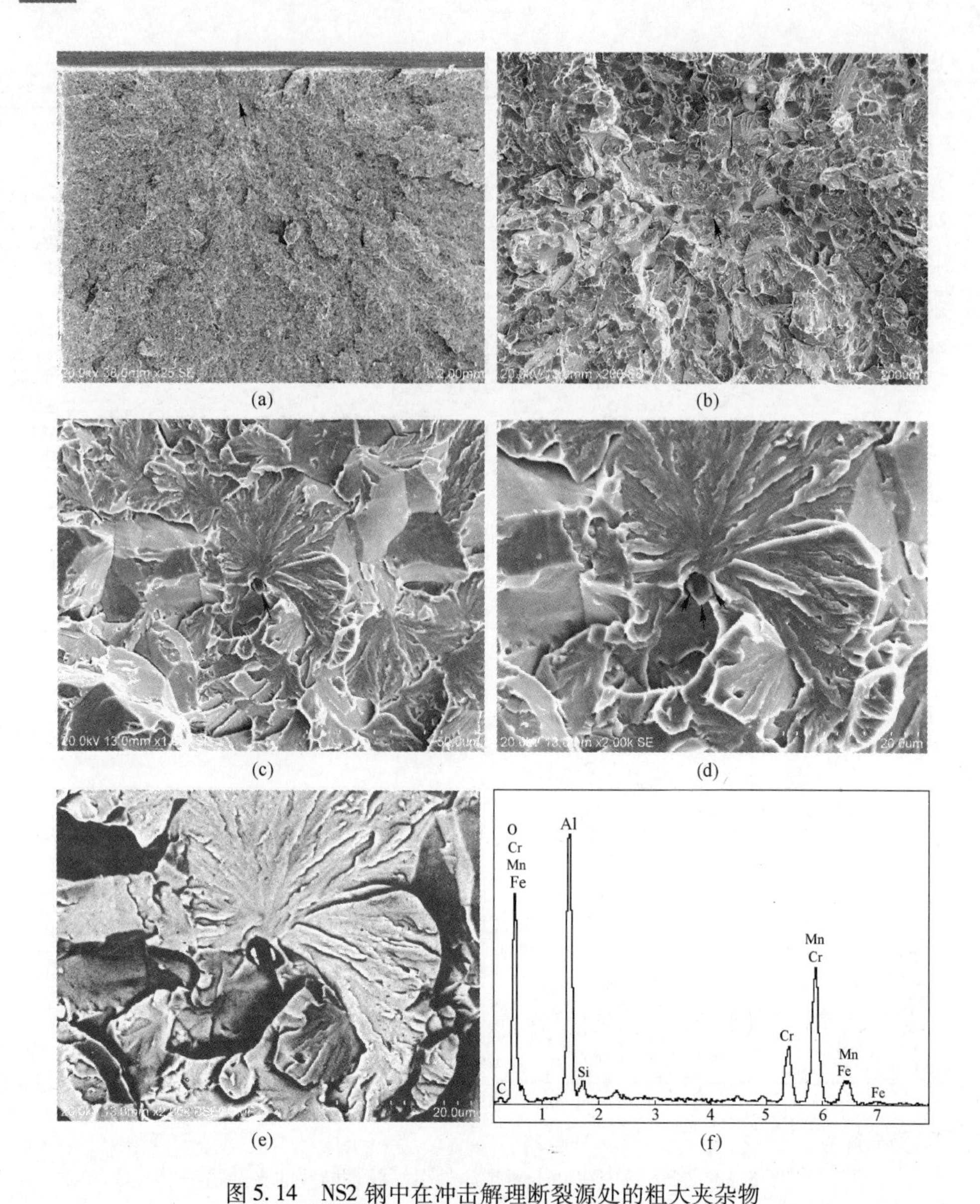

图 5.14　NS2 钢中在冲击解理断裂源处的粗大夹杂物

（a）裂纹源的 SEM 照片；（b）图（a）的放大；（c）裂纹源处的夹杂物；（d）图（c）的放大；
（e）图（d）的背散射图像，亮的为颗粒富钽；（f）Al_2O_3 夹杂物的 EDS

（Yan et al. 2012，图 10，经 Springer Science + Business Media 许可）

NS2 钢中的富钽夹杂物不会引发解理断裂。如图 5.13(b)和(c)所示，标记为 A 的黑色 Al_2O_3 夹杂物正位于起源处，而标记为 B 的富钽夹杂物位于起源处的正下方。这一发现表明，真正引发解理断裂的不是富钽夹杂物而是 Al_2O_3 夹杂物。分散在起源附近的其他富钽夹杂物没有引发解理断裂也证明了这一点。例如，图5.13(b)和(c)中，在标记为B的富钽夹杂物距离不远处有另一个标记为C的富钽夹杂物似乎处于休眠状态，对裂纹的引发不起作用。可以观察到，大多数富钽夹杂物呈没有尖角的球形。此外，富钽夹杂物可能较软且易变形。所有这些特点说明富钽夹杂物是无害的。然而，Al_2O_3 夹杂物难熔、坚硬且不易变形(Hesabi et al. 2006)。另外，Al_2O_3 夹杂物具有与钢基体差异较大的热膨胀系数(Yllmaz et al. 2005)，会在界面处形成应力集中。因此，大尺寸的 Al_2O_3 夹杂物很有可能对韧性有不利影响（Zhang et al. 2002)。通过比较图5.13(b)和(d)可以看出，标记为B的富钽夹杂物破碎成两部分。可以设想，由 Al_2O_3 夹杂物引发的解理裂纹从基体穿过标记为B的富钽夹杂物进行传播。图5.13(b)和(d)中的富钽夹杂物与基体间弯曲的交界面可以承担一些变形能。

较高的氧含量应该是形成大量 Al_2O_3 夹杂物的原因（Zhang and Thomas，2003)。然而，即使气体含量被严格控制在较低水平，有时由于局部成分的波动仍然不能完全避免夹杂物，特别是在大的铸锭中。因此，提高氮化物强化的钢的韧性应该是今后研究的主要课题，例如优化锰和钽的合金添加量及减少硫和氧含量至低于 $10^{-4}\%$。

总结5.1~5.6节，就氮化物强化的RAFM钢的显微组织和力学性能而言，通过降低碳含量和添加锰元素（1.4%）可在正火和回火后获得完全马氏体组织。最重要的是，这些钢在室温和600℃下的强度高，而冲击韧性差。随着回火温度的增加，强度降低，而室温冲击韧性显著提高。此外，韧脆转变温度降低，如当回火温度从650℃增加到750℃，韧-脆转变温度从室温以上降至 -30℃，这种变化可以由屈服强度的降低得到唯象解释。碳含量较高的NS3钢在相同的正火温度下具有更小的晶粒尺寸，这可能与大量析出相的钉扎作用有关，而碳含量较高且无富钽夹杂物引发了大量析出相。引发NS2钢解理断裂的是 Al_2O_3 夹杂物而不是富钽夹杂物。随着强度的显著增加，钢对夹杂物更加敏感，这些夹杂物引发解理断裂并降低韧性。然而，在另一个钢的脆性冲击断口上，富钽夹杂物成为解理断裂源的引发源，同时富钽夹杂物也存在于韧性冲击断口上一些韧窝的底部。它们的不利影响取决于其尺寸是否大于钢的临界裂纹尺寸。

5.7 传统的氮化物强化耐热钢

与前面的几节不同，本节讲述传统的氮化物强化的马氏体耐热钢，即无低活化性的氮化物强化马氏体耐热钢。

5.7.1 显微组织及氮化物析出相

钢（表5.6）经过980℃、30min 正火后获得完全马氏体组织。正火后，钢在650℃、700℃和750℃回火90min。如图5.15(a)所示，钢在650℃回火后几乎没有形成析出相，该温度不足以使氮化物析出。然而，当回火温度升高到700℃，在基体中发现了析出相，如图 5.15(b)所示。最终当回火温度升高到750℃，析出相的数量迅速增加，且纳米尺寸的析出物比在700℃回火更加明显和清晰，如图 5.15(c)所示。氮化物的峰值析出温度被普遍认为是 750℃。

表 5.6 传统的氮化物强化马氏体钢的化学成分（质量分数） （%）

C	Cr	Mn	W	V	Co	Nb	N	Al
0.005	8.63	1.06	1.53	0.19	1.47	0.062	0.033	<0.01

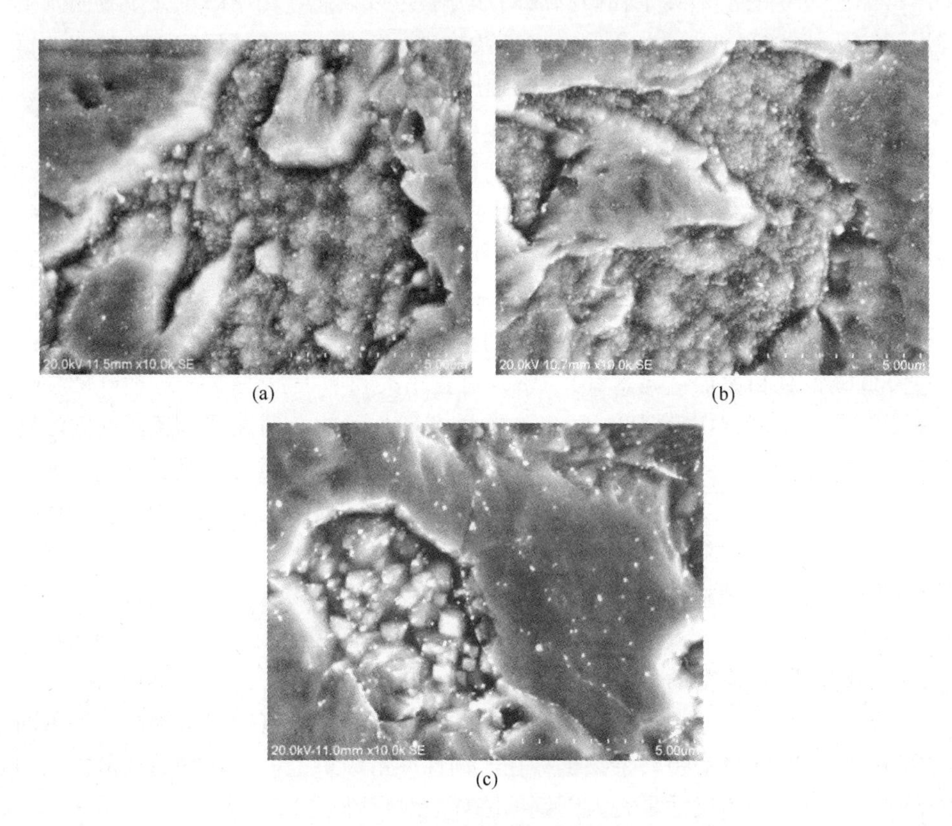

图 5.15 钢的回火显微组织

(a) 650℃；(b) 700℃；(c) 750℃

(Zhang et al. 2012，图 1，经 Springer Science + Business Media 许可)

由于钢中的碳含量降至 0.005%（质量分数）的低含量（表 5.6），很难形成碳化物。这在图 5.15 的显微组织中得到了证明，在扫描电子显微镜下没有观察到如 $Cr_{23}C_6$ 的大尺寸碳化物。然而，钢中的氮含量较高。因此，有理由认为钢中形成的析出物是铌和钒的氮化物，如图 5.16 所示，它们非常细小且呈立方形。所以，基体在回火中形成的析出物为 MX 型氮化物。回火温度是氮化物析出的关

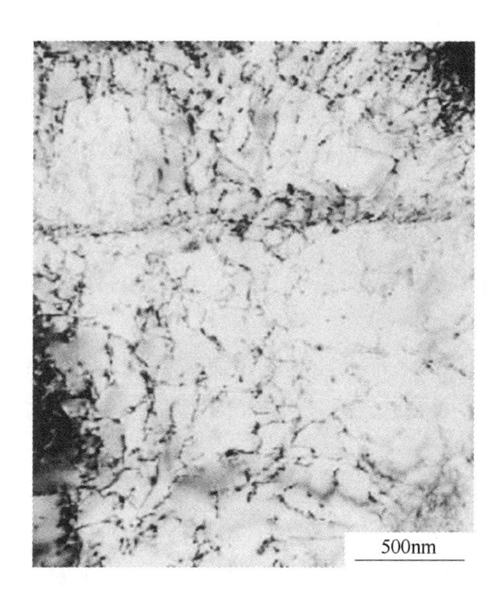

图 5.16 钢经 750℃、90min 回火后的 TEM 图像呈现 MX 型氮化物
（Zhang et al. 2012，图 2，经 Springer Science + Business Media 许可）

键。理想的显微组织是仅由热稳定氮化物强化的马氏体。因此，可以合理推测氮化物强化的马氏体耐热钢由于具有稳定的显微组织而具有良好的长期蠕变强度（Sawada et al. 2004）。

5.7.2 力学性能、韧-脆转变温度及断口形貌

氮化物的析出行为一定会影响钢的力学性能。其强度随回火温度的变化如图 5.17 所示。强度随回火温度的升高而迅速下降，在 750℃ 回火时尤其明显。当回

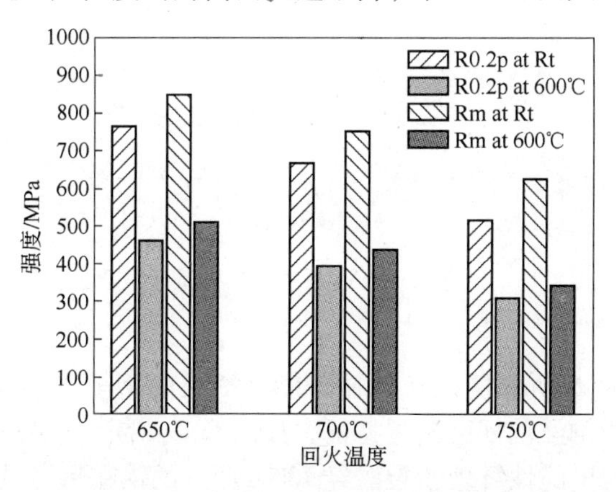

图 5.17 钢在不同温度回火后的强度
（Zhang et al. 2012，图 3，经 Springer Science + Business Media 许可）

火温度从650℃提高到700℃，室温屈服强度降低约100MPa，而从700℃提高到750℃，室温屈服强度则降低150MPa。显然，经750℃回火后，钢的室温屈服强度下降得更迅速。据文献报道，商业P92钢经750℃回火后的屈服强度为345MPa，抗拉强度为390MPa（Mungole et al. 2008）。与P92钢相比，实验用钢在750℃回火后仍具有相对较高的屈服强度（515MPa）和抗拉强度（625MPa），这表明实验用钢的室温强度可与P92钢相媲美。

在750℃回火后，钢在600℃的高温屈服强度也有所降低，如图5.17所示。当回火温度从650℃增加到700℃，钢在600℃的屈服强度下降了69MPa；而回火温度从700℃增加到750℃，屈服强度则下降了86MPa。实验用钢在750℃回火后具有307MPa的高温屈服强度和342MPa的抗拉强度，也可以和商业P92钢相媲美。

图5.18为韧性及DBTT与回火温度的关系。经650℃回火的半尺寸CVN冲击试样只能在室温吸收18J的能量和在-20℃能吸收2J的能量，表明钢在650℃回火后具有高于室温的高DBTT。经700℃回火的CVN试样在室温下吸收达86J的能量，但在-20℃仍然降低至3.5J，表明经700℃回火后钢的DBTT约为0℃。然而，当回火温度升高到750℃，钢不仅在室温具有96J的良好韧性，而且在-20℃和-40℃也具有较高韧性，分别为110J和89J，在-60℃时则为11J，表明钢经750℃回火后具有约为-50℃的低DBTT。这些结果清楚地证明了提高回火温度可显著降低钢的DBTT。

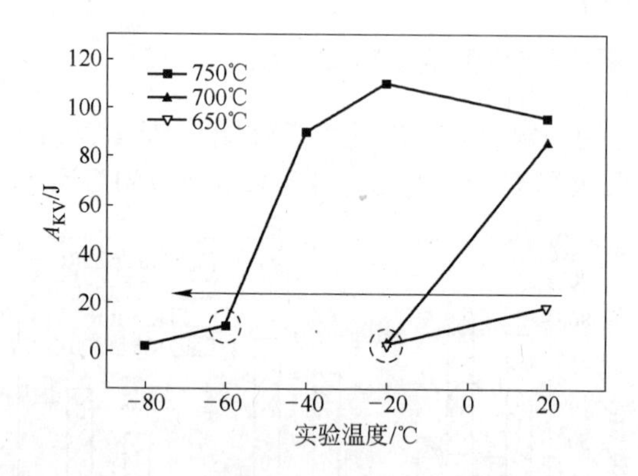

图5.18 钢在不同温度下的半尺寸试样夏氏冲击值

（Zhang et al. 2012，图4，经Springer Science + Business Media许可）

对断口的SEM分析表明，在低冲击能下断裂的钢呈现解理断裂特征，而在高冲击能下断裂的钢呈现韧窝断裂特征，如图5.19所示。经650℃回火的钢在室温和-20℃均表现出脆性解理断裂。经700℃回火的钢在室温呈现塑性韧窝断裂，但在-20℃呈现脆性解理断裂（Zhang et al. 2012）。经750℃回火的钢直到温度降至-60℃才呈现脆性解理断裂。当温度高于-40℃时，冲击断面呈现塑性韧窝断裂。在断面的韧窝内可以看到许多大尺寸的颗粒。

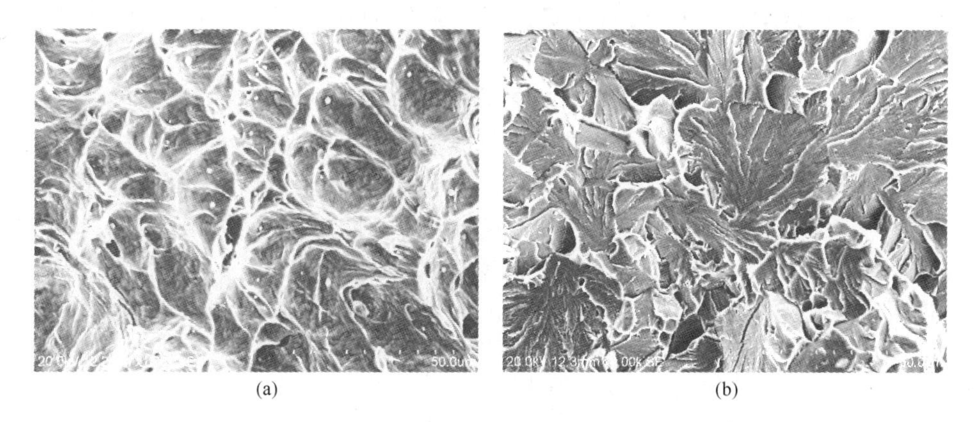

(a)　　(b)

图5.19　经750℃回火后钢的冲击试验断口形貌

（a）-40℃；（b）-60℃

（Zhang et al. 2012，图7，经Springer Science + Business Media许可）

5.7.3　氮化物析出相对屈服强度的影响

钢的强度对回火温度的升高呈正常反应，即强度随着回火温度的升高而降低。但是需要注意的是，与回火温度从650℃升高到700℃相比，当回火温度从700℃升高到750℃时室温屈服强度下降得更快，如5.7.2节所述。这应归因于氮化物的完全（或更多）析出。众所周知，析出相的形成需要消耗位错。氮化物的析出将显著减少基体中的位错数量，削弱位错的强化作用。另外，氮化物的形成会消耗固溶的氮，而固溶的氮可产生强烈的固溶强化效应。所以，尽管氮化物析出相能产生析出强化，但不足以弥补位错强化和氮的固溶强化的损失。

然而，当回火温度增加至750℃，钢在600℃的高温屈服强度没有呈现明显的加速下降。这可以从两个方面解释：第一，在600℃的高温下，位错更容易发生运动和湮灭，高位错密度的优势不再明显。第二，经750℃回火析出的氮化物相使更多的可动位错更加容易增殖。因此，析出强化主要弥补氮固溶强化的损失。所以，没有观察到钢在600℃的高温屈服强度出现加速下降。

5.7.4　DBTT与回火温度的关系

当回火温度从650℃升至750℃时，DBTT从高于室温降至-50℃。研究屈服强度是清楚理解钢的DBTT的关键。因此，前面针对回火温度对屈服强度的影响做了详细讨论。

普遍认为解理断裂应力随着温度变化而变化。所以，从现象学上很容易理解当回火温度从650℃升高至750℃时，DBTT将随着屈服强度的下降而降低

(Sawada et al. 2003)。如前面所讨论，氮化物析出相会导致屈服强度的下降。因此，实际上可以解释为DBTT的下降确实与氮化物析出相有关。氮化物析出相通过使钢韧化而提高冲击韧性，并降低DBTT。

总结5.7节，当回火温度升至750℃时，钢中氮化物的析出达到峰值。在650℃或700℃回火不能诱发氮化物析出，或至少没有达到有效的析出程度。钢经750℃回火后能获得仅为氮化物强化的完全马氏体组织。该显微组织预计具有良好的热稳定性和高的蠕变强度。经750℃回火后，钢在室温和600℃均具有可与商业P92钢媲美的力学性能。将回火温度从650℃升至750℃，钢的室温冲击韧性得到显著改善，从几焦耳升至约100J。回火温度对DBTT有很大影响。当回火温度从650℃升至750℃，DBTT可从高于室温降至-50℃。

参考文献

Abe F, Taneike M, Sawada K(2007) Alloy design of creep resistant 9Cr steel using a dispersion of nano-sized carbonitrides. Int J Press Vessels Pip 84: 3-12. doi: 10.1016/j. ijpvp.2006.09.003.

Baluc N, Gelles DS, Jitsukawa S, Kimura A, Klueh RL, Odette GR, van der Schaaf B, Yu J (2007) Status of reduced activation ferritic/martensitic steel development. J Nucl Mater 367-370: 33-41. doi: 10.1016/j. jnucmat.2007.03.036.

Blach J, Falat L, Ševc P(2009) Fracture characteristics of thermally exposed 9Cr-1Mo steel after tensile and impact testing at room temperature. Eng Fail Anal 16: 1397-1403. doi: 10.1016/j. engfailanal.2008.09.003.

Cipolla L, Danielsen HK, Venditti D, Di Nunzio PE, Hald J, Somers MAJ(2010) Conversion of MX nitrides to Z-phase in a martensitic 12% Cr steel. Acta Mater 58: 669-679. doi: 10.1016/j. actamat.2009.09.045.

Danielsen HK, Hald J(2004) Z-phase in 9-12% Cr steels. In: Viswanathan R, Gandy D, Coleman K (eds) Proceedings of the 4th international conference on advances in materials technology for fossil power plants. ASM International, Materials Park, OH, pp 999-1012.

Danielsen HK, Hald J(2006) Behaviour of Z phase in 9-12% Cr steels. Energ Mater 1: 49-57. doi: 10.1179/174892306X99732.

Danielsen HK, Hald J(2007) A thermodynamic model of the Z-phase Cr(V,Nb)N. Calphad 31: 505-514. doi: 10.1016/j. calphad.2007.04.001.

Ghassemi-Armaki H, Chen RP, Maruyama K, Yoshizawa M, Igarashi M(2009) Static recovery of tempered lath martensite microstructures during long-term aging in 9-12% Cr heat resistant steels. Mater Lett 63: 2423-2425. doi: 10.1016/j. matlet.2009.08.024.

Hald J(2008) Microstructure and long-term creep properties of 9-12% Cr steels. Int J Pressure Vessels Pip 85: 30-37. doi: 10.1016/j. ijpvp.2007.06.010.

Hesabi ZR, Simchi A, Reihani SMS(2006) Structural evolution during mechanical milling of nanometric and micrometric Al_2O_3 reinforced Al matrix composites. Mater Sci Eng A 428: 159-168. doi: 10.1016/j. msea.2006.04.116.

Hu X, Xiao N, Luo X, Li D(2009) Effects of delta-ferrite on the microstructure and mechanical properties in a tungsten-alloyed 10% Cr ultra-supercritical steel. Acta Metall Sinica 45: 553-558 (胡小强,肖纳敏,罗兴宏,李殿中(2009)含 W 型 10% Cr 超超临界钢中 δ-铁素体的微观结构及其对力学性能的影响. 金属学报 45: 553-558).

Hu P, Yan W, Deng L, Sha W, Shan Y, Yang K(2010) Nitride-strengthened reduced activation ferritic/martensitic steels. Fusion Eng Des 85: 1632-1637. doi: 10.1016/j. fusengdes. 2010.04.066.

Jitsukawa S, Tamura M, van der Schaaf B, Klueh RL, Alamo A, Petersen C, Schirra M, Spaetig P, Odette GR, Tavassoli AA, Shiba K, Kohyama A, Kimura A(2002) Development of an extensive database of mechanical and physical properties for reduced-activation martensitic steel F82H. J Nucl Mater 307-311: 179-186. doi: 10.1016/S0022-3115(02)01075-9.

Jun HJ, Kang JS, Seo DH, Kang KB, Park CG(2006) Effects of deformation and boron on microstructure and continuous cooling transformation in low carbon HSLA steels. Mater Sci Eng A 422: 157-162. doi: 10.1016/j. msea. 2005. 05. 008.

Kimura K, Toda Y, Kushima H, Sawada K(2010) Creep strength of high chromium steel with ferrite matrix. Int J Press Vessels Pip 87: 282-288. doi: 10.1016/j. ijpvp. 2010. 03. 016.

Klueh RL(2005) Elevated temperature ferritic and martensitic steels and their application to future nuclear reactors. Int Mater Rev 50: 287-310. doi: 10.1179/174328005X41140.

Li Y, Huang Q, Wu Y(2006) Study on impact and tensile properties of CLAM steel. Nucl Phys Rev 23: 151-154(李艳芬,黄群英,吴宜灿(2006)CLAM 钢冲击和拉伸性能测试与研究. 原子核物理评论 23: 151-154).

Li Y, Nagasaka T, Muroga T(2010) Long-term thermal stability of reduced activation ferritic/martensitic steels as structural materials of fusion blanket. Plasma Fusion Res 5: S1036. doi: 10.1585/pfr. 5. S1036.

Lu Z, Faulkner R G, Riddle N, Martino FD, Yang K(2009) Effect of heat treatment on microstructure and hardness of Eurofer 97, Eurofer ODS and T92 steels. J Nucl Mater 386-388: 445-448. doi: 10.1016/j. jnucmat. 2008. 12. 152.

Maruyama K, Sawada K, Koike JI(2001) Strengthening mechanisms of creep resistant tempered martensitic steel. ISIJ Int 41: 641-653. doi: 10.2355/isijinternational. 41. 641.

Mungole MN, Sahoo G, Bhargava S, Balasubramaniam R(2008) Recrystalised grain morphology in 9Cr 1Mo ferritic steel. Mater Sci Eng A 476: 140-145. doi: 10.1016/j. msea. 2007. 04. 105.

Pešička J, Kužel R, Dronhofer A, Eggeler G(2003) The evolution of dislocation density during heat treatment and creep of tempered martensite ferritic steels. Acta Mater 51: 4847-4862. doi: 10.1016/S1359-6454(03)00324-0.

Poulachon G, Dessoly M, Lebrun JL, Le Calvez C, Prunet V, Jawahir IS(2002) Sulphide inclusion effects on tool-wear in high productivity milling of tool steels. Wear 253: 339-356. doi: 10.1016/S0043-1648(02)00122-9.

Reith M, Schirra M, Falkenstein A, Graf P, Heger S, Kempe H, Lindau R, Zimmermann H (2003) In: EUROFER 97. Tensile, charpy, creep and structural tests. Wissenschaftliche Berichte FZKA 6911.

Ryu SH, Lee YS, Kong BO, Kim JT, Kwak DH, Nam SW et al(2006). In: Proceedings of the 3rd international conference on advanced structural steels. The Korean Institute of Metals and Materials, pp 563-569.

Sawada K, Kubo K, Abe F(2001) Creep behavior and stability of MX precipitates at high temperature in 9Cr-0. 5Mo-1. 8W-VNb steel. Mater Sci Eng A 319-321: 784-787. doi: 10. 1016/S0921-5093(01)00973-X.

Sawada K, Kimura K, Abe F(2003) Mechanical response of 9% Cr heat-resistant martensitic steels to abrupt stress loading at high temperature. Mater Sci Eng A 358: 52-58. doi: 10. 1016/S0921-5093(03)00326-5.

Sawada K, Taneike M, Kimura K, Abe F(2004) Effect of nitrogen content on microstructural aspects and creep behavior in extremely low carbon 9Cr heat-resistant steel. ISIJ Int 44: 1243-1249. doi: 10. 2355/isijinternational. 44. 1243.

Sawada K, Kushima H, Kimura K, Tabuchi M(2007) TTP diagrams of Z phase in 9-12% Cr heat-resistant steels. ISIJ Int 47: 733-739. doi: 10. 2355/isijinternational. 47. 733.

Shen YZ, Kim SH, Han CH, Cho HD, Ryu WS(2009) TEM investigations of MN nitride phases in a 9% chromium ferritic/martensitic steel with normalization conditions for nuclear reactors. J Nucl Mater 384: 48-55. doi: 10. 1016/j. jnucmat. 2008. 10. 005.

Sklenička V, Kuchařová K, Svoboda M, Kloc L, Buršík J, Kroupa A(2003) Longterm creep behavior of 9-12% Cr power plant steels. Mater Charact 51: 35-48. doi: 10. 1016/j. matchar. 2003. 09. 012.

Taneike M, Sawada K, Abe F(2004) Effect of carbon concentration on precipitation behavior of $M_{23}C_6$ carbides and MX carbonitrides in martensitic 9Cr steel during heat treatment. Metall Mater Trans A 35A: 1255-1262. doi: 10. 1007/s11661-004-0299-x.

Tanigawa H, Shiba K, Möslang A, Stoller RE, Lindau R, Sokolov MA, Odette GR, Kurtz RJ, Jitsukaw S(2011) Status and key issues of reduced activation ferritic/martensitic steels as the structural material for a DEMO blanket. J Nucl Mater 417: 9-15. doi: 10. 1016/j. jnucmat. 2011. 05. 023.

Yamada K, Igarashi M, Muneki S, Abe F(2003) Effect of Co addition on microstructure in high Cr ferritic steels. ISIJ Int 43: 1438-1443. doi: 10. 2355/isijinternational. 43. 1438.

Yan W, Shan YY, Yang K(2007) Influence of TiN inclusions on the cleavage fracture behavior of low-carbon microalloyed steels. Metall Mater Trans A 38A: 1211-1222. doi: 10. 1007/s11661-007-9161-2.

Yan W, Hu P, Deng L, Wang W, Sha W, Shan Y, Yang K(2012) Effect of carbon reduction on the toughness of 9CrWVTaN steels. Metall Mater Trans A 43A: 1921-1933. doi: 10. 1007/s11661-011-1046-8.

Yllmaz Ş, Ipek M, Celebi GF, Bindal C(2005) The effect of bond coat on mechanical properties of plasma sprayed Al_2O_3 and Al_2O_3-13 wt% TiO_2 coatings on AISI 316L stainless steel. Vacuum 77: 315-321. doi: 10. 1016/j. vacuum. 2004. 11. 004.

Yong Q (2006) The second phase in steels. Metallurgical Industry Press, Beijing(雍岐龙(2006)钢铁材料中的第二相. 冶金工业出版社, 北京).

Yoshizawa M, Igarashi M(2007) Long-term creep deformation characteristics of advanced ferritic steels for USC power plants. Int J Press Vessels Pip 84: 37-43. doi: 10.1016/j.ijpvp. 2006.09.005.

Zhang L, Thomas BG(2003) State of the art in evaluation and control of steel cleanliness. ISIJ Int 43: 271-291. doi: 10.2355/isijinternational.43.271.

Zhang L, Thomas BG, Wang X, Cai K(2002) Evaluation and control of steel cleanliness-review. In: 85th Steelmaking conference proceedings. ISS-AIME, Warrendale, PA, pp 431-452.

Zhang W, Yan W, Sha W, Wang W, Zhou Q, Shan Y, Yang K(2012) The impact toughness of a nitride-strengthened martensitic heat resistant steel. Sci China Technol Sci 55: 1858-1862. doi: 10.1007/s11431-012-4903-9.

Zhou Q, Zhang W, Yan W, Wang W, Sha W, Shan Y, Yang K(2012) Microstructure and mechanical properties of a nitride-strengthened reduced activation ferritic/martensitic steel. Metall Mater Trans A 43A: 5079-5087. doi: 10.1007/s11661-012-1311-5

6 超高强马氏体时效钢

摘 要 马氏体时效钢是具有良好韧性的高强度钢，在航空航天和刀具领域应用较多。马氏体时效是指对钢中常见的一种硬的马氏体组织的时效处理。由于马氏体时效钢中的析出相形成和奥氏体逆转变对钢的性能很重要，关于它们的动力学研究获得了极大关注。从近年的文献来看，关于将马氏体时效钢应用于超过传统强度要求的新领域的研究一直非常活跃，其主要研究方向是新钢种的开发。本章对这方面进行了深入的文献综述，包括对超高强钢的最新综述和对马氏体时效钢的种类、显微组织和析出相的讨论。

6.1 最先进的超高强钢

兼具超高强度（UHS）和良好延展性能的钢对于汽车、航空航天、核工业、齿轮、轴承以及其他工业至关重要。它们是今后服务于轻量化工程设计策略和相应的 CO_2 减排的关键性材料。为发展冶金和满足商业需求，学术界和工业界已经对种类繁多的钢种和加工技术的开发做出了巨大努力，因此获得了数十年来的持续进步。

传统方法生产的大多数高强钢被称为高强低合金钢（HSLA）或微合金化钢（第 2 章）。该系列钢的强度一般不超过 700 ~ 800MPa，显微组织为由钛、钒或铌的碳和/或氮析出相强化的细晶铁素体组织。这些钢可在已有的加工条件下生产，并已被广泛地应用于汽车减重和常规结构中。为进一步同时提高强度和延展性能，在钢中添加了更多的合金元素，并利用多种机制设计了更复杂的合金系统，包括双相钢（DP）、相变诱发塑性钢（TRIP）、孪晶诱发塑性钢（TWIP）和马氏体时效钢。这些系列钢的典型的强度-延展性分布图如图 6.1 所示。DP 钢的显微组织主要是软的铁素体，其中遍布着岛状的硬的马氏体，其强度水平与显微组织中马氏体的数量、分布和形态有关。TRIP 钢为多相钢，需要采用特殊的合金化和热处理使一些嵌入铁素体基体中的奥氏体在室温下保持稳定。在塑性变形和应变中，残余奥氏体随着应变的增加逐渐转变为马氏体，导致显微组织的体积和形状发生变化，从而适应应变并提高延展性。与 DP 钢和 TRIP 钢不同，TWIP 钢通常在室温下具有完全奥氏体组织。在变形中，变形孪晶的形成可产生高的应变硬

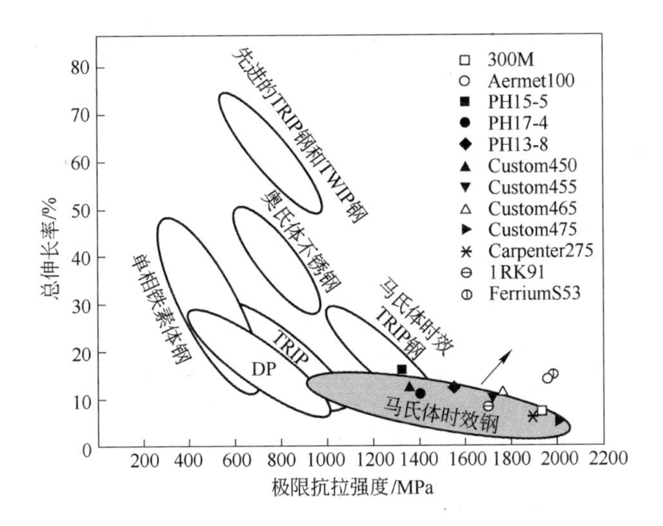

图 6.1 不同种类的钢的强度-延展性分布图

符号表示目前高端马氏体时效钢的性能

化，防止颈缩，从而保持非常强的应变能力，并得到强度和延展性的更好结合。另一类重要的 UHS 钢是马氏体时效钢，钢中的马氏体经固溶处理后的淬火形成，随后被 500℃左右中温析出的各种析出相进一步强化，如铜团簇、Ni_3Ti、NiAl 和其他金属间化合物。马氏体时效钢的优异性能，如超高的强度、高的延展性能、良好的硬化性能、良好的焊接性、无变形步骤的简单热处理，与良好的耐腐蚀性相结合，使马氏体时效钢在苛刻的工作条件下得到了广泛的应用。表 6.1 中总结了一些成功的马氏体时效钢种的成分和力学性能，除 300M、Aermet 100 和低镍钢以外均为不锈钢。

超高强度钢在如汽车、航空航天和核工业的应用中经常承受极大的力学载荷和恶劣的环境条件，因此腐蚀是一个重要问题。然而，这些领域中最常用的钢并不是不锈钢，如用于飞机起落架的 300M 马氏体时效钢和用于汽车工业的 DP/TRIP 钢。因此，必须采用专业且昂贵的涂层或镀层工艺进行防腐保护。从制造、环境和可靠性的角度考虑，具有相似的力学性能但不需要防腐涂层的不锈钢将是一个有吸引力的选择。现有的大多数不锈钢是奥氏体、铁素体或双相（奥氏体和铁素体）钢。因此，已进行了大量超高强度不锈钢的开发工作，即用马氏体作为基体，利用各种析出相进一步强化，同时添加高含量的铬以保证耐腐蚀性。表 6.1 给出了几种成功的马氏体时效不锈钢。虽然为开发高强度和高延展性不锈钢做出了很多努力，但是表 6.1 表明由于铁素体和奥氏体的本质，很少有不锈钢的强度和延展性能够达到相对应的非不锈钢水平。

表 6.1　一些马氏体时效钢的成分（质量分数）、屈服强度（YS）、极限抗拉强度（UTS）和伸长率（El）

钢	C	Cr	Ni	Mo	Cu	Mn	Si	其他	YS /MPa	UTS /MPa	El
300M	0.4	0.8	1.8	0.4	—	0.8	1.6	V(0.05)	1586	1995	0.10
Aermet 100	0.23	3.10	11.1	1.2	—	—	—	Co(13.4)	1724	1965	0.14
PH15-5	<0.07	14~15.5	3.5~5.5	—	2.5~4.5	<1.0		—	1228	1325	0.16
PH17-4	<0.07	15.5~17.5	3.0~5.0	—	3.0~5.0	<1.0	<1.0	—	1275	1399	0.11
PH13-8	<0.05	12.3~13.3	7.5~8.5	2.0~2.5	—	<0.1	—	Al（0.90~1.35）	1448	1551	0.12
Custom450	<0.05	14.0~16.0	5.0~7.0	0.5~1.0	1.3~1.8	<1.0	<1.0	—	1296	1351	0.12
Custom455	<0.05	11.0~12.5	7.5~9.5	—	1.5~2.5	<0.5	<0.5	Ti（0.8~1.4），Nb（0.1~0.5）	1689	1724	0.10
Custom465	<0.02	11.0~12.5	10.8~11.3	0.75~1.25	—	<0.25	—	Ti（1.5~1.8）	1707	1765	0.11
Custom475	<0.01	10.5~11.5	7.5~8.5	4.5~5.5	—	<0.5	—	Co（8.0~9.0），Al(1.0~1.5)	1972	2006	0.05
Carpenter275	<0.02	11.0~12.5	10.8~11.3	0.75~1.25	—	<0.25	—	Ti(1.55~1.80)，Nb（0.15~0.30）	1758	1896	0.06
1RK91	0.01	12.2	9.0	4.0	1.95	0.32	0.15	Ti（0.87）	1500	1700	0.08
FerriumS53	0.20	10.0	5.5	2.0	—	—	—	Co(14.0)，W(1.0)，V(0.3)	1517	1986	0.15
低镍	0.046	0.20	12.94	1.01	—	<0.01	<0.05	Al(1.61)，Nb(0.23)	—	1594	—

6.2　马氏体时效钢的种类

析出硬化是提高金属类高性能材料的强度的最有效机制之一。析出相粒子与基体之间的化学和晶体学联系决定了析出行为，从而决定了材料的性能。一个世纪前，析出硬化在铝合金中被发现。颗粒强化的原理是纳米尺寸颗粒的析出阻碍位错运动。在钢中，颗粒强化可以由碳化物的析出相产生（例如在所谓的二次硬化低合金钢中），也可以由金属间相产生（例如在所谓的马氏体时效钢中）。二次硬化钢也是现今工具钢的主要钢种。二次硬化钢通常具有取决于合金成分和热处理的复杂显微组织。热处理包括硬化和回火，硬化是指在 γ 相域中的奥氏体化和之后的淬火，而回火通常需要多次完成。纳米尺寸的碳化物析出一直是很多研究的焦点，目前仍然是一个科研主题。

第二类颗粒强化钢，即马氏体时效钢，在过去的 70 年中得到了发展。“马氏体时效”这一术语指的是马氏体的时效处理，但特指在低的冷却速度下，由于钢中的镍含量高而易生成的一种马氏体。此外，这些钢种具有很低的碳含量，且如前所述可归属于广义范畴的超高强度钢。马氏体时效钢的发展始于 20 世纪 40 年代的美国，当时人们发现可以通过热处理显著硬化磁性 Fe-Ni-Ti-Al 合金。经过一个初始发展阶段，并在钢中添加了 Co 和 Mo，马氏体时效钢在 20 世纪 60 年代得到了第一次应用。当时的首要目标是开发用于潜艇壳体的高强钢，但事实证明，马氏体时效钢不适合于此类用途。然而，马氏体时效钢不仅在专业的航空航天和军事应用市场得到了发展，而且在工具和模具领域的应用也更加普遍。在 20 世纪 70 年代末期，由于钴的数量剧减且成本剧增，需要含钴马氏体时效钢的替代品。因此，科研人员为开发具有合适力学性能的无钴马氏体时效钢做出了很多努力（Sha and Guo 2009），并开发出了多种含有不同析出元素（如 Al、Ti 和 Cu）的钢和低镍合金，例如 PH13-8Mo 系列（Sha and Guo 2009）。虽然这些无钴合金的性能通常比含钴合金差，但其能够满足所设计的应用要求，且由于不含钴，具有明显的成本优势。

与碳化物不同，金属间相有许多独特的特点。因此，金属间析出相强化的材料在工业中的应用得到了极大关注。它们与碳化物的区别体现在以下几方面：

（1）金属间相在无共晶相变的初级结晶中形成，因此其在铸钢及变形后的钢中的分布比碳化物更加均匀。与共晶凝固不同，初级结晶后金属间相在铸态钢中已经均匀分布，且在变形后仍然保持均匀。相反，虽然网状共晶碳化物在变形（锻造或轧制）后的分布或多或少变得更加均匀，但始终不如金属间相分布均匀。金属间相粒子的尺寸也比较小，直径为 2 ~ 3μm。因此，金属间相不仅对强度和延展性的不利影响较小，而且对这些取决于变形程度的性能参数变化的不利影响也较小。

（2）在时效过程中，金属间相从过饱和固溶体中析出，产生析出硬化。这些析出相的成分与上述相的成分没有差别，例如，凝固过程中析出的相和热轧过程中存在的相。金属间相的析出具有以下基本特征：

1）金属间相粒子形成强烈的弥散：在最大硬度时，粒子的尺寸小于 5 ~

20nm 且粒子之间的距离约为 100nm，均低于相应的碳化物值。

2）因为在低碳或者无碳的马氏体（或奥氏体）中析出时，金属间相的粒子分布相对均匀，尤其当镍存在于固溶体中时。因此，即使由细小粒子产生的析出强化的致脆效应也比碳化物弱。然而，致脆效应随着金属间相的体积分数的增加而增加。

3）析出的金属间相的强化效应非常高，高于碳化物。基于基体结构的功能，马氏体基体的强化效应比奥氏体基体大。析出硬化使无碳马氏体的硬度增加 20～40HRC（对照碳化物的 3～10HRC），使奥氏体的硬度增加约 30HRC，这是由于金属间相与碳化物相比具有更细小的弥散分布和更高的体积比。

（3）产生最大硬度提升的析出硬化温度取决于金属基体的成分和金属间析出相的类型。对于马氏体钢，当$(Fe,Ni,Co)_7(Mo,W)_6$和$(Fe,Cr)_3(Ti,Al)$金属间化合物析出时，该温度较低，约为 500～550℃；而当$(Fe,Co)_7(W,Mo)_6$金属间相析出时，该温度较高，约为 580～650℃。在奥氏体合金中该温度则更高，为 750～800℃或更高。因此，基体为无碳马氏体的钢可获得非常高的硬度（68～69HRC），并在 600～720℃的温度范围内获得热稳定性的提高，具体数值取决于金属间相的类型。相对而言，奥氏体钢的热稳定性更高，但硬度较低。

（4）在含镍钢的析出硬化中，硬度虽然在最初的 10～15min 内急剧上升，但必须经 5～10h 的长时保温后才能达到最大值，而碳化物强化则只需 30～40min。

（5）析出相的凝聚和所产生的硬度降低发生在相应更高的时效温度。

一般来说，钢种分类有不同的方式，如按照成分或者强度级别。这些方式也适用于马氏体时效钢。其中，根据主要合金系统的分类最适用于概观马氏体时效钢。下面简要阐述 Fe-Ni-Mo 系统。

最早的合金，即 Fe-28Ni-4Ti-4Al，通过进一步利用 Co-Mo 硬化机制，开发出了著名的基于 Fe-Ni-Mo 系统的马氏体时效钢，即众所周知的 18N(200)、18Ni(250)和 18Ni(300)合金（表 6.2）。括号中的数字是指在时效条件下的名义屈服强度，单位为 ksi（每平方英寸的磅力，lbf/in^2）。钛作为补充硬化剂也被添加到这组合金中。在这些合金中，Co 降低了 Mo 的溶解度，从而增加了在时效中形成的富钼析出相的量，因此 Co 和 Mo 的组合产生硬化效果。对这些马氏体时效钢的析出行为已经进行了大量的研究。总的来说，在时效过程发生下述析出反应。欠时效条件下的强化由富钼区产生，经进一步时效形成亚稳的正交晶 Ni_3Mo，之后经更长时间的时效转化为六方晶 Laves 相 $Fe_2(Mo,Ti)$。Co 加速 Ni_3Mo 的形成。然而，较高的钛含量（350 合金）导致 Ni_3Ti 的形成，而非 Ni_3Mo。

表 6.2 商用马氏体时效钢（Inco）的名义成分（质量分数,%）和屈服强度（YS）

合金牌号	Ni	Mo	Co	Ti	Al	YS/MPa
18Ni（200）	18	3.3	8.5	0.2	0.1	1400
18Ni（250）	18	5.0	8.5	0.4	0.1	1700
18Ni（300）	18	5.0	9.0	0.7	0.1	2000
18Ni（350）	18	4.2	12.5	1.6	0.1	2400
18Ni（cast）	17	4.6	10.0	0.3	0.1	1650

如前所述，无钴钢种在 1978—1980 年期间得到较快发展（Sha and Guo 2009）。基于在无钴马氏体时效钢中开发高断裂韧性的目标，考虑了能够成功取代 Co 的不同元素。对许多不同成分的分析表明，合金应包含 3% 的 Mo 和 1.4% 的 Ti，以达到所需的 250ksi（1700MPa）的屈服强度，并具有良好的横向延展性。研究发现，无钴马氏体时效钢中的主要析出硬化相是 Ni_3Ti，而屈服强度随钼和钛含量的增加而增加（达 2400MPa）。无论合金中钼和钛的含量是高或低，其强化和韧化机理相同。然而，钼和钛含量高的合金中还包含大量 Fe_2Ti 和 $Fe_2(Mo,Ti)$ 型的粗大颗粒，它们嵌入在马氏体板条边界或板条中，对断裂韧性和延展性有害。

其他马氏体时效系统广义上包括 Fe-Ni-Cr 和 Fe-Ni-Mn，将在后几节中进行讨论。

6.3 马氏体时效钢中的显微组织和析出相

6.3.1 PH13-8Mo 马氏体时效钢

在 PH13-8Mo 马氏体时效钢中观察到的微观结构的组成包括：

（1）δ 铁素体；

（2）立方晶格马氏体；

（3）残余奥氏体和逆转变奥氏体；

（4）金属间化合物型的纳米析出相；

（5）Laves 相。

δ 铁素体为高温 bcc 铁素体，有时存在于 PH13-8Mo 马氏体时效钢中。δ 铁素体的存在与合金的成分和生产工艺有关。虽然 PH13-8Mo 钢的凝固路径是经 δ 相转变为完全铁素体，但 δ→γ 相变强烈依赖于冷却速度。因此，大的铸件尺寸和适当的成分能引起 δ→γ 的不完全相变。

PH13-8Mo 马氏体时效钢通过热处理呈现强度和延展性的优异结合。首先，在 900 ~ 1000℃ 范围内进行固溶退火，然后空冷到室温。固溶退火后，在从奥氏体单相区进行淬火的过程中，奥氏体转变为软的、但含有高密度位错的 Ni-马氏体，其具有立方晶体结构。这种钢中的马氏体为板条型，并成组态，每组中含有许多相互平行的相似尺寸马氏体板条。每个原始的奥氏体晶粒包含若干个板条组。

一定数量的奥氏体经淬火至室温后会保留下来，这主要取决于镍的含量，也取决于所有的其他合金元素。除了由于马氏体相变终止温度低于室温而产生的这部分残余奥氏体，一种所谓的“逆转变奥氏体”也能存在于马氏体时效钢中。这种逆转变奥氏体的产生也取决于化学成分，但时效温度和时间起着决定性的作用。在温度低于总体 $\alpha \rightarrow \gamma$ 相变温度的时效中，逆转变奥氏体在马氏体中形成。总体 $\alpha \rightarrow \gamma$ 相变温度指的是整体材料的相变温度，远高于富镍区的局部相变温度。

时效一般在400～600℃范围内进行。起强化作用的纳米尺寸金属间化合物粒子在时效中析出。

在此钢中也观察到了在更高时效温度下形成的 Laves 相。

然而，纳米析出相和奥氏体相的比例对马氏体时效钢的力学性能影响最大，因此下面针对这些方面进行更为详细的文献调查。

6.3.2　析出相

已采用多种表征技术对无钴马氏体时效钢中的析出行为和强化机制进行了广泛研究。研究表明，含有 Ni 和 Al 的马氏体时效钢由于形成了具有 B2（CsCl）超晶格结构的有序 β′-NiAl 相而得到强化（Sha and Guo 2009）。该结构由两个相互穿插的原始立方晶胞组成，其中的铝原子占据第一个亚晶格立方体的角，镍原子占据第二个亚晶格立方体的角。化学计量成分的晶格常数为 0.2887nm，非常接近于铁素体的晶格常数（0.28664nm）。因此，NiAl 析出相与基体共格，且即使经长时间的时效后仍可保持共格。材料被加热到时效温度时立刻发生析出。Sha and Guo（2009）的研究展示了在593℃时效仅6min 后和在510℃时效40min 后的富镍、铝团簇。然而，即使经过很长时间的时效，析出相的成分中含有大量的 Fe，其与 NiAl 平衡相仍有很大差异。析出相的形状在文献中存在争议。NiAl 相通常被认为是球形的，但一些作者假设其形态经更长时间的时效后发生改变，从球形变为针形或板条形。然而，普遍认为这种形态变化是通过马氏体基体中的富溶质团簇进行的。共格的 NiAl 析出相以富溶质团簇为核心形成，并均匀分布于基体中（Leitner et al. 2010）。

与上述不同，据报道，含钛马氏体时效钢由于析出 η 相（$Ni_3(Ti,Al)$）而被强化（Leitner et al. 2010）。该 η 相为六方晶体结构，a = 0.255nm，c = 0.42nm。文献中对 η 相的形成机制存在一些争论。大多数研究认为 η 相在位错上不均匀形核，之后通过位错管扩散长大（Dutta et al. 2001）。其他研究推进了该理论的发展，认为共格区先在马氏体基体中的位错上形成，并成为 η 析出相的形核位置（Leitner et al. 2010）。对于这种马氏体时效钢的主要强化机制也存在一些争议。虽然大多数研究将强化归因于 Ni_3Ti 的形成，但也有研究认为基体中铁和镍原子的某种 B2 型有序化对强度有额外贡献（Leitner et al. 2010）。

进一步的析出相类型称为 G 相，其发现于含 Ti 并用 Si 进行合金化的马氏体时效钢中。G 相的化学式为 $Ti_6Si_7Ni_{16}$，主要在晶界上析出。G 相（$Ti_6Si_7Ni_{16}$）和 η 相（Ni_3Ti）可以同时或分别析出，这取决于合金的化学成分。Ni_3Ti 相的形态被认为是棒状，而 G 相的形态为球状。之后的研究表明，球状的 G 相和棒状的 η 相均由一个未知前体相独立形成，该前体相使强度增加，直到达到峰值硬度。在温度为 525℃ 的时效过程中，原子探针断层成像技术（APT）被用于跟踪无 Si 的 Fe-Cr-Ni-Al-Ti 不锈钢中的析出顺序（Schober et al. 2009）。该研究发现了球形的 NiAl 粒子和伸长的 Ni_3(Ti, Al) 粒子，这些粒子源于初期的未知前体相，而未知前体相没有分裂成 G 相（$Ti_6Si_7Ni_{16}$）和 η 相（Ni_3Ti）。

马氏体时效钢中的另一个时效硬化剂是铜。铜作为析出硬化元素被用于 PH15-5 和 PH17-4 合金，也作为强化相析出的形核位置被用于合金系统，如 1RK91（山特维克（Sandvik）公司的内部钢种名称）和 C455（Custom455，卡彭特特殊钢公司（Carpenter Technology Corporation）的一个注册商标）合金系统（成分见表 6.1）（Schnitzer et al. 2010a）。

对于 1RK91，析出顺序始于以富铜团簇为核形成的富镍、钛和铝相（Schnitzer et al. 2010a）。在进一步的时效中，Ni_3（Ti，Al）析出相邻近于富铜析出相生长。C455 含有较少的 Al 且不含 Mo，在早期阶段形成 Cu、Ti 和 Ni 团簇，这些团簇被认为是 η-Ni_3Ti 的前体相（Schnitzer et al. 2010a）。之后的继续时效导致富镍（η-Ni_3Ti）和富铜析出相的分离。最近 Schnitzer et al.（2010a）研究了 PH13-8Mo 型马氏体时效钢中的铜对析出相演变的影响，该钢的析出相为 NiAl 和 η 相。该研究揭示，NiAl 形成于含铜前体相，且 η 相形核于独立的铜团簇。

至此，对 PH13-8Mo 型马氏体时效钢中的析出行为给出了一个较为全面的描述，仅未介绍铜对 G 相形成的影响。

除了强化析出相以外，在马氏体时效处理中观察到了碳化物的形成，尽管在这类钢中碳含量通常很低。这些在逆转变奥氏体附近或之中的碳化物的析出是由于碳在奥氏体中具有较高的溶解度。碳化物的类型为 $Cr_{23}C_6$ 和 $(Cr,Mo)_2C$。

6.4 逆转变奥氏体和力学性能

6.4.1 逆转变奥氏体

在马氏体时效钢中，马氏体至奥氏体的部分逆转变可以在低于整体 $\alpha \rightarrow \gamma$ 温度的时效中发生（Schober et al. 2009）。时效后逆转变奥氏体的量取决于时效温度和时效时间（Sha and Guo 2009）。据报道，形成逆转变奥氏体的原因是在时效过程中发生了局部的镍富集。由于镍（马氏体时效钢中的主要合金元素之一）是使奥氏体稳定的元素，所以降低马氏体至奥氏体的局部相变温度。因此在该领域的时效温度高于马氏体至奥氏体的相变温度。由于 Ni 的富集，即使当材料再次冷却到室温，逆转变奥氏体也能保持稳定。这种奥氏体必须区别于残余奥氏体，残余奥氏体也可以存在于从固溶退火温度冷却的马氏体时效钢中。在马氏体时效钢中观察到逆转变奥氏体的不同形貌，其具体形貌取决于合金成分和所采用的热处理，如图 6.2 所示。逆转变奥氏体的形貌分为三种：（1）基体奥氏体；（2）板条状奥氏体；（3）再结晶奥氏体。基体奥氏体（图 6.2(a)）或由残余奥

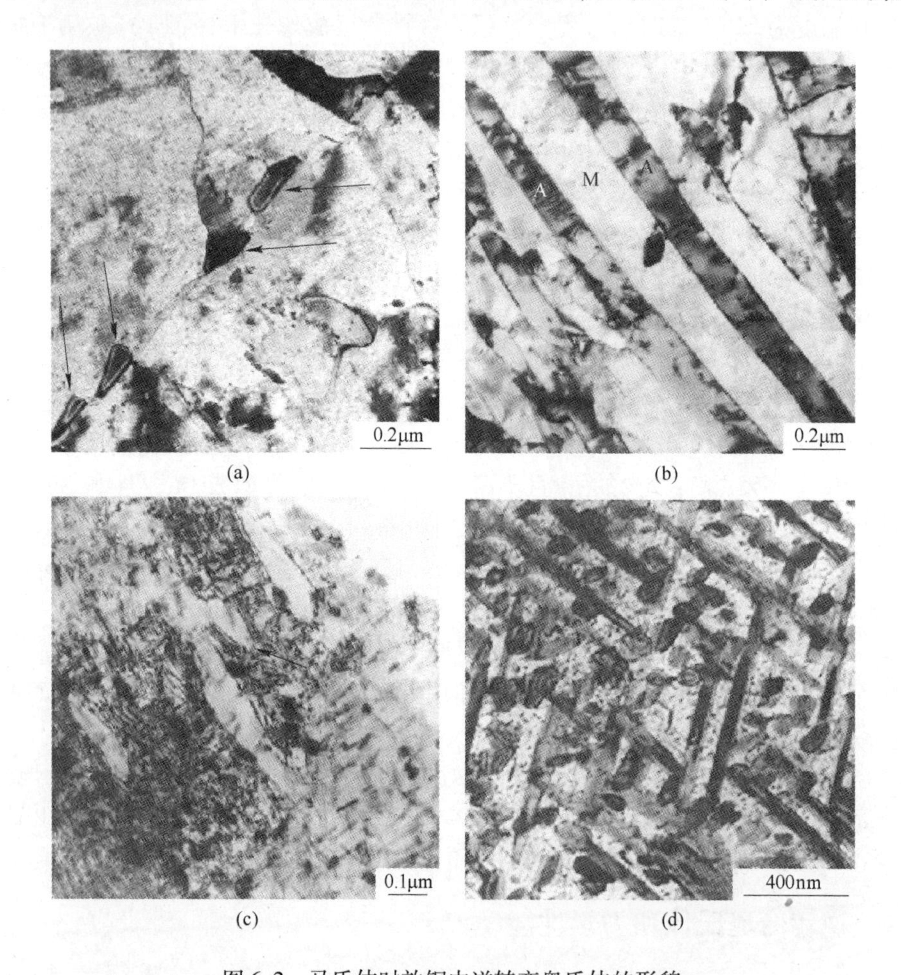

图 6.2 马氏体时效钢中逆转变奥氏体的形貌

（a）基体奥氏体（Schnitzer et al. 2010b）；（b）板条状奥氏体（A = 奥氏体，M = 马氏体）（Schnitzer et al. 2010b）；（c）再结晶奥氏体（Viswanathan et al. 2005）；（d）魏德曼奥氏体（Kim and Wayman 1990）

氏体沿着相同晶向长大，或在原奥氏体晶界形核后长成单个晶粒。板条状奥氏体（图6.2(b)）可在马氏体板条中长大，或沿着马氏体板条边界长大。奥氏体板条的生长方向与马氏体板条平行，形成奥氏体和马氏体的层状结构。这种伸长的形状可能是由于生长受到相邻马氏体板条的阻碍所致。在更高的时效温度或更长的时效期内可形成再结晶奥氏体（图6.2(c)），其表征为非常低的缺陷和位错密度（Viswanathan et al. 2005）。此外，在马氏体时效钢中发现了逆转变奥氏体的第四种形貌是魏德曼（Widmanstätten）奥氏体（图6.2(d)），仅在高镍合金化的和钛含量高的马氏体时效钢中观察到了该组织（Schnitzer et al. 2010b）。长大的逆转变奥氏体的形态取决于所采用的加热速度和时效温度（Schnitzer et al. 2010c）。

与形态无关，奥氏体与马氏体的取向关系或为 Kurdujumov-Sachs 型（即 $(110)_{bcc}//(111)_{fcc}$ 且 $[111]_{bcc}//[110]_{fcc}$），或为 Nishiyama-Wassermann 型（即 $(110)_{bcc}//(111)_{fcc}$ 且 $[100]_{bcc}//[110]_{fcc}$）(Schnitzer et al. 2010b)。

对理解逆转变奥氏体形成的一个重要发现是在逆转变奥氏体区域内没有起强化作用的析出相。由于碳在奥氏体中的溶解度比马氏体中高，只有碳化物在奥氏体内或附近析出。逆转变奥氏体在马氏体时效钢中的形成机制被认为是扩散过程。有研究推测逆转变奥氏体的形成与析出相的溶解相关，该溶解导致奥氏体稳定化元素的局部富集（Sha and Guo 2009）。也有报道称 18% Ni 钢中的 $Ni_3(Mo,Ti)$ 析出相的分解促进了逆转变奥氏体的形成。逆转变奥氏体的形成可伴随着 Fe_2Mo 的析出。因此，可以假设经 $Ni_3(Mo,Ti)$ 析出相溶解而释放出的 Ni 有助于逆转变奥氏体的形成，而释放的 Mo 则用于形成 Fe_2Mo 析出相。其他研究排除了逆转变奥氏体的形成与析出相溶解有关的理论。例如，Ni 扩散到位错和其他缺陷处，使奥氏体稳定化元素在局部发生显微偏析。据 Hsiao et al. (2002) 报道，在 PH17-4 等含铜的马氏体时效合金中，由于铜和奥氏体具有相似晶格常数的相同晶体结构，细小的铜析出相则成为奥氏体的形核位置。Kim and Wayman (1990) 表明，高镍马氏体时效合金中板条状奥氏体的形成以切变为主，但辅以扩散控制过程。Schnitzer et al. (2010b) 研究了 PH13-8Mo 型马氏体时效钢中逆转变奥氏体的形成。热力学和动力学计算支持了对实验数据的解释。NiAl 析出相和逆转变奥氏体的形成从时效的最初期开始，彼此相互独立，即从热力学的角度来看，奥氏体和 NiAl 在原马氏体基体中形核是可能的。因此，析出相的溶解不是逆转变奥氏体形成的初始必要驱动因素。因此，下面提出一种形成机理：NiAl 相和逆转变奥氏体独立形核于固溶退火后具有高位错密度的板条状马氏体。NiAl 析出相均匀地分布在马氏体基体中，而逆转变奥氏体优先在原始奥氏体晶界或马氏体板条边界形成。逆转变奥氏体的长大与邻近 NiAl 析出相的溶解有关，而逆转变奥氏体包含了来自析出相溶解的镍。相反，释放的铝转移到基体中剩余的 NiAl 析出相中。

6.4.2 力学性能

马氏体时效钢属于抗拉强度大于1000MPa的高强钢，其强度值在1000~3000MPa之间。其应力-应变行为显示为屈服强度高于极限拉伸强度的80%，即加工硬化小。对此做如下解释：共格析出相对位错产生摩擦力，提升应力-应变曲线水平，而对产生加工硬化的位错相互作用无显著影响。

下列显微组织特点对力学性能具有不同的方式/程度的影响：

（1）纳米尺寸的析出相；

（2）残余奥氏体或逆转变奥氏体；

（3）原始奥氏体晶粒尺寸。

经过依据实际应用而设计的时效处理，马氏体时效钢可达到所需的强度和韧性（Sha and Guo 2009）。当然，化学成分和所应用的时效温度和时间影响了析出相的类型、大小和体积分数和奥氏体的量，因此影响力学性能。马氏体时效合金中的强化主要来自纳米尺寸析出相的析出。因此，在马氏体基体中的密集且均匀分布的析出相是马氏体时效钢具有高强度的原因。取决于析出相尺寸和共格性，位错可能剪切穿过析出相，也可能环绕过析出相。

残余奥氏体和逆转变奥氏体也对马氏体时效钢的力学性能有强烈影响。逆转变奥氏体没有析出相，且其屈服强度远低于马氏体基体（Sha and Guo 2009）。逆转变奥氏体影响力学性能。据Viswanathan et al.(2005)观察，屈服强度随着逆转变奥氏体量的增加而明显下降。逆转变奥氏体可提高延展性和冲击韧性。因此，逆转变奥氏体量的增加有益于高韧性的要求，且材料应在更高的温度下进行时效。析出相在长期时效中的粗大化也会提高延展性，但会损失强度。然而据报道，与析出相粗大化相比，奥氏体逆转变对软化有着更为显著的影响（Schnitzer et al. 2010b）。文献中也有研究报道了逆转变奥氏体的不利影响。Viswanathan et al.(2005)表明，延展性仅在时效的早期阶段增加，在经长期时效的样品中发现了严重的脆化现象。由于断裂沿马氏体组块的边界发生，含Co马氏体时效钢中的逆转变奥氏体在低温下对延展性有害。然而，马氏体时效钢中的奥氏体相在变形中是不稳定的（Schnitzer et al. 2010c），会向马氏体转变（所谓的形变诱发塑性，TRIP效应）。这种转变行为也对马氏体时效钢的力学性能有显著的影响。

奥氏体的数量通常与析出相的尺寸有关。Schnitzer et al.(2010c)针对PH13-8 Mo型马氏体时效钢进行了研究，以判断析出相和逆转变奥氏体对力学性能的各自影响。计算表明，时效中约40%的屈服强度损失可归因于逆转变奥氏体的更高的量的影响，其余的强度损失是由于NiAl析出相的粗大化所致。

对马氏体时效钢显微组织的更深入的分析表明，马氏体基体和相应的原奥氏体晶粒尺寸可能影响力学性能。晶粒尺寸取决于固溶温度和时间，而马氏体时效钢中的马氏体板条间距与固溶温度无关（Schnitzer et al. 2010c）。晶粒尺寸对力学性能的影响取决于析出相的形核位置。当析出相在马氏体基体中均匀地形核时，没有观察到晶粒尺寸对力学性能的影响（Schnitzer et al. 2009）。相反，当析出相在晶界上形核时，时效后的屈服强度与晶粒尺寸之间的关系遵循 Hall-Petch 方程式。

6.5 析出相的演变和全过程

关于马氏体时效钢的研究专著（Sha and Guo 2009）阐述了马氏体时效钢中的**析出**和**奥氏体逆转变**这两类主要相变的最近理论研究。在这些钢中的两种相变发生（加热）之前，存在第三种相变，即马氏体相变（冷却）。析出和奥氏体逆转变在马氏体基体中发生，对于提高强度而言，析出只要不进行得太彻底，一般是有益的，而奥氏体逆转变通常是有害的。简而言之，析出产生强化，而奥氏体逆转变产生软化。虽然马氏体相变是马氏体时效钢发挥功能的前提条件，但是它很容易实现并且其细节不会显著影响钢的最终性能，至少远弱于析出和奥氏体逆转变的影响。因此，在下面各节中将不考虑马氏体时效钢中的马氏体相变。

在6.5.1节中将对马氏体时效钢中析出相的演变做一个简要讨论，并从颗粒间距的角度特别关注析出相演变的复杂性。随后，在6.5.2节中对整个相变过程进行介绍。

6.5.1 粒子间距的计算

当析出相的比例增加时，在粒子间距 L 的计算中不可忽视粒子的尺寸。假设析出相为球形，Sha and Guo（2009）给出了析出相比例 f、粒子间距和粒子半径 r 之间的关系。本节中的另一公式也引自该文献。

$$L = (1.23\sqrt{2\pi/3f} - 2\sqrt{2/3})r \tag{6.1}$$

当析出相比例增加，L/r 比值显著下降（图6.3）。当 f 增至约0.1时，L 和 r 大小在一个数量级。当析出相比例大的时候，此简单公式严重高估了粒子间距。除了用于球形析出相的公式（6.1）之外，还有用于片状颗粒的公式，如马氏体时效钢的 Ni_3Ti 型析出相。如果体积分数可以用 Johnson-Mehl-Avrami（JMA）公式估算，则可得出粒子间距与时间之间的函数关系，从而能准确地量化时效

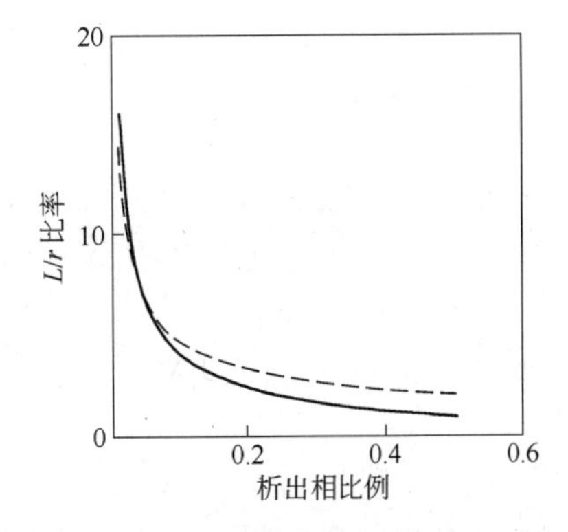

图6.3 L/r 比率（作为析出相比例的函数）在式（6.1）（实线）和简单公式 $L/r=\sqrt{2\pi/3f}$（虚线）中的比较

硬化。

无论相分离是遵循经典形核还是亚稳态分解机制，在时效初期，粒子尺寸的增加可能慢于遵循经典抛物线定律的长大过程。虽然有时难以确定控制步骤及粗大化机制，但在实际中可应用 Lifshitz-Slyozov-Wagner（LSW）理论（Lifshitz and Slyozov 1961；Wagner 1961）。LSW 理论是析出相时效动力学中的第一个针对扩散限制的或界面限制的析出相粗化的统计力学公式。根据 LSW 理论预测，即使存在着有限体积分数的弥散相，颗粒的平均长度尺寸的三次方也随时间呈线性增长。有大量实验验证该预测的有效性。在 LSW 理论中，析出相粒子的粗化率呈线性，其中 r 和 r^* 分别为粒子半径和析出相的临界半径。K_{LSW} 为动力学系数，与析出相的体积分数无关。

$$\frac{\mathrm{d}r}{\mathrm{d}t} = \frac{K_{LSW}}{r}\left(\frac{1}{r^*} - \frac{1}{r}\right) \tag{6.2}$$

6.5.2　析出物演变全过程

以无钴马氏体时效钢为例，整体相变曲线可以使用膨胀测量法记录（图 6.4）。钢的成分是 Fe-18.9Ni-4.1Mo-1.9Ti（质量分数,%）。均匀膨胀持续至 510℃时开始发生小的收缩，这表明在此温度下析出开始。随后是短期的随温度升高的线性膨胀。当温度升至 602℃时，在膨胀曲线中出现了一个大的收缩，该温度可视为奥氏体形成的开始温度（A_s）。在 660℃时该收缩变缓，至 720℃后曲线继续呈线性膨胀。因此，奥氏体相变在 720℃（A_f）左右结束。持续加热至 900℃并保温 30min 可确保完全固溶。在冷却至室温的过程中，由于从奥氏体至马氏体快速相变的突然开始，在约 135℃时有一个剧烈膨胀，该温度对应于马氏体相变的开始温度 M_s。马氏体相变的终止温度（M_f）约为 48℃。因此，无钴马

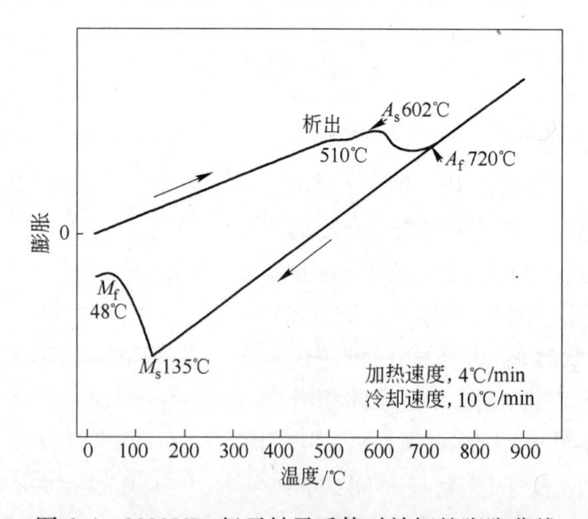

图 6.4　2000MPa 级无钴马氏体时效钢的膨胀曲线

氏体时效钢在冷却至室温后应为单相马氏体组织。

实验用无钴马氏体时效钢在室温下的膨胀度存在着明显差异，如图 6.4 所示。在文献（He et al. 2003）中的 T300 钢（Fe-18Ni-2.4Mo-2.2Ti，质量分数,%）和 C350 钢（Fe-18.77Ni-10.8Co-4.2Mo-1Ti，质量分数,%）的膨胀曲线中，冷却曲线通常不归零，而是回到低于原点的位置。由于热和相变的变化，马氏体相变可能诱发了该残余应变。商业无钴 T300 钢的强度水平（2400MPa）与图 6.4 中的实验用无钴马氏体时效钢相同，但实验钢由于杂质含量非常低而具有更好的韧性。C350 钢也是超纯净钢，其强度水平可达到 2800MPa。在许多实验的马氏体相变中观察到了自由膨胀循环中的相变诱发塑性（He et al. 2003；Coret et al. 2004）。然而，确切的机制尚不清楚。晶格被切变且不能恢复到原初位置是有可能的。

钴提高马氏体的相变温度。18Ni 马氏体时效钢的马氏体相变温度一般比对应的无钴钢高 50～100℃。然而，通过正确控制无钴马氏体时效钢中镍和钼的量仍可确保在固溶处理后冷却至室温的过程中发生完全马氏体相变。

6.6 研究趋势

虽然关于马氏体时效钢的研究通常涉及相变动力学的量化，但是本节主题将扩展至这类钢的总体发展。总体发展大致分为以下几个方面。

6.6.1 超细晶粒 Fe-Ni-Mn 钢、新型马氏体时效钢和原子探针断层扫描

近期研究包括等温时效中的性能研究（Nedjad et al. 2009a）、添加铬（Meimandi et al. 2008）和进一步合金化（Nedjad et al. 2008a，2009b）对显微组织和包括拉伸性能（Nedjad et al. 2009c）在内的力学性能的影响，以及晶间脆性和析出反应之间的相关性（Nedjad et al. 2008b）。透射电子显微镜是做晶界析出研究的有力工具（Nedjad et al. 2006，2008c）。一些研究工作采用等通道转角挤压制备了具有纳米结构的 18Ni 马氏体时效钢，并进而开展 X 射线衍射研究（Garabagh et al. 2008b），包括峰形分析（Garabagh et al. 2008a）和显微组织分析（Mobarake et al. 2008），旨在更好地理解变形过程和变形后的结构。Nedjad et al. 研究了纳米结构在板条马氏体的冷轧和时效过程中形成的程度和机制（Nedjad et al. 2008d），为其采用等通道转角挤压技术开展后继研究打下了基础。

先进的设备和技术在表征研究中应用广泛，如利用小角度中子散射（SANS）和三维原子探针（3DAP）。Schober et al.（2010）对 Fe-6Al-4Ni（原子分数,%）中的 NiAl 金属间化合物的析出行为有最新研究。其他研究包括对马氏体时效钢在连续至等温时效中的相变研究（Primig and Leitner 2010）、Cu 对 Fe-Cr-Ni-Al-Ti 马氏体时效钢中析出演变的影响研究（Schnitzer et al. 2010a）和对分裂现象的影

响研究（Leitner et al. 2010）。此外，已有研究者针对 PH13-8Mo 型马氏体时效钢中的逆转变奥氏体进行了探索（Schnitzer et al. 2010b），并特别研究了逆转变奥氏体对静态和动态力学性能的影响（Schnitzer et al. 2010c）。针对马氏体时效不锈钢的屈服强度已经开展了建模工作（Schnitzer et al. 2010d）。最新的原子探针断层扫描技术也被应用在该研究领域（Pereloma et al. 2004，2009；Shekhter et al. 2004）。

6.6.2 新钢种成分的计算机辅助合金设计方法

在完成新钢种的成分设计后，通常要对实验室规模制备的钢进行表征研究。研究包括马氏体时效钢在高磁场下的实时马氏体相变动力学（San Martin et al. 2010）。一种新型超高强度不锈钢可由多种共相和包括 Ni_3Ti 金属间化合物的多种纳米析出物（Xu et al. 2008）强化，其设计（Xu et al. 2010a）基于遗传算法和热动力学，且其表征研究也已经在开展（Xu et al. 2010b）。新型超高强马氏体时效析出可硬化不锈钢的遗传算法设计包含了合金成分、奥氏体化温度和时效温度，并将它们作为联合优化参数（Xu et al. 2009a，2009b）；文献中给出了对该模型的描述和第一个实验验证（Xu et al. 2009c）。

基于系统的实验研究，传统上采用经验型的纠错试验法开发新型合金。这种半经验的方法非常依赖于直觉和经验，也在一定程度上取决于运气。根据基体类型和强化系统，在现代高端 UHS 钢中特意按规定量添加了一系列元素，如 C、Cr、Ni、Al、Ti、Mo、V、Mn、Co、Cu、Nb、W、Si、B 和 N，这些元素的含量具有较广的范围。合金元素的相互作用呈现复杂的交叉效应。为了用实验方法理解各种合金元素之间的竞争、冲突和协同作用，有必要系统地制备大量含有不同成分的合金。除了合金成分，热处理也对力学性能起着至关重要的作用。在制备试验合金后，需要通过大量的实验工作来优化工艺参数，以获得最佳的力学性能。因此，传统的纠错试验法被认为成功率低、成本很高且很耗时。

随着对加工/结构/属性/性能之间联系的认识提高以及更强大和可靠的计算机硬件和软件的出现，目前合金的设计原理越来越以目标/方法为导向，如 Olson（1997）链式设计模型所示。以目标/方法为导向的合金设计方法首先根据应用性能定义所需要的目标属性。此性能和属性之间的第一环节主要是基于机械工程。之后在第二步，根据冶金和机械原理设计目标显微组织，以获得所需属性。在目标/方法的合金设计策略中，最后环节，即获得定制的微观结构，是决定性的和最复杂的过程。采用多种方法对合金成分和热处理参数进行设计和优化，以得到所期望的显微组织。

完全或部分遵循以目标/方法为导向的合金设计方法，不同类型的计算方法在指导新合金设计和工艺开发方面已成为一个更为有效和强大的工具。热力学辅助设计方法已在不同程度上被应用于各种系统，如马氏体时效处理。另一种流行的计算方法是人工神经网络（ANN），该方法通过探索大型数据库提取经验性的趋势。在合金设计中经常将神经网络和遗传算法（GA）相结合以实现多重目标的最优化。最近，原子层次的从头计算也被应用于钛基合金、不锈钢和UHS钢，它为成分的选择和优化提供了理论指导。对于工艺开发，从计算热力学和人工神经网络中提取信息也能够更好地指导实验研究方法。

参考文献

Coret M, Calloch S, Combescure A(2004) Experimental study of the phase transformation plasticity of 16MND5 low carbon steel induced by proportional and non-proportional biaxial loading paths. Eur J Mech A-Solid 23: 823-842. doi: 10.1016/j.euromechsol.2004.04.006.

Dutta B, Palmiere EJ, Sellars CM(2001) Modelling the kinetics of strain induced precipitation in Nb microalloyed steels. Acta Mater 49: 785-794. doi: 10.1016/S1359-6454(00)00389-X.

Garabagh MRM, Nedjad SH, Shirazi H, Mobarekeh MI, Ahmadabadi MN(2008a) X-ray diffraction peak profile analysis aiming at better understanding of the deformation process and deformed structure of a martensitic steel. Thin Solid Films 516: 8117-8124. doi: 10.1016/j.tsf.2008.04.019.

Garabagh MRM, Nedjad SH, Ahmadabadi MN(2008b) X-ray diffraction study on a nanostructured 18Ni maraging steel prepared by equal-channel angular pressing. J Mater Sci 43: 6840-6847. doi: 10.1007/s10853-008-2992-4.

He Y, Liu K, Yang K(2003) Effect of solution temperature on fracture toughness and microstructure of ultra-purified 18Ni(350) maraging steel. Acta Metall Sin 39: 381-386 (何毅, 刘凯, 杨柯 (2003) 固溶温度对超纯净钢18Ni(350)马氏体时效钢断裂韧性及微观组织的影响. 金属学报 39: 381-386).

Hsiao CN, Chiou CS, Yang JR(2002) Aging reactions in a 17-4PH stainless steel. Mater Chem Phys 74: 134-142. doi: 10.1016/S0254-0584(01)00460-6.

Kim SJ, Wayman CM(1990) Precipitation behavior and microstructural changes in maraging Fe-Ni-Mn-Ti alloys. Mater Sci Eng A 128: 217-230. doi: 10.1016/0921-5093(90)90230-Z.

Leitner H, Schober M, Schnitzer R(2010) Splitting phenomenon in the precipitation evolution in an Fe-Ni-Al-Ti-Cr stainless steel. Acta Mater 58: 1261-1269. doi: 10.1016/j.actamat.2009.10.030.

Lifshitz IM, Slyozov VV(1961) The kinetics of precipitation from supersaturated solid solutions. J Phys Chem Solids 19: 35-50. doi: 10.1016/0022-3697(61)90054-3.

Meimandi SH, Nedjad SH, Yazdani S, Ahmadabadi MN(2008) Effect of chromium addition on the microstructure and mechanical properties of Fe-10Ni-6Cr-2Mn maraging steels. In: New developments on metallurgy and applications of high strength steels, TMS, Warrendale, pp 1151-1157.

Mobarake MI, Nili-Ahmadabadi M, Poorganji B, Fatehi A, Shirazi H, Furuhara T, Parsa H, Nedjad SH(2008) Microstructural study of an age hardenable martensitic steel deformed by equal channel angular pressing. Mater Sci Eng A 491: 172-176. doi: 10.1016/j.msea.2008.02.034.

Nedjad SH, Ahmadabadi MN, Mahmudi R, Furuhara T, Maki T(2006) Analytical transmission electron microscopy study of grain boundary precipitates in an Fe-Ni-Mn maraging alloy. Mater Sci Eng A 438: 288-291. doi: 10. 1016/j. msea. 2006. 02. 097.

Nedjad SH, Garabagh MRM, Ahmadabadi MN, Shirazi H(2008a) Effect of further alloying on the microstructure and mechanical properties of an Fe-10Ni-5Mn maraging steel. Mater Sci Eng A 473: 249-253. doi: 10. 1016/j. msea. 2007. 05. 093.

Nedjad SH, Ahmadabadi MN, Furuhara T(2008b) Correlation between the intergranular brittleness and precipitation reactions during isothermal aging of an Fe-Ni-Mn maraging steel. Mater Sci Eng A 490: 105-112. doi: 10. 1016/j. msea. 2008. 01. 070.

Nedjad SH, Ahmadabadi MN, Furuhara T(2008c) Transmission electron microscopy study on the grain boundary precipitation of an Fe-Ni-Mn maraging steel. Metall Mater Trans A 39A: 19-27. doi: 10. 1007/s11661-007-9407-z.

Nedjad SH, Ahmadabadi MN, Furuhara T(2008d) The extent and mechanism of nanostructure formation during cold rolling and aging of lath martensite in alloy steel. Mater Sci Eng A 485: 544-549. doi: 10. 1016/j. msea. 2007. 08. 008.

Nedjad SH, Ahmadabadi MN, Furuhara T(2009a) Annealing behavior of an ultrafinegrained Fe-Ni-Mn steel during isothermal aging. Mater Sci Eng A 503: 156-159. doi: 10. 1016/j. msea. 2007. 12. 054.

Nedjad SH, Teimouri J, Tahmasebifar A, Shirazi H, Ahmadabadi MN(2009b) A new concept in further alloying of Fe-Ni-Mn maraging steels. Scr Mater 60: 528-531. doi: 10. 1016/j. scripta mat. 2008. 11. 046.

Nedjad SH, Meimandi S, Mahmoudi A, Abedi T, Yazdani S, Shirazi H, Ahmadabadi MN(2009c) Effect of aging on the microstructure and tensile properties of Fe-Ni-Mn-Cr maraging alloys. Mater Sci Eng A 501: 182-187. doi: 10. 1016/j. msea. 2008. 09. 062.

Olson GB(1997) Computational design of hierarchically structured materials. Sci 277: 1237-1242. doi: 10. 1126/science. 277. 5330. 1237.

Pereloma EV, Shekhter A, Miller MK, Ringer SP(2004) Ageing behaviour of Fe-20Ni-1. 8Mn-1. 6Ti-0. 59Al(wt%) maraging steel: clustering, precipitation and hardening. Acta Mater 52: 5589-5602. doi: 10. 1016/j. actamat. 2004. 08. 018.

Pereloma EV, Stohr RA, Miller MK, Ringer SP(2009) Observation of precipitation evolution in Fe-Ni-Mn-Ti-Al maraging steel by atom probe tomography. Metall Mater Trans A 40A: 3069-3075. doi: 10. 1007/s11661-009-9993-z.

Primig S, Leitner H(2010) Transformation from continuous-to-isothermal aging applied on a maraging steel. Mater Sci Eng A 527: 4399-4405. doi: 10. 1016/j. msea. 2010. 03. 084.

San Martin D, van Dijk NH, Jiménez-Melero E, Kampert E, Zeitler U, van der Zwaag S(2010) Real-time martensitic transformation kinetics in maraging steel under high magnetic fields. Mater Sci Eng A 527: 5241-5245. doi: 10. 1016/j. msea. 2010. 04. 085.

Schnitzer R, Zickler GA, Zinner S, Leitner H(2009) Structure-properties relationship of a PH 13-8 Mo maraging steel. In: Beiss P, Broeck*mann* C, Franke S, Keysselitz B(eds) Tool steels—deciding factor in worldwide production, Proceedings of the 8th International Tooling Conference, vol

I. Aachen, Germany, pp 491-503.

Schnitzer R, Schober M, Zinner S, Leitner H(2010a) Effect of Cu on the evolution of precipitation in an Fe-Cr-Ni-Al-Ti maraging steel. Acta Mater 58: 3733-3741. doi: 10.1016/j. actamat. 2010.03.010.

Schnitzer R, Radis R, Nöhrer M, Schober M, Hochfellner R, Zinner S, Povoden-Karadeniz E, Kozeschnik E, Leitner H(2010b) Reverted austenite in PH 13-8 Mo maraging steels. Mater Chem Phys 122: 138-145. doi: 10.1016/j. matchemphys. 2010.02.058.

Schnitzer R, Zickler GA, Lach E, Clemens H, Zinner S, Lippmann T, Leitner H(2010c) Influence of reverted austenite on static and dynamic mechanical properties of a PH 13-8 Mo maraging steel. Mater Sci Eng A 527: 2065-2070. doi: 10.1016/j. msea. 2009.11.046.

Schnitzer R, Zinner S, Leitner H (2010d) Modeling of the yield strength of a stainless maraging steel. Scr Mater 62: 286-289. doi: 10.1016/j. scriptamat. 2009.11.020.

Schober M, Schnitzer R, Leitner H(2009) Precipitation evolution in a Ti-free and Ti-containing stainless maraging steel. Ultramicroscopy 109: 553-562. doi: 10.1016/j. ultramic. 2008.10.016.

Schober M, Lerchbacher C, Eidenberger E, Staron P, Clemens H, Leitner H(2010) Precipitation behavior of intermetallic NiAl particles in Fe-6 at. % Al-4 at. % Ni analyzed by SANS and 3DAP. Intermetallics 18: 1553-1559. doi: 10.1016/j. intermet. 2010.04.007.

Sha W, Guo Z (2009) Maraging steels: Modelling of microstructure, properties and applications. Woodhead Publishing, Cambridge. doi: 10.1533/9781845696931.

Shekhter A, Aaronson HI, Miller MK, Ringer SP, Pereloma EV(2004) Effect of aging and deformation on the microstructure and properties of Fe-Ni-Ti maraging steel. Metall Mater Trans A 35A: 973-983. doi: 10.1007/s11661-004-0024-9.

Viswanathan UK, Dey GK, Sethumadhavan V(2005) Effects of austenite reversion during overageing on the mechanical properties of 18 Ni(350) maraging steel. Mater Sci Eng A 398: 367-372. doi: 10.1016/j. msea. 2005.03.074.

Wagner C(1961) Theory of the ageing of precipitates by redissolution (Ostwald maturing). Z Elektrochem 65: 581-591.

Xu W, del Castillo PEJRD, van der Zwaag S (2008) Computational design of UHS stainless steel strengthened by multi-species nanoparticles combining genetic algorithms and thermokinetics. In: New developments on metallurgy and applications of high strength steels, TMS, Warrendale, pp 1167-1181.

Xu W, Rivera-Díaz-del-Castillo PEJ, van der Zwaag S(2009a) Computational design of UHS maraging stainless steels incorporating composition as well as austenitisation and ageing temperatures as optimisation parameters. Philos Mag 89: 1647-1661. doi: 10.1080/14786430903019081.

Xu W, del Castillo PEJR, van der Zwaag S(2009b) A combined optimization of alloy composition and aging temperature in designing new UHS precipitation hardenable stainless steels. Comput Mater Sci 45: 467-473. doi: 10.1016/j. commatsci. 2008.11.006.

Xu W, del Castillo PRD, Yang K, Yan W, van der Zwaag S(2009c) Genetic computational design of novel ultra high strength stainless steels: model description and first experimental validation. In: TMS 2009 138th annual meeting and exhibition- supplemental proceedings, vol 2. Materials characterization, computation and modeling, TMS, Warrendale, pp 319-326.

Xu W, Rivera-Díaz-del-Castillo PEJ, Yan W, Yang K, San Martín D, Kestens LAI, van der Zwaag S(2010a) A new ultrahigh-strength stainless steel strengthened by various coexisting nanoprecipitates. Acta Mater 58: 4067-4075. doi: 10.1016/j.actamat.2010.03.005.

Xu W, Rivera-Díaz-del-Castillo PEJ, Wang W, Yang K, Bliznuk V, Kestens LAI, van der Zwaag S(2010b) Genetic design and characterization of novel ultra-high-strength stainless steels strengthened by Ni3Ti intermetallic nanoprecipitates. Acta Mater 58: 3582-3593. doi: 10.1016/j.actamat.2010.02.028.

7 低镍马氏体时效钢

摘　要　应用 Johnson-Mehl-Avrami（JMA）理论对析出相形成的动力学进行了分析。纳米级的析出相在时效过程中均匀形成，并产生高的硬度。随着时效时间的延长，析出相长大且硬度增加。锻态的 Fe-12.94Ni-1.61Al-1.01Mo-0.23Nb（质量分数,%）钢呈混合型韧性和脆性断裂，并具有良好的韧性。本章对热处理、显微组织和力学性能之间的联系进行了讨论。在马氏体时效钢的处理中介绍了低温奥氏体化和临界区退火。时效前或时效后的临界区退火处理均不能使硬度增加。时效后的冲击韧性经过在 950℃ 的奥氏体化后得到提高。经过在 950℃ 的奥氏体化和之后在 600℃ 的时效，疑似生成了逆转变奥氏体。

7.1　Fe-12Ni-6Mn 钢中的析出动力学理论

本节将关注 Fe-12Ni-6Mn 马氏体时效钢中析出相变的量化和建模。以开发比传统 18Ni 马氏体时效钢（表 6.2）更经济的替代钢为目标，俄罗斯和日本致力于研究一系列 Fe-Ni-Mn 试验合金中的马氏体时效。针对 Fe-12Ni-6Mn 合金的研究表明，时效硬化产生于板条马氏体中电子显微镜所观察到的 θ-NiMn 析出相（板条马氏体为时效前的淬火组织）。

7.1.1　早期时效过程的理论分析

可能为 bcc 结构的共格区在时效的早期阶段形成。此后，如在 450℃ 下的第 0.2h，θ-NiMn 在达到峰值硬度前基本形成。变形通过位错切过这些共格区（或析出相）进行。由于马氏体时效钢的屈服应力的增量与硬度增量（ΔH）成比例，并应用共格强化机制，可得：

$$\Delta H = Ar^{1/2}f^{1/2} \tag{7.1}$$

式中，r 为粒子半径；f 为相变的粒子的体积分数；A 为联系硬度增量和析出相尺寸及分数的系数：

$$A = \frac{M_{\mathrm{T}}}{q}(\kappa\varepsilon)^{3/2}\mu\left(\frac{3}{2\pi b}\right)^{1/2} \tag{7.2}$$

式中，M_T 为泰勒因子；q 为维氏硬度和屈服强度之间的转换常数；κ 为3和4之间的常数，取为3.5；ε 为应变能常数；μ 为基体的剪切模量，取为81GPa；b 为位错柏氏矢量。

由于 κ、ε、μ 和 b 均为材料常数且可从文献中得到，ΔH 的量化现需决定粒子尺寸 r 和析出相分数 f。

时效时间 t 与共格区或析出相（假设为球形）半径 r 的关系式由 Zener 的抛物线关系给出：

$$r = \alpha(Dt)^{1/2} \tag{7.3}$$

式中，α 为常数，与析出相和基体的固溶度及合金成分有关；D 为扩散系数。

在早期时效阶段，时间 t 值小，α 可视为常数，并由 Christian 提出的针对球形析出相与轻度过饱和的公式计算（Christian 2002）：

$$\alpha = \frac{2^{1/2}(c_0 - c_\alpha)^{1/2}}{(c_\theta - c_0)^{1/2}} \tag{7.4}$$

式中，c_0 为时效前析出元素在基体中的浓度，取为 Ni 和 Mn 的和，等于合金的成分；c_α 为母相中的控制元素的固溶度；c_θ 为元素在新相（即 θ-NiMn 析出相）中的浓度。

可用 Johnson-Mehl-Avrami（JMA）公式描述在某一温度下的相变分数与时间的关系：

$$\frac{f}{f_{eq}} = 1 - \exp[-(kt)^m] \tag{7.5}$$

式中，f_{eq} 为析出相的平衡分数（决定于温度）；k 为反应速率常数；m 为 Avrami 指数。

在早期时效阶段，即 $kt \ll 1$，上面的等式（7.5）可简化为：

$$f = f_{eq}(kt)^m \tag{7.6}$$

合并式（7.1）、式（7.3）和式（7.6），得到：

$$\Delta H = A(\alpha f_{eq})^{1/2} D^{1/4} k^{m/2} t^{(m/2+1/4)} = (Kt)^n \tag{7.7}$$

式中，n 为在时效早期的硬度增量与时效时间的关系式中的时间指数，$n = (2m+1)/4$；K 为依赖于温度的速率常数。

假设 K 遵循 Arrhenius 型方程：

$$K = K_0 \exp\left(-\frac{Q}{RT}\right) \tag{7.8}$$

式中，K_0 为指数前项；R 为气体常数；T 为温度（开尔文），可计算时效中的析出激活能 Q。用式（7.8）取代式（7.7）中的 K，然后两边取自然对数，得到：

$$\ln\Delta H = n\left(\ln K_0 - \frac{Q}{RT} + \ln t\right) \tag{7.9}$$

对于不同温度下的恒定硬度增量 ΔH_0，有：

$$\ln t = \frac{Q}{RT} + \frac{\ln\Delta H_0}{n} - \ln K_0 \tag{7.10}$$

假设 n 为常数，激活能 Q 可以通过绘制 $\ln t$ 对 $1/T$ 图得出，其中 t 为在温度 T 下达到 ΔH_0 的时间。从式（7.10）可知，直线的斜率为 Q/R，且可由直线与 $\ln t$ 轴的截距得到 K_0。如已知激活能 Q 和 K_0，结合式（7.8），时效硬化中的 ΔH 可由式（7.7）算出。

7.1.2 整体时效过程

上述理论中的几个假设可能限制其应用于整体时效过程，它们分别是：

（A1）共格析出相强化机制；

（A2）球形析出相（区域或者粒子）；

（A3）恒定的激活能；

（A4）$kt \ll 1$，使式（7.5）简化为式（7.6）；

（A5）α 在析出相长大的条件下保持恒定。

在达到峰值硬度之前，强化源于共格析出相，且析出相粒子直到发生过时效才转变成片状。因此，可以应用 A1 和 A2 假设来描述整个时效期。至于激活能，即 A3 假设，可能在时效中发生变化。然而，后面的计算表明当 ΔH_0 取不同值时激活能不发生显著变化。因此，在当前的模型中可视激活能为常数。

A4 和 A5 假设不能用于早期阶段之后的时效过程。随着越来越多的析出相在基体中形成，基体的成分发生显著变化，因此当析出相持续形成和长大时，式（7.3）中的长大常数 α 不再恒定。因此，更准确的计算 r 的方法如下面公式所示，该方法通过基体成分 c_0 的变化将 α 视为 t 的函数。在时效开始前，c_0 是析出元素在合金中的浓度，视为 Ni 和 Mn 的总量。

由式（7.3），粒子的长大速率为：

$$\frac{\mathrm{d}r}{\mathrm{d}t} = \frac{1}{2}D^{1/2}\alpha(t)t^{-1/2} + D^{1/2}\frac{\mathrm{d}\alpha(t)}{\mathrm{d}t}t^{1/2} \tag{7.11}$$

所以

$$r = \int D^{1/2}\left[\frac{1}{2}\alpha(t)t^{-1/2} + \frac{\mathrm{d}\alpha(t)}{\mathrm{d}t}t^{1/2}\right]\mathrm{d}t \tag{7.12}$$

其中，α 仍由式（7.4）计算。然而，应注意在时效过程中基体的浓度 c_0（取为 Ni 和 Mn 的和）与析出相分数 f 同时改变，定义为 c_0'，因此：

$$c'_0 = c_0 - c_\theta f \tag{7.13}$$

所以，对于整个时效过程有：

$$\Delta H = AD^{1/4}f_{eq}^{1/2}\left\{\int\left[\frac{1}{2}\alpha(t)t^{-1/2}+\frac{d\alpha(t)}{dt}t^{1/2}\right]dt\right\}^{1/2}\left[1-\exp(-(kt)^m)\right]^{1/2} \tag{7.14}$$

式中，A 见式（7.2）所定义。

在式（7.14）中，如果已知相变分数 f（即已知 k），析出相尺寸 r 可以通过计算 c_0' 和 α 来计算（假设 D 已知）。因此，可以定量地描述 ΔH 与时间和温度之间的函数关系。

7.2 参数确定

7.2.1 强化、激活能和 Avrami 指数

在式（7.14）中，A 可由式（7.2）中的已知参数 M_T，q，κ，ε，μ，b 计算。对于 θ-NiMn 在 α 铁基体中析出，应变能常数 ε 为：

$$\varepsilon = \frac{3K_\theta(1+\nu_\alpha)\delta}{3K_\theta(1+\nu_\alpha)+2E_\alpha} \tag{7.15}$$

式中，K_θ 为 θ-NiMn 析出相的体积弹性模量；ν_α 为纯铁中铁素体的泊松比，取为 0.282；E_α 为纯铁中铁素体的杨氏模量，取为 206GPa（Ledbetter and Reed 1973）；δ 为伴随着从基体析出的线性应变：

$$\delta = \frac{2(\Omega_\theta - \Omega_\alpha)}{3(\Omega_\theta + \Omega_\alpha)} \tag{7.16}$$

式中，Ω_α 和 Ω_θ 分别为铁素体的原子体积（0.01176nm³/atom）和 θ-NiMn 析出相的原子体积（0.01224nm³/atom）。或者，δ 也可以由 $(1+\delta)^3=\Omega_\theta/\Omega_\alpha$ 确定，其计算值与式（7.16）接近。表 7.1 总结了以上参数。对于体心立方材料，泰勒因子 M_T 取为 2.75（Hosseini and Kazeminezhad 2009），κ 取为 3.5。

表 7.1 Fe-12Ni-6Mn 马氏体时效型合金中的析出强化计算涉及的参数值

参数	M_T	q/MPa·HV^{-1}	κ	Ω_α/nm³	Ω_θ/nm³	δ	ε	μ/GPa	b/nm
数值	2.75	2.5	3.5	0.01176	0.01224	0.01333	0.0084	81	0.248

根据早期时效数据，利用公式（7.10）计算激活能 Q。当 ΔH_0 取 70HV、100HV 和 150HV 的不同值时，计算得出 Q 分别为 141kJ/mol、133kJ/mol 和 125 kJ/mol。因此，可合理地将 Q 视为常数。在接下来的计算中，取 Q 为上面三个计算值的平均值，即 133kJ/mol。与长大相关的常数 n 和 m 分别为 0.475 和 0.45。

7.2.2 Johnson-Mehl-Avrami 公式中的反应速率常数

实验研究表明峰值硬度可以通过在 400℃时效 16h、450℃时效 1.4h，或者通

过在500℃时效0.24h获得。假设已知对应于400℃和450℃峰值硬度的析出相分数，即已知f/f_{eq}，能得出指数前项k_0的值，如假设JMA方程中的反应速率常数k遵循Arrhenius型方程，且与K的激活能相同，则

$$k = k_0 \exp\left(-\frac{Q}{RT}\right) \tag{7.17}$$

合并式（7.17）和式（7.5）得出：

$$k_0 = \frac{[-\ln(1 - f/f_{eq})]^{1/m}}{t_p} \exp\left(\frac{Q}{RT}\right) \tag{7.18}$$

式中，t_p为达到峰值硬度所需时间。

在峰值硬度形成的析出相的百分比将在后面的7.2.4节中确定。也如该节所示，对应于400℃的峰值硬度的析出相分数高于对应于450℃的析出相分数，这是在400℃的时效硬化效应强于在450℃的部分原因。

7.2.3 长大和扩散常数

式（7.4）表明a是c_0、c_θ和c_α的函数。根据前面的讨论，在下面的计算中，c_0将由式（7.13）计算的c_0'代替。c_θ和c_α都被视为Ni和Mn的原子分数之和。NiMn只包含Ni和Mn，因此c_θ恒等于1。利用热力学软件计算出不同温度下的c_α值（表7.2，其中包含NiMn析出相的平衡量）。以原子分数表示的c_0的值为0.1728，相当于质量分数为0.1765，即11.9%（质量分数）的Ni和5.75%（质量分数）的Mn之和，即所研究合金的精确成分。

表7.2 与Fe-12Ni-6Mn马氏体时效型合金中的析出相有关的热力学计算数据

温度/℃	350	375	400	425	450
铁素体中的Ni/%	6.6	6.7	6.8	7.0	7.2
铁素体中的Mn/%	0.4	0.5	0.7	0.9	1.1
c_α(原子分数)/%	7.0	7.2	7.5	7.9	8.3
f_{eq}(体积分数)/%	11.4	11.1	10.8	10.5	9.7

在450℃，时效0.2h后析出相的平均直径约为3nm，时效2h（峰值硬度）后为6nm。据此可以估算扩散系数。可假设D遵循Arrhenius型方程，且与K具有相同的激活能：

$$D = D_0 \exp\left(-\frac{Q}{RT}\right) \tag{7.19}$$

那么，合并式（7.19）和式（7.12）可得到指数前项D_0：

$$D_0 = \left\{\frac{r}{\int\left[\frac{1}{2}\alpha(t)t^{-1/2} + \frac{\mathrm{d}\alpha(t)}{\mathrm{d}t}t^{1/2}\right]\mathrm{d}t}\right\}^2 \exp\left(\frac{Q}{RT}\right) \tag{7.20}$$

7.2.4　在峰值硬度的临界晶核尺寸和析出相分数

临界晶核尺寸（R_c）是析出相保持稳定且能够长大的最小尺寸。R_c 的计算公式为（Porter and Easterling 1981）：

$$R_c = \frac{-2\sigma N_A \Omega_\theta}{\Delta G_\nu} \tag{7.21}$$

式中，σ 为析出相与基体之间的单位面积界面能，取为 0.2J/m²；N_A 为阿伏加德罗常数；ΔG_ν 为析出相与铁素体的吉布斯自由能差，可用热力学软件计算。

Rivera-Díaz-del-Castillo and Bhadeshia（2001）在临界形核尺寸的计算中考虑了 Gibbs-Thomson 毛细管效应，此效应对粒子/基体边界的平衡成分有影响。

$$R_c = \frac{2c_\alpha \Gamma}{c_0 - c_\alpha} \tag{7.22}$$

其中毛细常数 Γ 为：

$$\Gamma = \frac{\sigma N_A \Omega_\theta}{RT} \frac{1 - c_\alpha}{c_\theta - c_\alpha} \tag{7.23}$$

表 7.3 列出了由两种方法计算的在不同温度下的 ΔG_ν 和 R_c。在孕育期的计算中使用了由式（7.21）计算得出的较大 R_c 值。应当指出，即使尺寸小于临界半径，仍假设其遵循式（7.3）所示的抛物线式长大规律。

表 7.3　Fe-12Ni-6Mn 马氏体时效型合金中的析出相的驱动力和临界晶核半径

温度/℃	350	375	400	425	450
驱动力（$-\Delta G_\nu/RT$）	0.97	0.86	0.77	0.67	0.59
R_c/nm（式（7.21））	1.05	1.10	1.16	1.24	1.34
R_c/nm（式（7.22））（Rivera-Dìaz-del-Castillo and Bhadeshia 2001）	0.39	0.39	0.41	0.43	0.46

将峰值硬度下的析出分数 f_p（析出分数为 f）确定为不同温度下的平衡分数 f_{eq} 的一个百分数涉及一个优化程序。利用不同的相变分数值，可得出在不同温度下的时效硬化曲线。因此，可得到使硬度计算曲线和实验曲线最优拟合的相变分数值（表 7.4）。由于析出相体积分数随着过饱和度的增加而增加，峰值硬度一般随着温度的降低而增加。

表 7.4　由最优拟合得到的参数值

温度/℃	k_0/s^{-1}	D_0/m^2·s^{-1}	f_p/f_{eq}	f_{eq}（体积分数）/%	f_p（体积分数）/%	r_p/nm
400	2.392×10^5	2.532×10^{-10}	0.56	10.8	6.1	3.9
450	2.392×10^5	2.532×10^{-10}	0.44	9.7	4.3	3.0
500	2.392×10^5	2.532×10^{-10}	0.39	8.7	3.4	2.2

7.3 基本测量

7.3.1 相变测定

7.3～7.5 节中的所用钢的成分在表 6.1 的最后给出。在膨胀曲线上标出了相变温度，如图 7.1 和图 7.2 所示。San Martín et al.（2008）and Gomez et al.（2009）使用了 A_{c3} 的标准测量方法，在温度达到 A_{c3} 时，试样完全奥氏体化，膨胀又开始与温度呈线性关系。

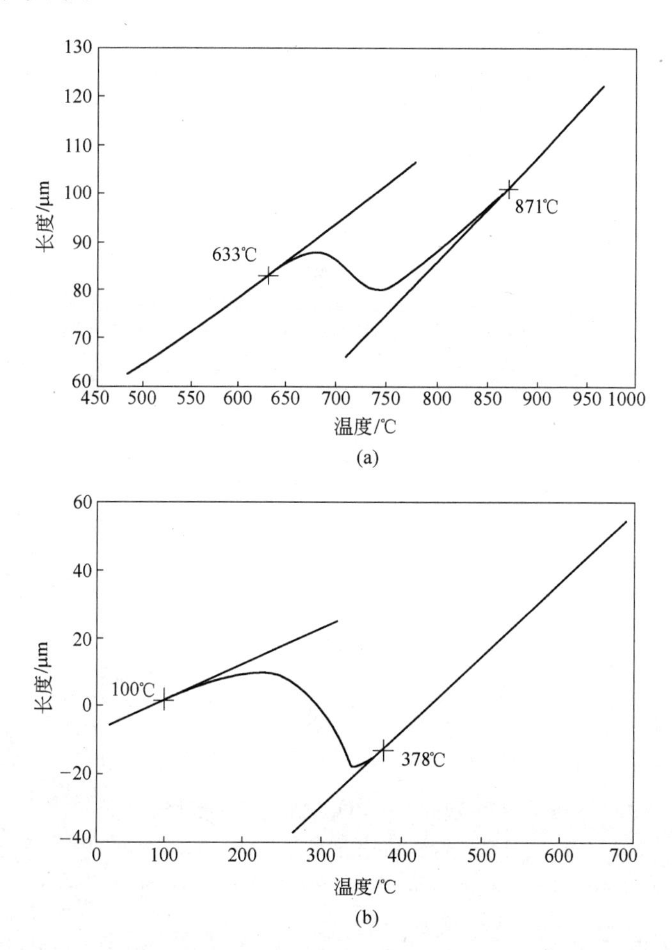

图 7.1 锻态低镍钢的膨胀曲线

（a）A_{c1}-A_{c3}；（b）M_s-M_f

（Sha et al. 2011，www. maney. co. uk/journals/mst 和 www. ingentaconnect. com/content/maney/mst）

Koistinen and Marburger 已表明，对于变温马氏体，在温度 T 下的相变体积分数 y 可能与马氏体相变开始温度 M_s 有关，表达式为（Chong et al. 1998）：

$$y = 1 - \exp[\alpha(M_s - T)] \tag{7.24}$$

这里 α 为常数，$\alpha<0$，单位为 K^{-1}。对公式整理并取对数，得出：

$$\ln(1 - y) = \alpha(M_s - T) \tag{7.25}$$

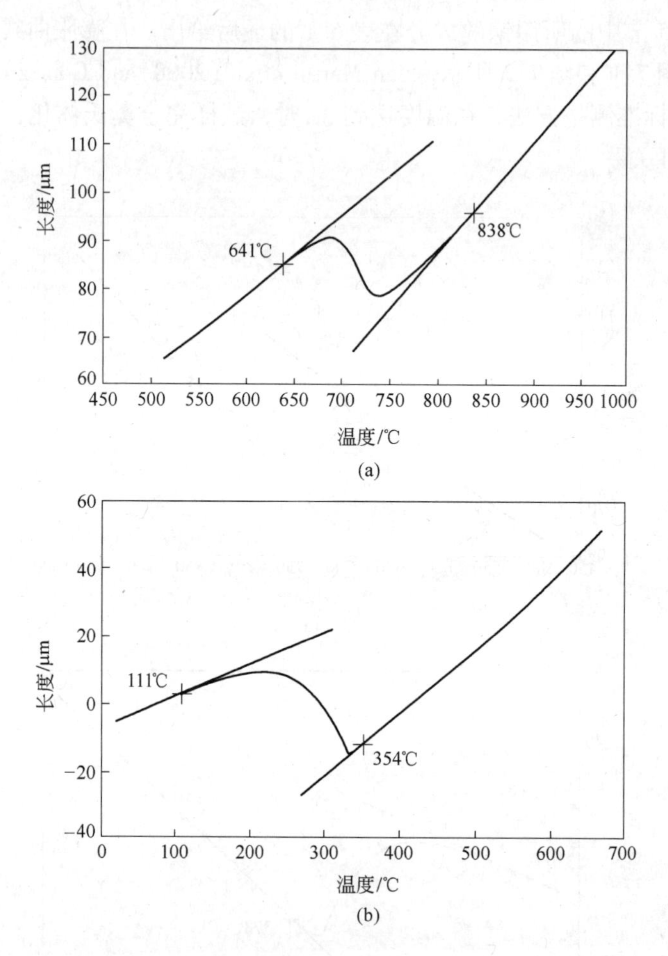

图 7.2　冷却至 -196℃的锻态钢的膨胀曲线

(a) A_{c1}-A_{c3}；(b) M_s-M_f

(Sha et al. 2011，www. maney. co. uk/journals/mst 和 www. ingentaconnect. com/content/maney/mst)

图 7.3 为根据 Koistinen and Marburger（K-M）分析得到的锻态钢的膨胀曲线，与文献中对 Fe-15 Ni 合金的研究方法相同（Chong et al. 1998；Wilson and Medina 2000）。K-M 曲线在 378℃至 340℃之间的部分可能对应于晶界处的块状铁素体。K-M 曲线的其余部分应该对应于原奥氏体晶粒内的马氏体。K-M 分析能够揭示不同的相变过程和产物，如 Wilson and Medina（2000）所示的多元线性拟合直线，这些直线对应于一个连续冷却实验中在不同温度范围内的不同相变。然

而，目前的马氏体时效钢不是这种情况，因为绝大部分相变拟合为一条直线。

7.3.2 硬度

马氏体时效钢中的硬度与析出相有密切联系。在550℃时效10h并空冷后的硬度为488～499HV30。图7.4中的硬度数据显示了马氏体时效钢在不同时效温度下的时效硬度曲线。

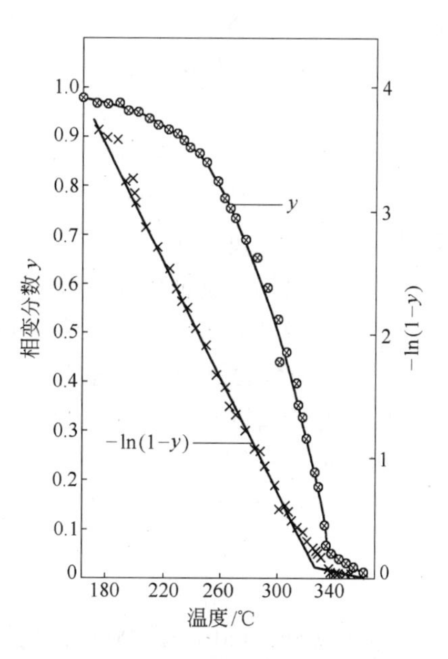

图7.3 锻态钢膨胀曲线的K-M分析

(Sha et al. 2011，www. maney. co. uk/journals/mst 和 www. ingentaconnect. com/content/maney/mst)

在450℃的最低温度下，钢在时效1h后的硬度为401HV2。在550℃和600℃的时效温度下，钢迅速产生了硬化。在600℃的时效温度下，硬度经0.25h的时效后达到峰值，即467HV2的最大硬度，之后经257h的时效缓慢降低到301HV2。钢在550℃的时效温度下经2h达到496HV2的峰值硬度，稍慢于在600℃下的硬度增速。在450℃的时效下呈现最低的硬度增速，需66h的最长时间达到500HV2的峰值硬度。在450℃时效时，硬度一直持续增加，且很可能在试验的最长时效时间之后继续增加。此外，在误差范围内，在500℃的较高时效温度下的最大时效硬度与在450℃下的相同。在第17.35h的最大硬度为501HV2。

在四个时效温度下均得到相似的峰值硬度，但是到达峰值硬度的时间不同。

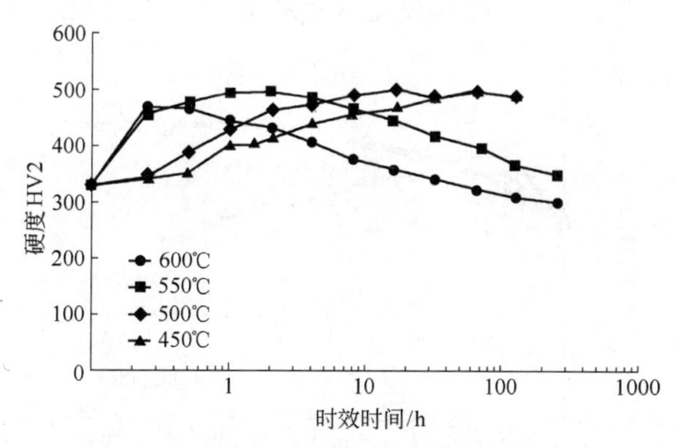

图7.4 时效硬化曲线

显示马氏体时效钢在450～600℃时效时的硬度随时间的变化

(Sha et al. 2011，www. maney. co. uk/journals/mst 和 www. ingentaconnect. com/content/maney/mst)

据此推断，在这四个温度下，不同时间的时效可以形成相似的峰值硬度显微组织。析出相对马氏体时效钢的硬度起主导作用。其他因素为残余或逆转变奥氏体的含量和位错密度的变化。在钢的整个时效过程中，X 射线衍射（XRD）没有检测到奥氏体（见 7.4.2 节），因此可排除该因素。时效的温度范围为 450 ~ 600℃。因此，如果我们假设在不同温度下达到峰值硬度时（即短时高温和长时低温）的位错密度具有可比性，就会自然将我们引向“当达到峰值硬度时，相似尺寸的析出相在基体中相似地分布”的观点。

还应该指出的是，经 550℃和 600℃时效后的硬度在到达峰值不久后会降低。此外，在 450℃的最长甚至可能更长的时效时间内，硬度持续增加。经 500℃时效的硬度在峰值附近出现一个大的平台，且几乎不降低。这些令人关注的行为可以从两个方面来解释。一方面，450℃和 500℃的时效温度不足以使钢中的析出相迅速长大，而 550℃则足以使析出相经过长时间时效后长到大尺寸。因此，钢在 550℃和 600℃的过时效的发生早于在 450℃和 500℃。另一方面，当时效温度高达 550℃时，经过相对长时间的时效后，一些逆转变奥氏体可能环绕某些富镍析出相生成（Sha and Guo 2009），它们也可能使硬度降低。

图 7.5 展示了经过不同热处理后的时效硬化，即 H950（485）、H950（600）、QL（485）和 LQ（485）热处理。H950（485）是在 950℃加热 1h 后空冷，然后在 485℃进行时效。H950（600）的时效温度为 600℃。Q 是指在 950℃加热 0.5h 后水淬，L 是指在 750℃加热 2h 后空冷。与其他热处理相比，经 H950（600）热处理的钢在约 30min 的最短时间内达到了 442HV2 的最低峰值硬度。在 H950（600）热处理过程中，硬度在达到峰值后显著降低。H950（600）和 H950（485）热处理的区别仅为时效温度不同，即分别为 600℃和 485℃。当时效时间为 64h 时，H950（485）热处理达到 498HV2 的峰值硬度。因此，485℃的时效温度产生了较慢的硬化反应，但使峰值硬度显著增加。QL（485）热处理经 16h 时

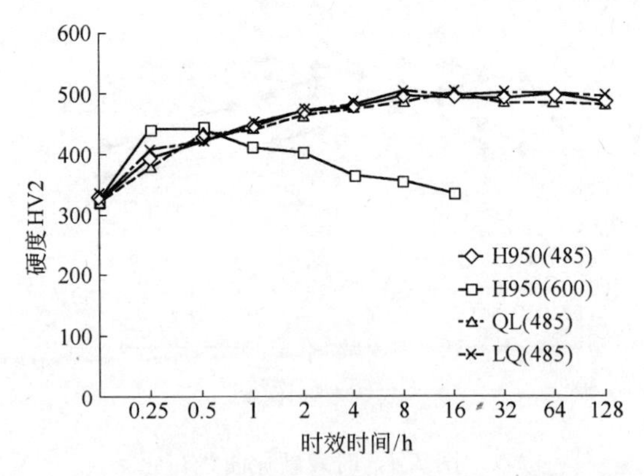

图 7.5 在两个时效温度（485℃和 600℃）下的时效硬化曲线

（Sha et al. 2012，经 Elsevier 许可）

效后达到 500HV2 的峰值硬度，LQ（485）热处理经 8h 后达到相近的（约为 503HV2）峰值硬度。此外，H950（485）、QL（485）和 LQ（485）热处理产生相似的硬度增速，且硬度经 8h 的时效后到达一个大的平台。在 8 ~ 64h 的时效时间范围内，硬度相近，结合标准偏差可视为相同。考虑到数据的分散性，时效 8h 和 128h 后的硬度没有区别。

综上所述，尽管有多种预时效处理，但只有时效温度是重要的变量。在实验误差范围内，所有在 485℃时效的数据发生重叠，而且在 600℃时效的钢呈现一个众所周知的行为，即在较短的时间内达到峰值硬度。不同的预时效处理没有影响。

7.3.2.1 析出相

我们现在继续讨论由于析出相（本节）和过时效（7.3.2.2 节）而产生的热处理对硬度的影响。对于包括 H950 在内的所有热处理，时效后的硬度较时效前显著增加。时效中的硬化通常来源于在时效中形成的析出相（Askeland et al. 2010）。在 7.4.3 节中将对析出相的类型进行分析。

热力学计算表明，Nb_2C 和 NbC 在奥氏体化（950℃）和临界区退火（750℃）中形成（7.4.3 节）。形成温度低于 950℃和 750℃的其他析出相（如 NiAl），能在随后的冷却中形成。

7.3.2.2 过时效

由于传统 XRD 的局限性，不能完全排除奥氏体的存在。Guo et al.（2004）指出当奥氏体的量低于 2% 时，传统 XRD 不能检测出奥氏体。因此，即使在这种材料中没有检测出奥氏体，也应将残余或逆转变奥氏体的量视为不高于此阈值。此外，对于 L 处理，在 XRD 图中也没有残余奥氏体存在的迹象。因此，最有可能的情况是：在时效中，该材料中的 Ni 元素的量不足以生成通过消耗马氏体而形成的逆转变奥氏体。

过时效的明显标志是硬度降低。硬度降低的一个可能原因是析出相的粗化（Lach et al. 2010）。然而，H950（600）热处理后的照片（7.4.1 节）显示了针状结构。这些清晰而亮的显微组织疑为对钢的韧性有重大影响的逆转变奥氏体（Xiang et al. 2011），但由于其量太少而不能被 XRD 检测到。因此，硬度的明显降低可能归因于逆转变奥氏体。必须对逆转变奥氏体进行准确的表征，以验证其与硬度降低有关的假设。

7.4 显微组织

7.4.1 显微术

钢在腐蚀后的显微组织（图 7.6）包含马氏体板条和晶界。在 550℃或 600℃经过长时间的时效后，出现了可能与过时效产物有关的很多暗区。

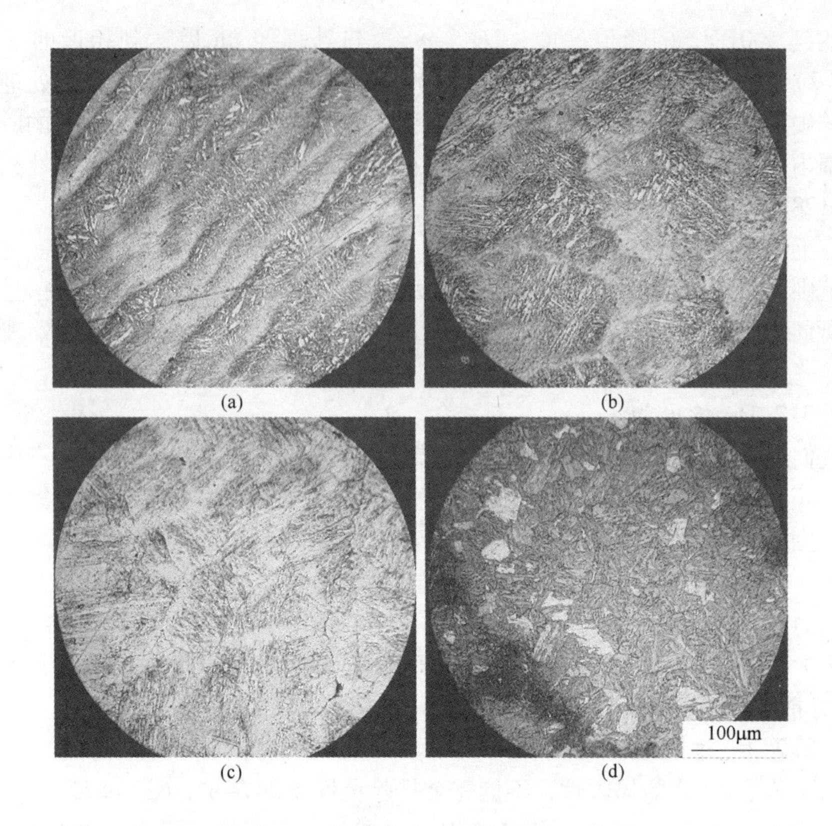

图 7.6 时效前后的光学显微镜照片

（a）锻态；（b）500℃，0.25h；（c）500℃，0.5h；（d）550℃，72h

这四张显微照片的放大倍数相同

（Sha et al. 2011，www. maney. co. uk/journals/mst 和 www. ingentaconnect. com/content/maney/mst）

在 SEM 照片中可以更清晰地观察到马氏体板条和晶界（图 7.7），也可看到在表面上均匀分布着非常细小的析出相。在 TEM 下的显微组织由马氏体板条组成，在此板条基体内随机分布着许多析出相（图 7.8）。随着时效时间的增加，细小的析出相非常缓慢地变大。

表 7.5 比较了在不同时效时间下，基于 SEM 照片测量的析出相尺寸。基于 SEM 照片的测量有三种误差来源。由于一些粒子的大部分体积可能嵌入基体中以及成像的切片本质，假设粒子为球形，那么测量的直径可能是露在外面的球冠直径而不是粒子的球体直径。因此，在 SEM 测量中会造成对析出相尺寸的低估。另一方面，SEM 可能没有发现视场内的全部粒子，由于没有计算较小的粒子而造成对析出相尺寸的高估。这两种误差源产生相反的误差，在一定程度上可相互抵消。然而，表中所示的用标准差表示的误差值应主要来自于析出相尺寸的真实分散。

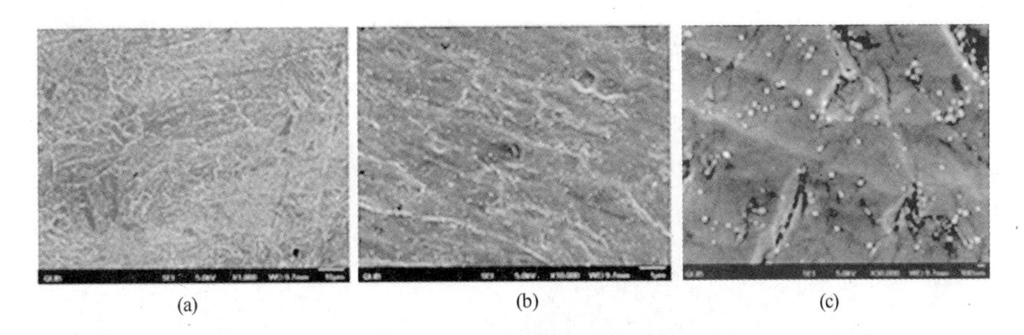

图 7.7 时效后的扫描电子显微镜照片

（a）500℃，32h；（b），（c）450℃，66h

（Sha et al. 2011，www. maney. co. uk/journals/mst 和 www. ingentaconnect. com/content/maney/mst）

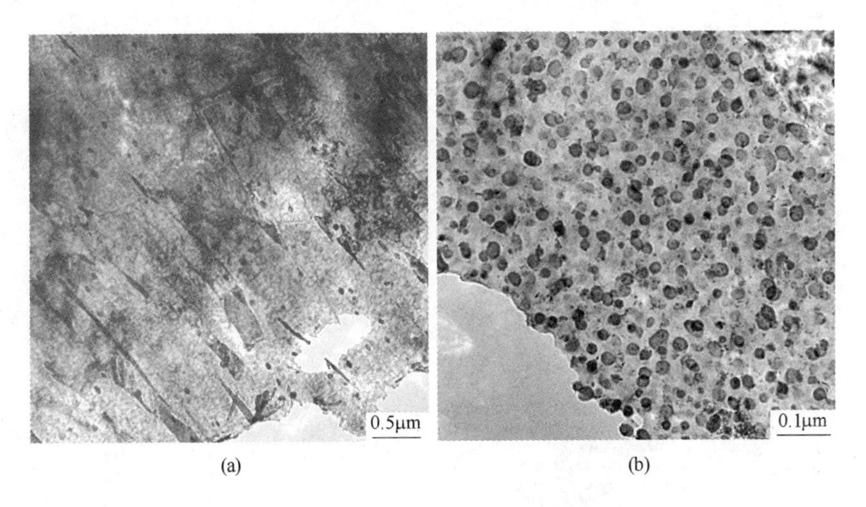

图 7.8 时效后的透射电子显微镜照片

（a）500℃，8h；（b）550℃，256h

（Sha et al. 2011，www. maney. co. uk/journals/mst 和 www. ingentaconnect. com/content/maney/mst）

表 7.5 在 500℃时效后的析出相尺寸的比较，基于 SEM 照片测量

时效时间/h	平均尺寸/nm	时效时间/h	平均尺寸/nm
1	18 ±4	32	19 ±5
8	19 ±5	67	22 ±9

如此高放大倍数的 SEM 中的另一种误差源是局部采样。由于不均匀的化学成分等因素，该技术不易分辨出析出相尺寸和密度的任何可能的长程变化。

图 7.9 为经 Q、H950、QL 和 LQ 热处理但还未发生时效的显微组织。可以在晶粒（如图 7.9(e)中所标记）中清楚地看到许多马氏体板条组（如图 7.9(b)中所标记）。

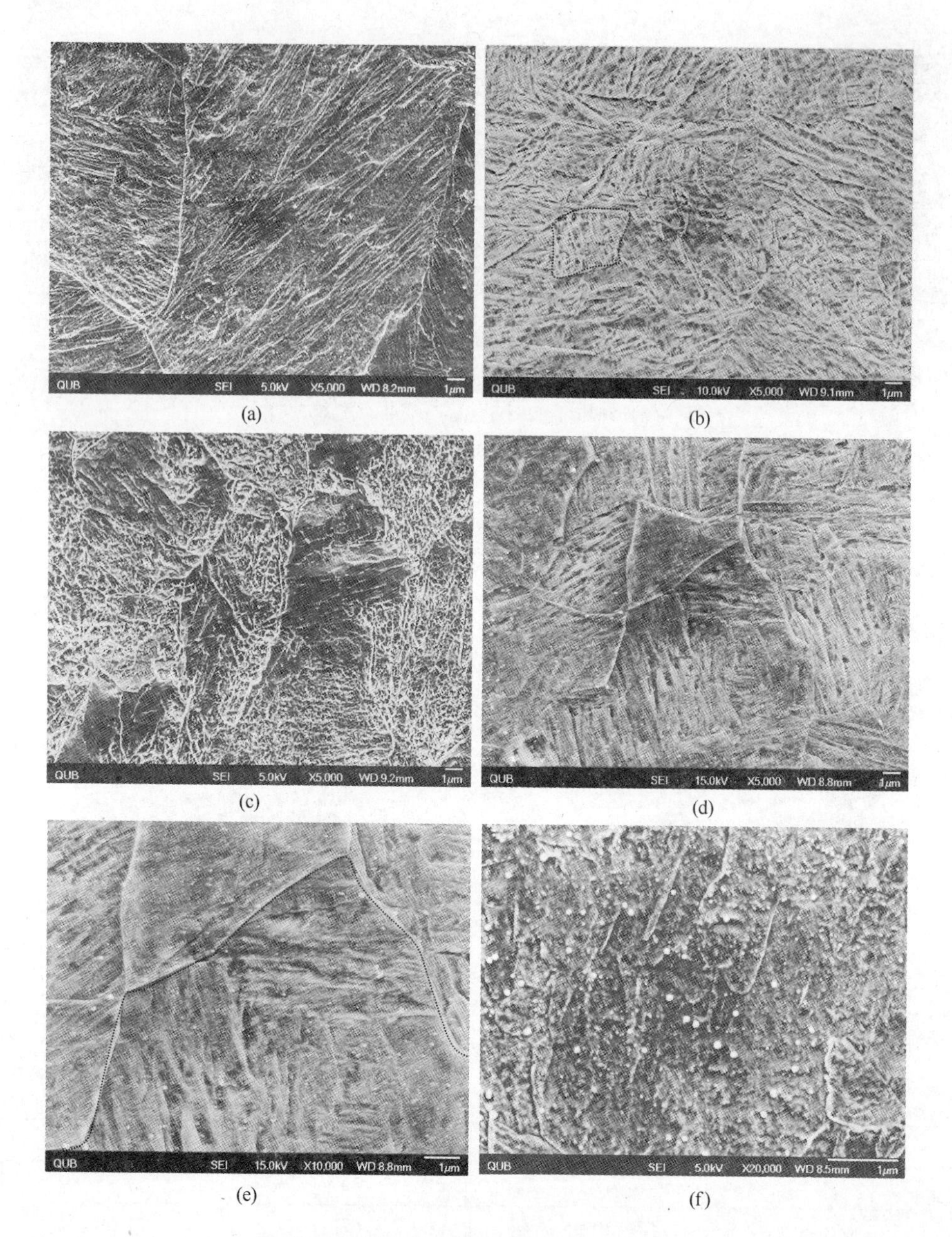

图 7.9 不同的无时效热处理后的 SEM 照片

(a) Q；(b) H950；(c) QL；(d) ~ (f) LQ

在图（b）中标记出一个板条状马氏体组，在图（e）中标记出一个晶粒

（Sha et al. 2012，经 Elsevier 许可）

与无时效热处理相比，QL（图 7.10(b)）和 LQ（图 7.10(c)）热处理后的马氏体基体比 H950（图 7.10(a)）热处理后的更复杂，因为前者未呈现清晰的

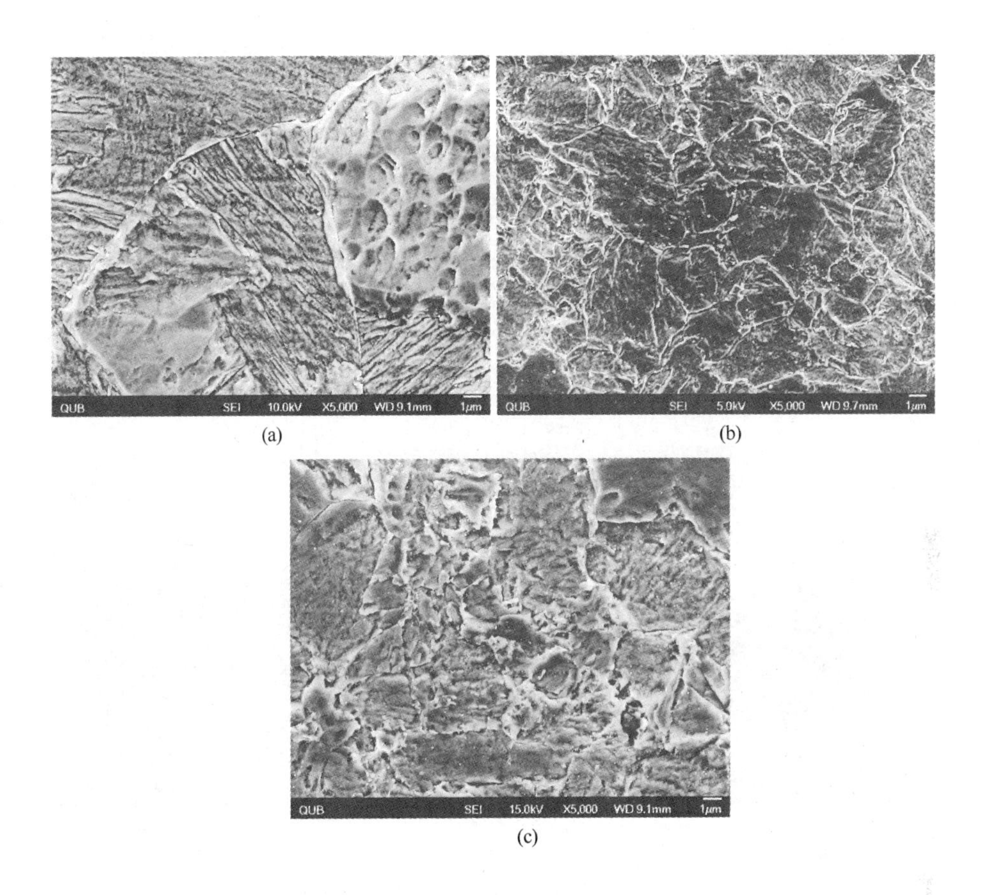

图 7.10　不同的时效热处理后的 SEM 照片

（a）H950（485）时效 8h；（b）QL（485）时效 16h；（c）LQ（485）时效 8h

（Sha et al. 2012，经 Elsevier 许可）

长板条，且不够均匀。

图 7.11 所示为经 128h 的 H950（485）、LQ（485）和 QL（485）热处理和经 4h 的 H950（600）热处理的过时效显微组织。在如此高的放大倍数下，应谨慎对待照片中的马氏体基体结构。因为该结构可能包含样品制备过程中的影响因素，如划痕和蚀刻等，这些影响因素在高倍放大率下被放大。因此，不是所有的细微特征都是真正的基体特征。同理，也应谨慎对待图 7.9 和图 7.10 中具有类似高放大倍数的照片。

7.4.2　X 射线衍射分析

利用 X 射线衍射（XRD）分析对残余或逆转变奥氏体进行了检测，但在所有温度时效后的衍射图中均无 fcc 奥氏体的反射峰。图 7.6(d) 中的暗区应该与奥

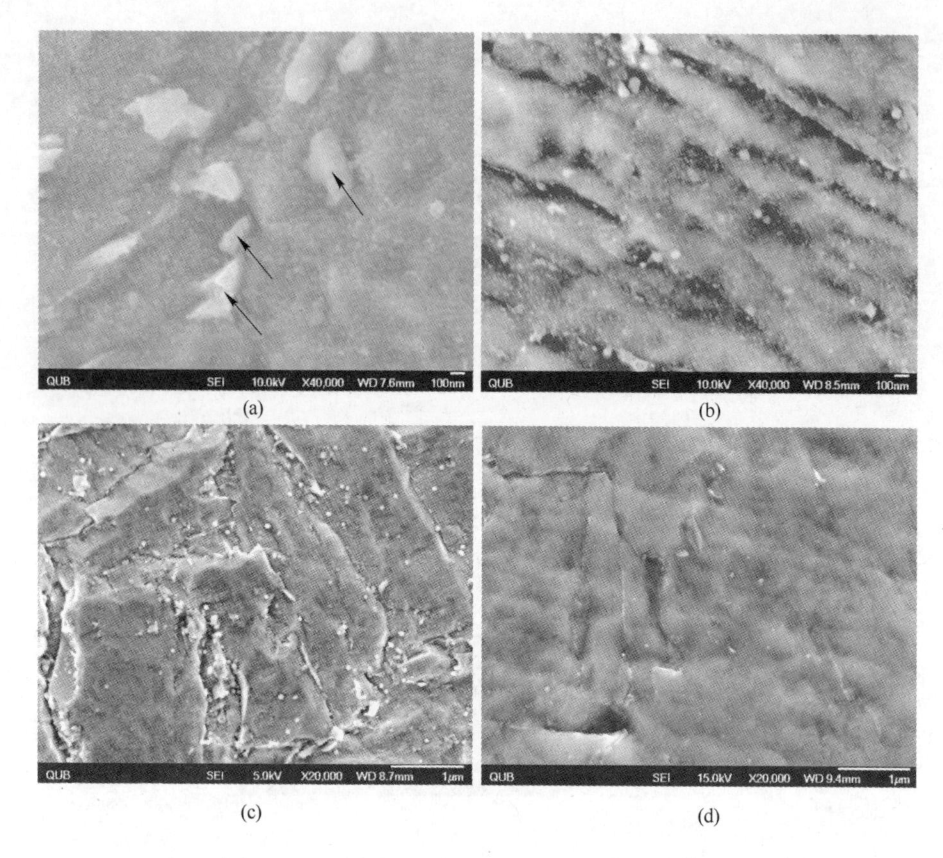

图 7.11 不同的长时间时效热处理后的 SEM 照片
（a）H950（600）时效 4h；（b）H950（485）时效 128h；
（c）QL（485）时效 128h；（d）LQ（485）时效 128h
照片（a）中有多个针状结构，其中三个由箭头指出
（源自 Sha et al. 2012，经 Elsevier 许可）

氏体无关，否则 XRD 分析应能检测出该比例级别的奥氏体。

以无时效和有时效的 QL 热处理为例，在图 7.12 中的 QL 热处理后的 X 射线衍射图中只有两个峰，即在 44.8°的锐峰和在 64.9°的小峰。Guo et al.（2004）量化了马氏体时效钢中的析出相分数，且在其衍射图中也显示了奥氏体的存在。与 Guo et al.（2004）相比，图 7.12 中没有代表残余或逆转变奥氏体（γ）的峰，即在 43°、50°和 74°的主要奥氏体峰位置没有出现峰。

7.4.3 热力学计算

在 450℃、500℃、550℃ 和 600℃ 对 Fe-12.94Ni-1.61Al-1.01Mo-0.23Nb-0.0046C（质量分数,%）系统中的平衡相、相分数和相成分进行了热力学计算。

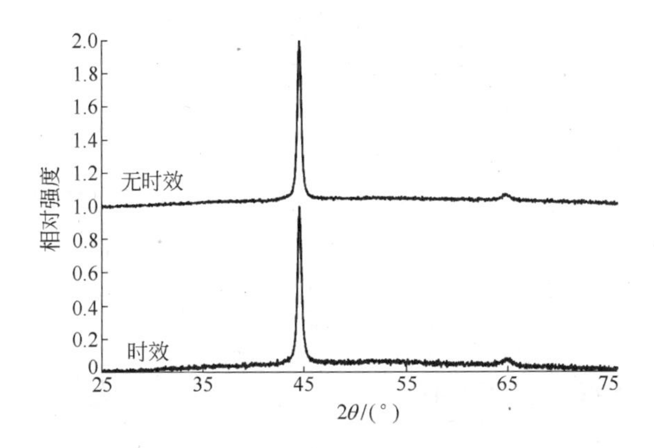

图 7.12 无时效 QL 热处理后和在 485℃时效 128h 的 QL 热处理后的 XRD 图

该计算中的相为液相、fcc、bcc、hcp、金刚石、石墨、σ、Laves、R、P-相、μ、χ、MoNi、$MoNi_4$ β、$MoNi_3$ γ、$Al_{13}Fe_4$、Al_2Fe、Al_5Fe_2、Ti_3Al、TiAl、渗碳体、ξ 碳化物、$M_{23}C_6$、M_7C_3、M_6C、M_3C_2、V_3C_2、MC η、M_5C_2、Al_3Ni、Al_3Ni_2、AlNi B2、AlCu θ 和 FeCN χ。各平衡相的成分将在后面展示计算结果时给出。

表 7.6 列出了各平衡相及其摩尔分数，其中的 fcc 相为奥氏体。然而，XRD 的结果表明，即使钢在 257h 内发生了严重的过时效，奥氏体相也没有形成。这些结果虽然给出了真实的平衡状态，但却没有实际价值。这是因为，钢在这些温度下的实际时效过程中，奥氏体由于其缓慢的动力学而不能形成。由于 bcc 中的碳含量几乎为零，奥氏体和 bcc 相的成分差异主要为镍含量。因此，奥氏体的形成受控于镍的扩散和形成位相差的驱动力。在表 7.6 的析出相中，不仅 NiAl 有很快的动力学（Sha and Guo 2009），而且碳化物也有，因为碳的扩散率比置换元素更快。由于表 7.6 中的结果没有实际价值，将不再深入介绍和讨论各相成分。

表 7.6 含奥氏体的热力学计算的平衡相摩尔分数

相	450℃	500℃	550℃	600℃
NiAl B2	0.024	0.007	—	—
bcc	0.723	0.631	0.497	0.297
fcc	0.247	0.354	0.495	0.696
NbC	0.002	0.003	0.003	0.003
Mo_2C	0.003	—	—	—
M_6C	—	0.006	0.005	0.005

现在，在计算中排除了奥氏体相，使计算更贴近于马氏体时效钢的实际热处理（表 7.7）。NiAl 被认为是主要析出相，这与含铝析出硬化（PH）钢中的析出相的原子探针表征研究相符（Sha and Guo 2009）。NiAl B2 相的计算成分是

$Ni_{53}Al_{47}$。表7.8给出了FeNi hcp相和所有其他平衡相的成分。

表7.7 热力学计算得出的平衡相摩尔分数（不含奥氏体）

相	450℃	500℃	550℃	600℃
NiAl B2	0.066	0.063	0.060	0.054
bcc	0.897	0.919	0.932	0.938
NbC	0.003	0.003	0.003	0.003
FeNi	0.029	0.009	—	—
M_6C	0.006	0.006	0.005	0.005

表7.8 计算得出的各相在450℃/500℃/550℃/600℃[①]的组元及其原子分数

相	Fe	Ni	Al	Mo	Nb	C
bcc	91.1/90.1/89.4/88.9	8.4/9.2/9.7/10.0	0.3/0.4/0.5/0.8	0.2/0.3/0.3/0.3	0.0	0.0
NbC	0.0	0.0	0.0	0.0/0.1/0.4/1.3	52.2/51.3/50.3/49.1	47.7/48.6/49.3/49.6
FeNi[②]	56.9/58.6	42.6/40.8	0.0	0.5/0.5	0.0	0.0
M_6C	28.9/29.4/30.5/32.2	0.0	—	56.8/56.3/55.2/53.5	—	14.3

① 四个数字分别为在450℃、500℃、550℃和600℃下的计算值。如只有一个数字，则代表在所有四个温度下的计算值，即不随温度而变化。横线表示该元素不是在该相计算中的一个组元。

② 只在450℃和500℃下存在，因此只显示两个数字。

表7.9给出了计算得出的在750℃和950℃的平衡相摩尔分数。无论是在750℃还是950℃下，主相均为摩尔分数超过99%的奥氏体。在950℃下，另一个相是摩尔百分比为0.044%的NbC。在750℃下，另外两个相为Nb_2C和Laves相$Fe_2(Nb,Mo)$。

表7.9 热力学计算得出的平衡相的摩尔分数

相	750℃	950℃	相	750℃	950℃
fcc	0.99804	0.99956	Nb_2C	0.00064	—
NbC	—	0.00044	$Fe_2(Nb,Mo)$	0.00133	—

7.5 力学性能

7.5.1 拉伸和冲击性能、断口形貌

在500℃时效2h和6h后的拉伸性能相似，抗拉强度分别为1594MPa和1577MPa。两种条件下的断面收缩率均为15%。这些试验结果表明钢有良好的抗拉强度。

时效前锻态（锻至厚度为25.4mm的圆片后空冷）的5mm×10mm×55mm

半尺寸试样在 -196℃至室温的冲击能为 21 ~36J。在此试验条件下，由于钢中存在着 Nb 和超出化学计量（约为 0.016%）的 C，使晶粒得到细化，因此钢的韧性较好（Wilson et al. 2008）。然而，时效后的断裂韧性较低。马氏体时效钢在 550℃时效 10h 后的韧-脆转变温度（DBTT）高于室温。

锻态冲击试样的断面呈现放射脊状的特征（图 7.13(a)）。这些剪切韧窝很大且浅。在图 7.13(b) 和图 7.13(c) 中可以看到小而深的拉伸韧窝，且在许多韧窝底部有小的析出相，这证明断裂过程是典型的韧性断裂。在同一试样的断面上出现两种韧窝是由于试样在冲击过程中经历了复杂的应力。这些韧窝也表明锻态钢具有良好的韧性。

可将试验钢与最相近但更昂贵的 Vascomax（2000）T-250（Fe-18.5Ni-3Mo-

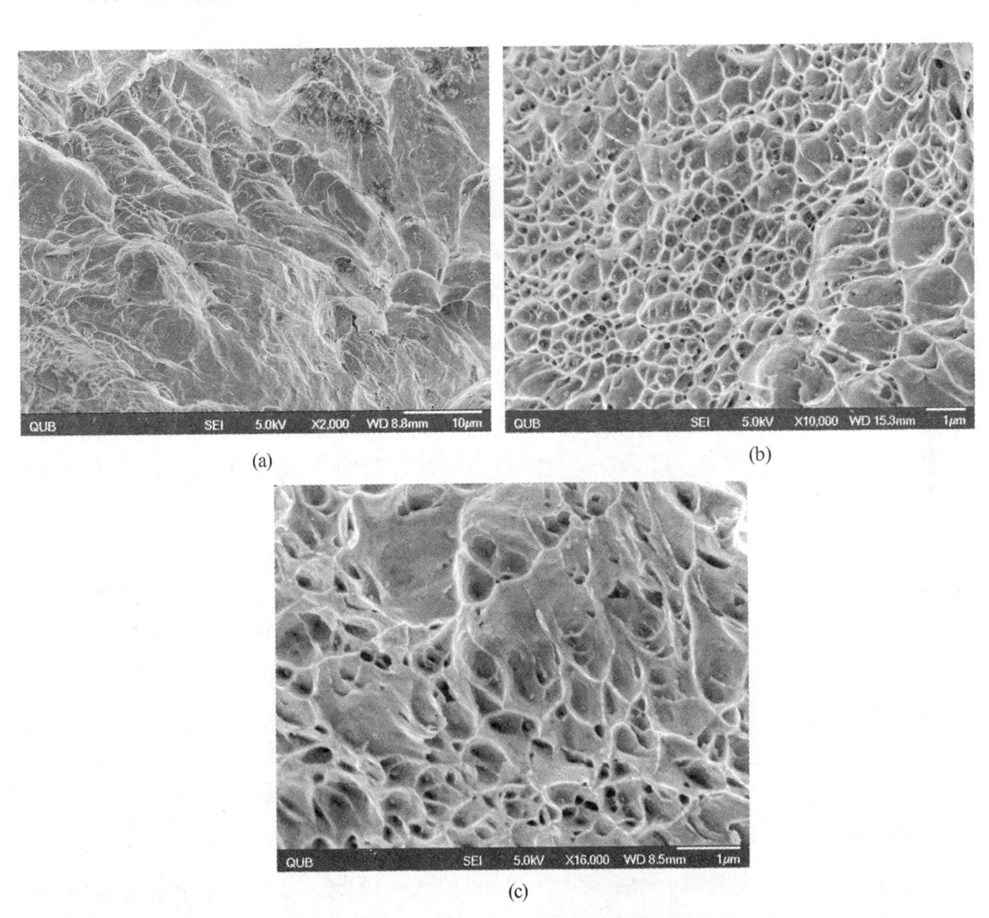

(a) (b) (c)

图 7.13 逐步放大的锻态冲击试样的断口形貌

(a) 大而浅的剪切韧窝，冲击温度为 -110℃；(b) 小而深的拉伸韧窝，冲击温度为 -196℃；(c) 小而深的拉伸韧窝，冲击温度为 -110℃

(Sha et al. 2011，www.maney.co.uk/journals/mst 和 www.ingentaconnect.com/content/maney/mst)

1.4Ti）商业钢的性能作比较。时效处理后，T-250 钢的洛氏 C 级硬度为 49～52，相当于 498～544HV10、抗拉强度为 1793MPa、面缩率为 58%。其室温全尺寸冲击能为 34J。低镍马氏体钢在硬度和强度上可与该商用马氏体钢媲美，但其延展性和韧性较低。

表 7.10 列出了经 H950、LQ 和 QL 热处理加 485℃时效的夏氏冲击能，以及经 H950 热处理加 600℃时效的夏氏冲击能。与 H950（485）相比，经 H950（600）热处理后的韧性显著增加了约 400%，而硬度降低了约 12%。与 7.3.2 节的硬度数据相符，经 485℃时效的所有数据在实验不确定度之内实验结果相同。

表 7.10 不同热处理后的夏氏冲击能

热处理	室温冲击能(半尺寸)/J	热处理	室温冲击能(半尺寸)/J
H950(485) for 16h	3.9	LQ(485) for 16h	2.8
H950(600) for 30min	19.7	QL(485) for 16h	5.4

7.5.2 临界区退火和双相结构

我们在本节将尝试将不同方面联系到一起。讨论临界区退火和双相结构的目的是为了阐明 QL 和 LQ 热处理对显微组织的影响。

对于 L 热处理（750℃），热力学计算预计在此温度下 bcc 相不存在（见 7.4.3 节）。这很可能是由于 L 处理的温度/时间不足以使马氏体完全转变为奥氏体。因此，即使在接下来的冷却中没有奥氏体被保存下来，L 处理中的新生马氏体的总量也应少于 Q 处理，因为以奥氏体化为目的的 Q 处理可使马氏体完全转变为奥氏体。QL 包含作为其第一个加热阶段的 Q 处理，然而进一步的 L 处理是对马氏体进行回火以软化马氏体（Baltazar Hernandez et al. 2011）。与 QL 相比，LQ 中的 Q 热处理为第二个加热阶段，可使更多的马氏体转变为奥氏体。因此，在随后的淬火后将形成更多的马氏体。从淬火介质的角度而言，Q 和 H950 处理有轻微差别，但如考虑标准差，它们在时效之前的硬度是相同的。在约 950℃的热处理后，没有检测到残余奥氏体。

在图 7.10(a)中可观察到清晰的、长的马氏体板条，但它们在图 7.10(b)和图 7.10(c)中呈较短且破裂的形态。这种变化可能是由于形成了“双相”结构的临界区退火产物，即混合的回火马氏体和新生马氏体。需要注意的是，热力学计算表明一些析出相在 750℃形成（见 7.4.3 节）。与小的析出相粒子相比，大的析出相粒子可更有效地阻碍晶粒随时效时间长大。因此，双相的两种组分对时效有不同的反映，这也合理地解释了为何只有在时效后才能观察到这种显微组织。如 7.3.1 节所述，A_{c1}/A_{c3} 相变温度为 635/871℃。然而，该温度是在连续加热中测得的，而热处理为等温状态。热力学计算表明，在 750℃只有一个 γ 相存在，而无 bcc 相。然而，L 热处理的 2h 的加热时间可能不足以使马氏体完全转变为奥氏体。如此而言，L 热处理能够成功地将钢加热到 α 和 γ 两相区。对于两阶段热处理，第一阶段使铁素体转变成奥氏体，然后奥氏体在淬火中转变为马氏体。在第二阶段，大部分马氏体转变为逆转变奥氏体，剩余的被回火和松弛的马氏体定义为回火马氏体。由于 XRD 没有检测出奥氏体，逆转变奥氏体在随后的淬火中完全转变为马氏体，定义为新生马氏体。回火马氏体和新生马氏体组成双相结构，回火马氏体软且含合金元素少，新生马氏体硬且含合金元素多。QL 和 LQ 热处理的区别在于 QL 热处理将奥氏体化作为第一阶段，使铁素体完全转变为奥氏体。因此，经 QL 处理后，最终有更多的马氏体被回火。

如图 7.10(b)和图 7.10(c)所示，与图 7.10(a)相比，这种双相显微组织应为形成细晶显微组织的原因。Guo et al. (2003) 解释了为什么双相的两阶段马氏体相变导致了晶粒尺寸的细化。由于 Ni、Mo 和 Al 等置换合金元素取代了 fcc 结构中铁原子的一部分位置，形成了两种奥氏体，即低合金相和高合金相，从而引起了两种不同的淬火反应。由于在相图中奥氏体成分随温度而变化（ASM Handbook 1992)，高温（在 Q 处理中）和低温（在 L 处理中）下形成的奥氏体中的原子浓度不同。在接下来的淬火中，低合金相首先转变成马氏体，然后高合金相开始转变。实际上，这种两阶段马氏体相变受到了限制。第二阶段形成的马氏体被周围已经形成的马氏体约束。因此，最终获得了细晶粒的显微组织。Guo et al. (2003)在同一篇论文中报道，LQ 热处理对晶粒细化几乎没有作用，但是如果重复这些热处理步骤可以获得显著的晶粒细化，即 LQLQ 热处理（对于 QL，则应为 QLQL 热处理)。

7.5.3 韧性

我们现在来完成热处理对韧性影响的讨论。表 7.10 中数据的主要差别是材料经 600℃时效的韧性高于经 485℃时效的材料韧性。如图 7.5 所示，由于材料在每一温度下被时效至峰值硬度，高温时效明显使材料的硬度降低（如在 600℃的 440HV 和在 485℃的 500HV)。因此，CVN 数据支持众所周知的观点，即同一显微组织类型的大多数材料的韧性随着强度降低而升高（Kim et al. 2008)。倘若韧性满足要求，钢有望在其峰值硬度附近得到应用。

对于未经初始热处理在 550℃时效 10h 的钢，室温半尺寸夏氏冲击能约为 4J，硬度约为 455HV2。经 30min 的 H950（600）处理后，其硬度基本不变，而夏氏冲击韧性显著提高。因此，与未经初始热处理的钢相比，低的奥氏体化温度（950℃）可显著提高夏氏冲击韧性。

7.5.4 总结

综上所述，在 450 ~ 600℃的时效处理温度范围内产生了快速的时效硬化。晶粒尺寸和析出相无显著变化。X 射线衍射未检测到逆转变奥氏体。钢在时效前是坚韧的，但经时效后在室温下极脆并具有高的抗拉强度和硬度。热力学计算表明，NiAl 是在 450 ~ 600℃的主要析出相。

镍含量降低的 Fe-12.94 Ni-1.61 Al-1.01 Mo-0.23Nb（质量分数,%）马氏体时效钢经 950℃的奥氏体化和临界区退火处理后呈现不同的时效硬化行为。XRD 未检测出逆转变奥氏体。然而，经过在 950℃奥氏体化和在 600℃时效 4h 后，形成了一些疑似逆转变奥氏体的针状显微组织。$Fe_2(Nb,Mo)$ Laves 相在 750℃形成。经低温奥氏体化后，韧性显著增强。然而，临界区退火处理既不能提高时效前或时效后的硬度，也不能提高时效后的韧性。

参 考 文 献

Askeland DR, Fulay PP, Wright WJ (2010) The science and engineering of materials, 6th edn. Cengage Learning, Stamford.

ASM Handbook(1992), Alloy phase diagrams, vol 3. ASM International, Metals Park, OH.

Baltazar Hernandez VH, Nayak SS, Zhou Y(2011) Tempering of martensite in dual-phase steels and its effects on softening behavior. Metall Mater Trans A 42A: 3115-3129. doi: 10.1007/s11661-011-0739-3.

Chong SH, Sayles A, Keyse R, Atkinson JD, Wilson EA(1998) Examination of microstructures and microanalysis of an Fe-9% Ni alloy. Mater Trans, JIM 39: 179-188.

Christian JW(2002) The theory of transformations in metals and alloys. Pergamon, Oxford.

Gomez G, Pérez T, Bhadeshia HKDH (2009) Air cooled bainitic steels for strong, seamless pipes. Part 1—alloy design, kinetics and microstructure. Mater Sci Technol 25: 1501-1507. doi: 10.1179/174328408X388130.

Guo Z, Sha W, Wilson EA, Grey RW(2003) Improving toughness of PH 13-8 stainless steel through intercritical annealing. ISIJ Int 43: 1622-1629. doi: 10.2355/isijinternational.43.1622.

Guo Z, Li D, Sha W(2004) Quantification of precipitate fraction in maraging steels by X-ray diffraction analysis. Mater Sci Technol 20: 126-130. doi: 10.1179/026708304225010398.

Hosseini E, Kazeminezhad M(2009) Dislocation structure and strength evolution of heavily deformed tantalum. Int J Refract Met Hard Mater 27: 605-610. doi: 10.1016/j.ijrmhm.2008.09.006.

Kim BC, Park SW, Lee DG(2008) Fracture toughness of the nano-particle reinforced epoxy composite. Compos Struct 86: 69-77. doi: 10.1016/j.compstruct.2008.03.005.

Lach E, Schnitzer R, Leitner H, Redjaimia A, Clemens H(2010) Behaviour of a maraging steel under quasi-static and dynamic compressive loading. Int J Microstruct Mater Prop 5: 65-78. doi: 10.1504/IJMMP.2010.032502.

Ledbetter HM, Reed RP(1973) Elastic properties of metals and alloys, I. Iron, nickel, and ironnickel alloys. J Phys Chem Ref Data 2: 531-617. doi: 10.1063/1.3253127.

Porter DA, Easterling KE(1981) Phase transformations in metals and alloys. Van Nostrand Reinhold, New York.

Rivera-Díaz-del-Castillo PEJ, Bhadeshia HKDH(2001)Theory for growth of spherical precipitates with capillarity effects. Mater Sci Technol 17: 30-32. doi: 10.1179/026708301101509089.

San Martín D, de Cock T, García-Junceda A, Caballero FG, Capdevila C, de Andrés CG(2008) Effect of heating rate on reaustenitisation of low carbon niobium microalloyed steel. Mater Sci Technol 24: 266-272. doi: 10.1179/174328408X265640.

Sha W, Guo Z (2009) Maraging steels: modelling of microstructure, properties and applications. Woodhead Publishing, Cambridge. doi: 10.1533/9781845696931.

Sha W, Li Q, Wilson EA(2011)Precipitation, microstructure and mechanical properties of low nickel maraging steel. Mater Sci Technol 27: 983-989. doi: 10.1179/1743284710Y.0000000019.

Sha W, Ye A, Malinov S, Wilson EA(2012)Microstructure and mechanical properties of low nickel maraging steel. Mater Sci Eng A 536: 129-135. doi: 10.1016/j.msea.2011.12.086.

Vascomax®(2000)Nickel maraging alloys technical data sheet, Allvac, Monroe.

Wilson EA, Medina SF(2000)Application of Koistinen and Marburger's athermal equation for volume fraction of martensite to diffusional transformations obtained on continuous cooling 0.13% C high strength low alloy steel. Mater Sci Technol 16: 630-633. doi: 10.1179/026708300101508397.

Wilson EA, Ghosh SK, Scott PG, Hazeldine TA, Mistry DC, Chong SH(2008)Low cost grain refined steels as alternative to conventional maraging grades. Mater Technol 23: 1-8. doi: 10.1179/175355508X266908.

Xiang S, Wang JP, Sun YL, Yan YY, Huang SG(2011)Effect of ageing process on mechanical properties of martensite precipitation-hardening stainless steel. Adv Mater Res 146-147: 382-385. doi: 10.4028/www.scientific.net/AMR.146-147.382.

第二篇

结构工程用钢

8 混凝土结构

摘 要 研究证明使用不锈钢有一定的好处，但必须要明智地使用，并且要仔细地规划和评估未来的经济优势。使用优质材料所能获得的利益是显而易见的，但需要制定额外措施以使工程师们进一步认识到使用不锈钢钢筋所能获得的实际利益。本章的第二部分（8.2 节）关注的是差示扫描量热法（DSC）。利用该方法对磨细的高炉矿渣（ggbs）粉的热稳定性进行了检测。本章第三部分（8.3 节）涉及利用 DSC 分析 ggbs 中水化产物的热行为，分别包括硅酸钙水化物脱水和氢氧化钙（$Ca(OH)_2$）脱羟基两个步骤，形成两个主要的 DSC 曲线峰；同时发现也存在由于形成钙矾石和 Fe_2O_3 固溶体而产生的峰。ggbs 中非晶相的结晶峰在 DSC 温度曲线中十分显著。

8.1 不锈钢钢筋是一种可行的选择吗?

不锈钢钢筋的使用在过去几年有了很大的发展。尽管不锈钢钢筋常用在预制混凝土构件中，修补由于钢筋腐蚀造成的结构损坏或用于具有高设计寿命的结构，但通常使用碳钢钢筋的任何场合都可以使用不锈钢钢筋。

用于钢筋的不锈钢的最大碳含量通常为0.07%或以下。在空气或任何其他的氧化性环境中，在钢的表面上自发形成富铬膜。此膜是无形的、惰性的，且牢固地附着在金属上。如果被破坏，它会在有氧存在的情况下立即重新形成。虽然此膜非常薄，但它既稳定又无孔洞，从而可以阻止钢与周围气氛进一步反应。因此，它被称为钝化层，其稳定性随着铬含量的增加而增加。然而，腐蚀性环境可能会引起该钝化层局部或大面积的破坏，导致未受保护的表面被腐蚀。不锈钢是均匀的，即它们的性能不沿厚度变化。这与有涂层的碳钢相比具有很大的优势，因为该位置的划痕或损伤可以很容易地破坏涂层的优势。不锈钢随温度升高其强度优势增加，而碳钢钢筋的强度则显著地下降。

结构所处的一般环境和钢筋直接接触的周围环境都要考虑。环境的腐蚀作用由一些变量决定，如湿度、空气温度、化学物质的存在以及它们的浓度和氧的含量。钢筋腐蚀最严重的区域包括桥梁接缝、飞溅区、不饱和区、支撑结构和立柱顶端。如果在这些区域使用不锈钢钢筋，可以减小腐蚀率并控制开裂。

过去，建筑行业认为不锈钢是可取的，但该材料过于昂贵。其重点一直放在耐蚀性而未考虑其他性能对成本效益所产生的重大影响。虽然不锈钢钢筋的初始投资成本比碳钢高出几倍，但不锈钢的固有性能允许设计时使用较少的材料。在制造过程中的变化也会降低初始成本。此外，不仅需要考虑初始成本，还需要考虑总体生命周期成本（LCCs）。如果考虑结构的生命周期成本，不锈钢通常是一个可行的解决方案，由于其具有较长的服役寿命以及零保养和维修的要求（表8.1）。切割、弯曲、运输和固定不锈钢钢筋的费用与碳钢相同。

表 8.1　使用不锈钢和碳钢钢筋的造价对比

不锈钢	碳钢
材料费	材料费
安装费	安装费
	维护费
	损失的生产费
	替换费用
	额外的操作费用
	意外费用

不锈钢的热膨胀系数比碳钢大50%，而其热导率只有碳钢的30%。这意味着不锈钢传导热的速率比其他钢慢，所形成较大的温度梯度会造成不均匀膨胀和扭曲。过度扭曲会导致产品不满足制造公差以及安装过程中的配合困难，需要焊后矫直。所有金属都可以通过减少热量输入和降低传导温度而减小热扭曲，通过合理的设计可以使所用钢适应更广泛的产品尺寸，并确保在焊接前获得良好的配合和对齐。

8.2　矿渣粉末

磨细高炉矿渣（ggbs）是生产生铁的副产物，所获得的铁和矿渣的量在同一数量级。ggbs不是火山灰，它是生产铁的熔融高炉炉渣经过快淬形成的，包括钙或镁的硅酸盐和硅铝酸盐。矿渣是石灰、二氧化硅和氧化铝的混合物，与硅酸盐水泥中的氧化物相同，但比例不同。因此，它与硅酸盐水泥有许多相似之处，但各组分的比例不同，在水中发生一些水化反应，但比较缓慢。当ggbs与氢氧根离子结合时（例如水泥加水），反应会加速到可用的水平。由于其固有的潜在水化反应，与粉煤灰相比可以更高的比率与硅酸盐水泥组合，同时保留结构上有用的强度。在硅酸盐水泥和矿渣的组合过程中，水泥组分以正常的方式水化，从而形成$Ca(OH)_2$，这为粒状矿渣的水化作用所需要的“启动器”提供一个适当的碱度环境。与普通硅酸盐水泥相比，根据ggbs在水泥中的比例，其常见的应用包括降低大浇量混凝土中的水化热、提高抗硫酸盐侵蚀性以及减少氯离子的侵蚀。

矿渣粉的成分在表8.2中给出。其比表面积为$440m^2/kg$。图8.1给出了纯ggbs粉末在进行任何混合之前用差示扫描量热法（DSC）测出的温谱图。其峰值温度和焓值列于表8.3中。ggbs中非晶玻璃含量为93%。分别有两个放热峰，在612℃和958℃下（较小的），可能是非晶相的结晶峰，高非晶玻璃含量导致在612℃出现非常大的峰值。其他非晶玻璃在此温度附近结晶，例如$Zr_{36}Ni_{64}$（591℃）。可以和偏高岭土的研究（Sha and Pereira 2001a）进行对比。偏高岭土粉末的结晶峰为992℃，与ggbs粉末的放热峰温度958℃接近。偏高岭土粉末相应的焓为98J/g。还需要指出的是，粉煤灰粉末（Sha and Pereira 2001b）在类似的温度有一个较大的峰值。此外，粉煤灰和ggbs的峰可能来自于一个类似的源。比较这两种材料的组成可对鉴别这个源有所提示。通过X射线衍射（XRD）可分析一些通过淬火技术得到的、需要识别的相。

表8.2　矿渣的化学成分

化合物	百分比	化合物	百分比
SiO_2	35	MgO	8
Al_2O_3	11	SO_3	0.1
Fe_2O_3	1	S	0.9
CaO	41		

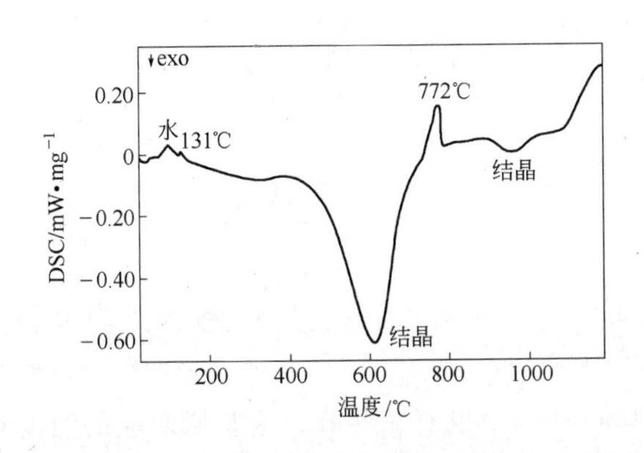

图8.1　ggbs粉的DSC温谱图

（Sha and Pereira 2001c，经Elsevier许可，从*Cement and Concrete Research*转载）

表8.3　磨细高炉矿渣粉末加热过程中的DSC峰值温度及焓值

峰值温度/℃	性质	焓/$J\cdot g^{-1}$	峰值温度/℃	性质	焓/$J\cdot g^{-1}$
97	吸热	5.3	772	吸热	22
131	吸热	1.2	958	放热	19
612	放热	493			

在131℃和772℃出现吸热峰的起因尚不明确，后一个峰值对于碳酸钙脱碳来说温度过高，碳酸钙应该在粉末中有一定量的残留。粉煤灰中碳酸钙脱碳的平均温度为730±20℃。对在峰值温度两侧淬火的样品进行XRD和化学分析可以帮助了解其中的机理。

8.3 水化磨细高炉矿渣

DSC是用来描述普通硅酸盐水泥（opc）浆的水化过程与水化产物的。各种水化产物相通过与DSC曲线中峰的对应关系可以确定。在本节中，将这种方法扩展到研究磨细高炉矿渣的水化产物。

与混合前纯ggbs粉的DSC的运行结果（图8.1）相比，图8.2是含有ggbs的部分水泥混合物的结果，可以看出几乎是纯ggbs混合物的水化产物。ggbs本身具有一些水化能力，尤其是当存在opc水化过程中释放的氢氧根离子的情况下。

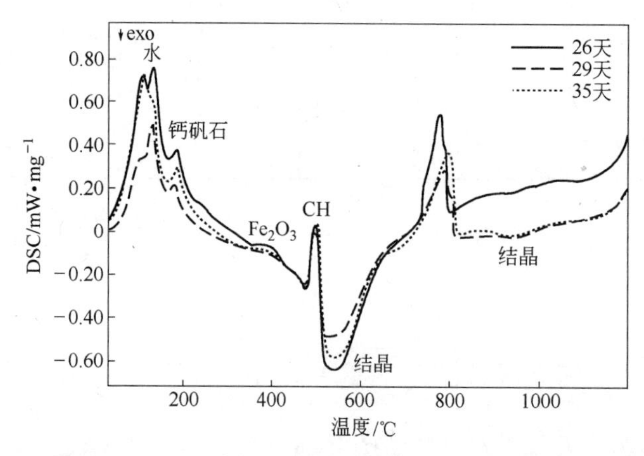

图8.2 ggbs水化时长为26天、29天和35天的DSC曲线

（Sha and Pereira 2001c，经Elsevier许可，从*Cement and Concrete Research*转载）

在图8.2的DSC曲线中也有一些峰，这些峰对应的温度和焓值见表8.4。DSC曲线中也出现源于opc浆的多数峰，因而他们的标识是相同的。从图8.2中可以看出，三个不同时长：26天、29天和35天的曲线是非常相似的，随着时长的增加，没有明显渐进发展的迹象。表8.4中这些值是三个不同时长的平均值。

在混合物中存在ggbs的最显著的反应是在约537℃有大的放热峰。此峰在未混合的ggbs粉末中也有，源于ggbs中非晶相的结晶（8.2节）。对应$Ca(OH)_2$的脱羟基化的峰和结晶峰之间有重叠，其方向是相反的，这是因为前者的反应吸热，而后者的反应放热。在计算结晶焓时需要考虑该重叠。在较高温度，约938℃有二次结晶峰，这可能是源于不同的非晶相。此峰在ggbs粉（8.2节）的DSC曲线中也出现。在粉煤灰和偏高岭土粉末（Sha and Pereira 2001a，b）的

DSC 运行结果中在类似的位置也出现峰，这也是源于非晶相的结晶。

表 8.4 差示扫描量热计曲线中的峰值温度和焓

峰 值	温度 /℃	样品的焓 /J·g^{-1}
水合硅酸钙第一次失水	106 ±4	—
水合硅酸钙第二次失水	129 ±4	—
钙矾石	183 ±3	13 ±2
Fe_2O_3 固溶点	368 ±20	—
Ca（$OH)_2$ 脱氢	496 ±2	59 ±12
结晶（低温）	537 ±3	414 ±80
结晶（高温）	938 ±2	15 ±11

$Ca(OH)_2$ 的量可利用 $Ca(OH)_2$ 脱羟基化热（即 1021J/g）加以确定，脱羟基化热可以从公布的量热数据（Ray et al. 1996）中估算得到。这与通过形成 $Ca(OH)_2$、CaO 和 H_2O 的吉布斯自由能计算得到的值（856J/g）相近。因此，初始的 80mg DSC 样品给出了总热量为 59 ×0. 08 =4. 72J，测得的焓为 59J/g，对应 4. 6mg $Ca(OH)_2$ 的分解。如果假设初始 DSC 样品混合物中只有水和 ggbs，比例为 1∶3，则在 ggbs 中最初就存在质量分数为 7. 7% 的 $Ca(OH)_2$。这低于正常 opc 混合物水化的水平，很有可能是一些从其他地方迁移到混合物中的 opc 的水化结果，因此，通过 ggbs 水化而产生的 $Ca(OH)_2$ 的水平会较低。

DSC 曲线在 786 ±8℃ 有一个大的峰值，整个 DSC 样品的焓（吸热）为 102 ±13J/g。该峰的温度范围比 $CaCO_3$ 脱碳的上限高出不多，但其峰值高度却远远大于系统中剩余的 $CaCO_3$ 可能产生的量。

参 考 文 献

Ray I，Gupta AP，Biswas M(1996) Physicochemical studies on single and combined effects of latex and superplasticiser on portland cement mortar. Cem Concr Compos 18：343-355. doi：10. 1016/0958-9465(96)00025-X.

Sha W，Pereira GB(2001a) Differential scanning calorimetry study of ordinary Portland cement paste containing metakaolin and theoretical approach of metakaolin activity. Cem Concr Compos 23：455-461. doi：10. 1016/S0958-9465(00)00090-1.

Sha W，Pereira GB(2001b) Differential scanning calorimetry study of normal Portland cement paste with 30% fly ash replacement and of the separate fly ash and ground granulated blastfurnace slag powders. In：Venturino M(compiled) Proceedings of the seventh CANMET/ACI international conference on fly ash，silica fume，slag and natural pozzolans in concrete，Supplementary volume. ACI，Detroit，pp 295-309.

Sha W，Pereira GB(2001c) Differential scanning calorimetry study of hydrated ground granulated blastfurnace slag. Cem Concr Res 31：327-329. doi：10. 1016/S0008-8846(00)00472-5.

9 冷成形钢制龙门架

摘 要 冷成形钢制龙门架是建筑跨度达30m的低层商业、轻工业和农业的单层建筑的一个普遍形式。这样的建筑通常采用冷成形槽钢的立柱和椽子，其连接通过背对背加固板紧固到槽钢腹板上形成。本章研究框架拓扑结构对单位长度建筑物的框架重量和成本的影响，将一种优化技术应用到搜索建筑用钢制框架的最优拓扑结构，以使该建筑物主体框架的成本最小化。该优化技术采用实数编码遗传算法，这个算法中要考虑的关键决策变量包括作为连续变量的框架的间距和倾角，以及离散的截面尺寸。在遗传算法中嵌入针对冷成形钢截面的结构分析和框架设计的分程序。实数编码遗传算法可有效地处理混合的设计变量，对获得最优解具有较高的耐用性和一致性。根据澳大利亚建筑规范，在这项研究中考虑到了所有风荷载的组合。此外，采用实数编码遗传算法进行优化还包括了对具有膝形拉条的框架的优化，由此而实现的优化更大幅度地节约了成本。

9.1 基于遗传算法的龙门架优化设计

在过去10年中已经提出了许多方法以解决优化问题。这些方法可分为两大类：确定性的和随机性的。第一类中的方法被称为数学程序设计，因为它们取决于目标函数的梯度信息，所以比较难以实施。与确定性优化技术相比，随机方法有许多优点，因为它们除了目标函数以外不需要差值信息。此外，启发式搜索技术通过使用决策变量集群可进行同时搜索，而不是像确定性模式那样只有一个单一的解。随机方法对于非常规的优化问题是一个强有力的工具，该算法具有更好的确定最优解或近似最优解的能力，尤其是在优化函数不连续、不可微分，并且所对应的约束种类不确定的情况下（Eid et al. 2010）。在一般情况下，随机方法的一些例子是自适应随机搜索、竞争性演化、受控随机搜索、模拟退火、遗传算法、差分演化和粒子群优化（Tsoulos 2008）。在现有的随机技术中，遗传算法（GA）是一种常见的用于解决结构设计优化问题的方法。

近年来，基于弹性分析，GAs已成功地应用于热轧钢制龙门架的结构优化。首先，使用二进制编码的GA进行了非线性热轧钢制龙门架的优化设计。每个作为构件的横截面面积的设计变量二进制字符串可用来表示为标准通用的梁截面设置的序列号（Kameshki and Saka 2001）。此后，利用二进制 GAs 对斜屋顶具有加腋椽子的热轧钢框架设计也进行了优化。这项研究的关键离散变量是在标准钢截面列表和加腋尺寸中选择的热轧钢截面（Saka 2003）。为了在搜索最优解时提高 GAs 的性能，应用了分布式遗传算法（DGA），该算法使用了大量的群组并实施遗传操作并行。然后，各组中最好的群可迁移到另一组以实现更快的收敛（Issa and Mohammad 2010）。然而，当优化问题涉及截面以外的连续设计变量（例如框架倾角和框架间距）时，采用二进制编码 GA 是不合适的。这是因为需要更高的精度和更大的字符串长度，从而增加了该算法的计算复杂度（Deb 2001）。在这种情况下，已经证明实数编码的遗传算法在解决优化问题时具有强大的能力，是一种替代方法。其应用使我们不受二进制字符串长度的影响，从而获得精确的结果。本章中使用实数编码的遗传算法。

9.2　实数编码遗传算法及其应用

在一个实数编码的 GA 中，遗传算子直接加在实数（这里指十进制数，与二进制数相对应）决策变量上，可以直接用于计算适应度。实数编码 GA 的特点是遗传算子直接加在设计变量上，而不像二进制 GAs 那样进行编码和解码。因此，采用实数编码 GAs 解决优化问题与二进制编码 GAs 相比累赘较少。由于再生算子与适应度共同运行，任何二进制编码 GAs 中使用的再生算子也可应用于实数编码 GAs。在实数参数 GAs 中，遇到的困难是如何使用一对实数决策变量向量产生一对新的衍生向量，或如何以一种有意义的方式（可接受的较好的方式）以一个变异向量（从母代向量而来，产生过程中发生变异）扰乱一个决策变量向量以产生新的子向量（Deb 2001）。本章中所使用的算法随机生成一组被称为初始群的解。从这个群开始，其下一代的解通过进行三个遗传操作进行演变：选择、交叉和变异。我们在本章中使用模拟二进制交叉（SBX）和多项式变异（Deb 2001；Deb and Gulati 2001）算子，为下一代创建新的个体。本章中使用的实数编码 GA 的流程图如图 9.1 所示。

9.2.1　选择与精英策略

在竞赛中选择算子，这个过程是从目前的群中随机挑选两个解，比较它们的适应度，为下一步操作选择具有较好适应度的解。随机选择的过程中要确保群中的最优解将在配套的个体群中不占主导地位，如按比例的选择方法。因此，可保留群的多样性以提高该算法的探测组分。

根据群在产生下一代的过程中所采用的百分比，群中的部分最优个体保持不变地保留及结转到下一代。新群中的其余部分首先通过对整个当前群中精英个体

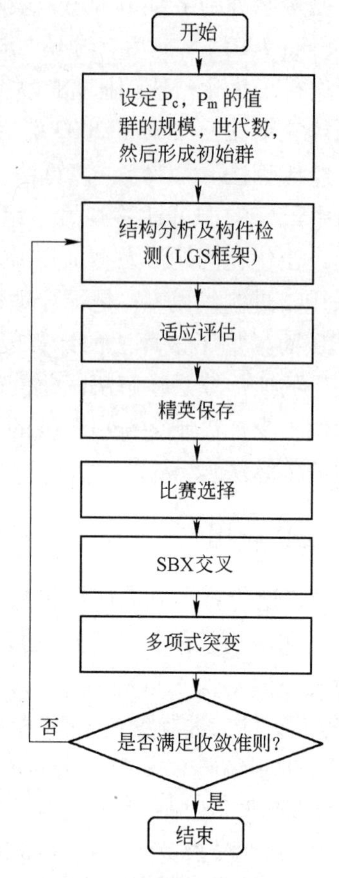

图9.1　实数编码GA流程图

（Phan et al. 2013，经出版商（Taylor & Francis Ltd.，http：//www.tandf.co.uk/journals）许可转载）

的遗传算子进行选择，然后对所选遗传算子经交叉和变异两种形式创造出来。

9.2.2　实数编码交叉和变异算子

SBX算子在目前的群中随机选取两个解，称为母体，生成两个与母体解相对称的子解，作为再下一代的母体解，以避免在一个单一的交叉操作中偏向任何特定的母体解。用于SBX的公式如下：

$$\begin{cases} x_i^{(1,t+1)} = 0.5\left[(1+\beta)x_i^{(1,t)} + (1-\beta)x_i^{(2,t)}\right] \\ x_i^{(2,t+1)} = 0.5\left[(1-\beta)x_i^{(1,t)} + (1+\beta)x_i^{(2,t)}\right] \end{cases} \tag{9.1}$$

式中，$\beta(\eta_c)$为以交叉分布指数η_c交叉后，其子代的概率分布函数；$x_i^{(1,t)}$和$x_i^{(2,t)}$为母解；$x_i^{(1,t+1)}$和$x_i^{(2,t+1)}$为下一代而产生的子解。

为了确保新的决定变量的值保持在 $[x_i^l, x_i^u]$ 范围内，其中 x_i^l 和 x_i^u 分别是下限和上限，交叉算子的概率分布具有如下形式：

$$\beta(\eta_c) = \begin{cases} [\alpha u]^{1/(\eta_c+1)} & \text{if} \quad u \leqslant 1/\alpha \\ [1/2 - \alpha u]^{1/(\eta_c+1)} & \text{if} \quad 1/\alpha < u \leqslant 1 \end{cases} \tag{9.2}$$

式中，u 为 0 和 1 之间的随机数；η_c 为交叉分布指数；$\alpha = 2 - \chi^{-(\eta_c+1)}$；$\chi$ 的计算方法如下：

$$\chi = 1 + \frac{2}{x_i^{(2,t)} - x_i^{(1,t)}} \min[(x_i^{(1,t)} - x_i^l), (x_i^u - x_i^{(2,t)})]$$

假设

$$x_i^{(1,t)} < x_i^{(2,t)}$$

与 SBX 算子相似，多项式变异也用概率分布 $\bar{\delta}(\eta_m)$ 作为一个多项式函数，在母体解附近创建子解。变异算子的公式具有如下形式（Deb 2001，Deb and Gulati 2001）：

$$y_i^{(1,t+1)} = x_i^{(1,t+1)} + (x_i^u - x_i^l)\bar{\delta} \tag{9.3}$$

式中，x_i^u 和 x_i^l 为决定变量的边界；$y_i^{(1,t+1)}$ 为从变异算子中获得的一个新解。η_m 是变异的分布指数。

为了确保所生成的解在 x_i^u 和 x_i^l 的范围之内，参数 $\bar{\delta}(\eta_m)$ 有如下形式：

$$\bar{\delta} = \begin{cases} [2u + (1-2u)(1-\delta)^{\eta_m+1}]^{1/(\eta_m+1)} - 1 & \text{if} \quad u \leqslant 0.5 \\ 1 - [2(1-u) + 2(u-0.5)(1-\delta)^{\eta_m+1}]^{1/(\eta_m+1)} & \text{if} \quad 0.5 < u \leqslant 1 \end{cases} \tag{9.4}$$

式中，u 为 0 和 1 之间的随机数；η_m 为变异分布指数；$\delta = \min[(\chi^{(1,t+1)} - \chi_i^l), (\chi_i^u - \chi^{(1,t+1)})]/(\chi_i^u - \chi_i^l)$。

在本章中取 $\eta_m = \eta_c = 1$，在 SBX 交叉或多项式变异创建十进制数的情况下，采用了四舍五入处理离散设计变量的方法。对交叉和变异算子分配恒定的概率以降低良好解被破坏的可能性。本章中全部使用交叉概率 P_c 为 0.9。变异概率低会导致过早收敛。为了提高 GA 在解空间中的探测能力，以增加确定最优解的机会，变异概率 P_m 高达 0.1。

Eid et al. (2010) 描述了一般情况下最优设计的 GA 框架。GA 程序的终止条件是一个预先设定的世代数。

由于遗传算法是用来解决无约束的优化问题，需要用补偿函数来定义目标函数和约束之间的关系，并把一个约束问题转变为无约束问题。有效的适应函数通常具有以下形式（Pezenshk et al. 2000）：

$$F = W[1 + \Sigma C] \tag{9.5}$$

式中，F 为适应度函数；W 为单位长度建筑物的框架质量（或成本）；C 为每个外加约束的补偿值。在本章中，补偿值的设定是基于反约束的强烈程度。在全横向约束的假设条件下，用检测局部负载量（统一因数）的方式对框架中立柱和椽子构件在极限状态（ULS）下的约束进行了检验。

9.3 示范框架

9.3.1 框架几何结构，框架载荷和构件检查

在本节中将讨论三个冷成形钢制龙门架，命名为框架 A、B 和 C。每个框架都有不同的框架几何结构（表 9.1）。图 9.2 显示了示范龙门架的细节，如框架跨度 L_f，到屋檐高 h_f 和框架倾角 θ_f。假定这些框架的倾角和框架间距分别为 10° 和 4m。表 9.1 所示为三个示范框架的几何尺寸和最优截面尺寸。

表 9.1 三个示范框架的几何尺寸和最优截面尺寸

最低单位质量（kg/m）的截面尺寸						最低单位成本（AUD/m）的截面尺寸		
框架	跨距/m	高/m	立柱截面	椽截面	单位质量	立柱截面	椽截面	单位成本
A	15	3	BBC30030	BBC30030	135.46	BBC30030	BBC30030	384.82
B	20	4	BBC30030	BBC30030	180.60	BBC30030	BBC30030	513.34
C	25	5	BBC35030	BBC35030	269.46	BBC35030	BBC35030	791.60

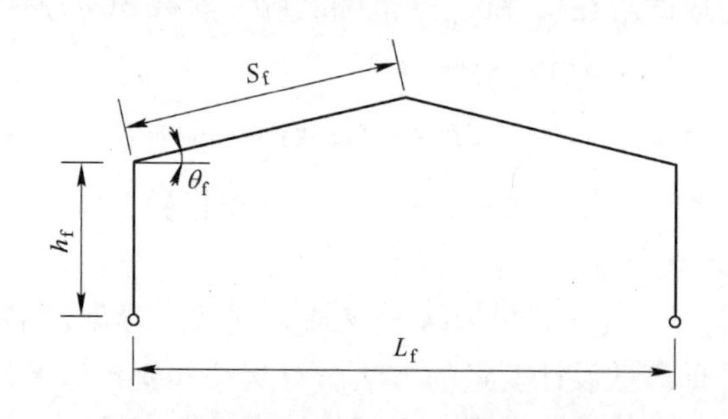

图 9.2 刚性接头冷成形钢制龙门架

（Phan et al. 2013，经出版商（Taylor & Francis Ltd.，http://www.tandf.co.uk/journals）许可转载）

假设框架 A、B 和 C 位于澳大利亚的三个风区，风压分别为 1.45kN/m² （C 区）、0.91kN/m² （W 区）和 0.68kN/m² （A1 区）。风压根据澳大利亚在该风区的规范计算。垂直静载荷为 0.05kN/m²，动荷载为 0.25kN/m²，外墙挂板载荷为 0.05kN/m²，顶棚负荷为 0.05kN/m²。共需要考虑 34 个极限状态的荷载组合。

每个框架根据澳大利亚的规范（AS/NZS 4600 2005）设计。为了简化问题，假设有足够的檩条和足够的横向和扭转约束点，因此构件的不稳定性不需要进行检查。有了这个足够的横向和扭转约束的假设，对所有极限状态（ULS）荷载组合，只进行立柱和椽子构件的局部负载量检查，见式（9.6）：

$$\frac{N^*}{\phi_c N_c} + \frac{M_x^*}{\phi_b M_{bx}} \leqslant 1 \tag{9.6}$$

式中，N_c 为受压构件的名义构件负载量；M_{bx}为沿 x 轴名义构件力矩负载量；N^* 和 M_x^* 分别为设计轴压和弯矩；ϕ_c 和 ϕ_b 分别为压缩和弯曲的负载量折减系数（AS/ NZS 4600 2005）。这种局部负载量检查应用于每一个节点以及每个局部荷载组合。

9.3.2 倾角的影响

要研究倾角对单位长度建筑物的质量和成本的影响，框架的倾角将以 2°的增量从 5°变化到 30°。对于每一个框架倾角，通过考虑所有不同截面的排列组合选择构件的截面尺寸，连同框架解析及局部负载量检查来分别确定单位长度建筑物的最小质量或单位长度建筑物的最低成本。只考虑由 Lysaght BlueScope 制造的 20 个槽钢尺寸，范围从 C10010 到 C35030。计算所得的单位质量或单位成本将与 ULS 因子成反比。槽钢价格是根据澳大利亚市场的近似值确定的。

对于三个示范框架（图 9.3），框架的倾角对建筑物的单位质量或单位成本有很大的影响。如框架 A 和 B 所示，风压越大，这种影响就越清晰可见。有趣的是，每幅图中的最低值都具有相同的倾角 21°。

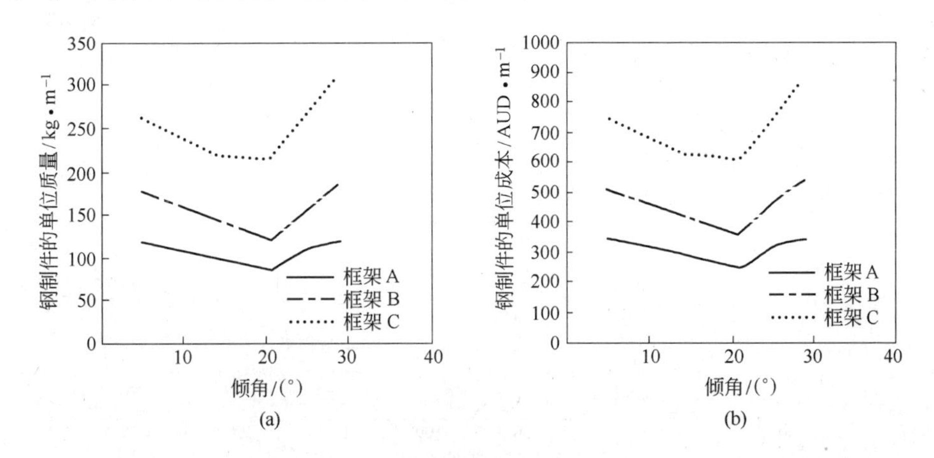

图 9.3 框架拓扑结构对三个示范框架的单位质量和单位成本的影响
（a）倾角-单位质量（kg/m）的关系；（b）倾角-单位成本（AUD/m）的关系

9.4 拓扑结构优化

前面一节对屋顶坡度的影响进行了研究。屋顶坡度的选择对框架的优化设计有很大的影响。本节将使用实数编码遗传算法针对上述三个示范框架开展优化技术操作以搜索最优拓扑结构（即屋顶坡度和框架间距），对结构分析和优化程序都进行了编程。

在本节中，选择的目标函数为单位长度建筑物的成本。适应度函数以及目标函数和约束具有式（9.5）的形式。在本节中提出的优化过程中，如 Deb（2001）所述，取交叉概率为 0.9，变异概率 0.1，对交叉和变异算子的子代分布指数（η_c 和 η_m）都取为10。在实数编码 GA 中，称这些参数为外来参数，需要进行实验调整以获得有效的搜索能力。在一般情况下，预计所需的种群大小将取决于该问题的复杂性。

图 9.4 所示为示范框架的优化过程产生的历史，收敛所需的世代数由于不同群规模的运行差异而有所差别。在解的同一个群中，对不同的随机种子进行 GA 的不同运行也会得到相同的解。在一般情况下，收敛所需的世代数随着群规模的增加而减少。

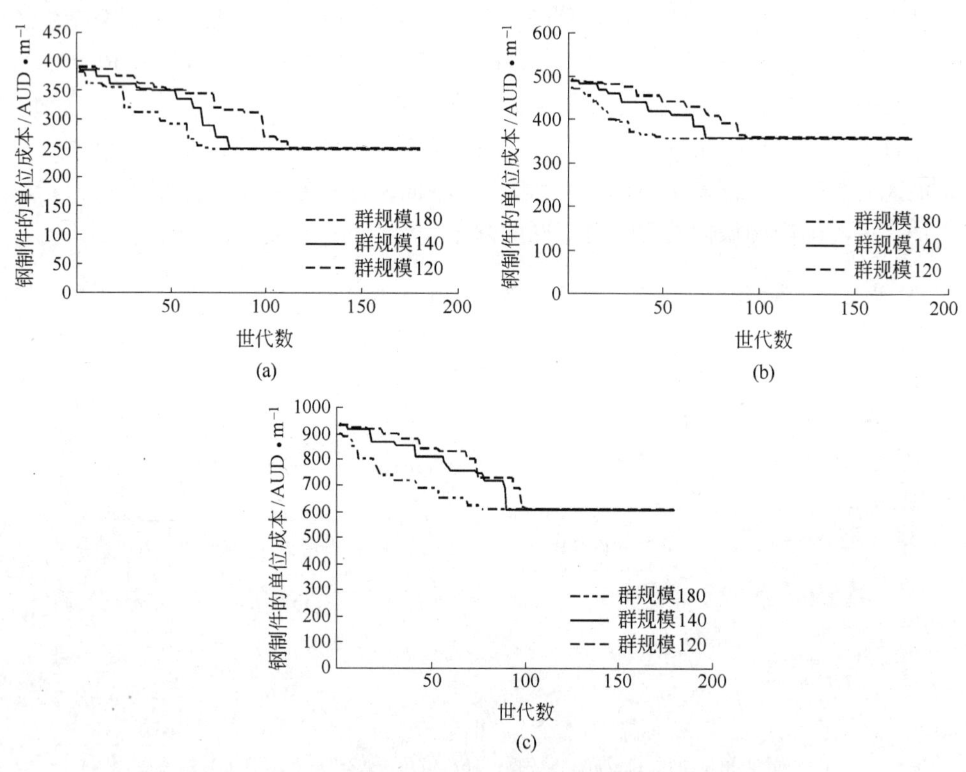

图 9.4　三种群规模的世代历史

（a）框架 A；（b）框架 B；（c）框架 C

（Phan et al. 2011，经 Elsevier 许可转载）

表 9.2 所示为实数编码 GA 的最优倾角结果，与图 9.3 曲线图所示的结果相吻合。从表中还可以看出，由实数编码 GA 获得的最优框架间距小于 9.3 节中使用的 4m 的框架间距，从而使得单位成本更为便宜。表 9.2 中最优框架拓扑结构

的单位成本比表9.1中三个示范框架低23.3%～35.5%。这说明需要进行拓扑结构优化，它涵盖了倾角和框架间距。

表9.2 三个示范框架的最优解

框架	跨距/m	高度/m	倾角/(°)	开间间隔/m	风压/kN·m^{-2}	立柱截面	椽截面	单位成本/AUD·m^{-1}
A	15	3	21	3.17	1.45	BBC25024	BBC25024	248.19
B	20	4	21	2.95	0.91	BBC25024	BBC25024	355.60
C	25	5	20.9	2.16	0.68	BBC25024	BBC25024	606.80

9.5 参数研究和设计建议

9.5.1 参数研究

从上一节中可以看出，框架的拓扑结构对冷成形钢建筑物的单位成本以及应用实数编码GA获得的最优解具有相当大的影响。对位于一些典型风区的、具有不同跨度和立柱高度的框架确定最优拓扑结构和框架间距对辅助工程师进行设计非常有用。

将考虑龙门架的四种不同立柱高度：3m、4m、5m和6m。每一立柱高度将结合五种不同的框架跨度：5m、10m、15m、20m和25m。假设每个框架位于澳大利亚的三个典型的风区，命名为A1区、W区和C区。其他载荷与9.3节中使用的相同。

基于全横向约束的假设，最优框架间距随着跨度或立柱高度的增加而减小（Phan et al. 2011）。举例来说，在A1区和W区，当框架跨度从10m增加至15m时，最优的框架间距大大降低，而其降幅在框架跨度超过15m时并不剧烈。在高风压区（C区），最优开间间距的等高线图在跨度从5m至10m的范围内变化时是相当陡的，而当框架跨度大于10m时略缓。有趣的是，根据算法确定出的每个框架中的立柱和椽子构件的最优截面是相同的，称为BBC25024背对背槽钢。具有半框架间距的C25024的C-单截面也可以获得最小的单位成本。在不同的风区，几何形状相同的框架在低压风区比在高压风区有更大的最优框架间距。

根据Phan et al.(2011)的观点，椽子的最优倾角随着跨度从5m增加至25m而增加。当跨度大于10m时，在三个研究风区具有不同立柱高度的框架的最优倾角变化相似。在框架的最大跨度为25m时，椽子的坡度最陡。其结果与结构的“拱形效应”行为有关。与“最优倾角”和跨度的关系相反，最优倾角随着立柱高度的增加而降低，这种降低是由于风压对框架高度直至框架顶点的影响。

9.5.2 最优拓扑结构的设计建议

通过对参数的研究可以看出，最优倾角大于通常用于实际设计的10°。在框架间距小于 10m 的情况下，对“单位长度最小单位成本”这一目标函数，关于最优的框架间距和最优截面的一些建议如下：

（1）对于 A1 区和 W 区，当框架跨度分别大于 12m 和 10m 时，最优框架间距是合理的（Phan et al. 2011）。相反，如果设计人员使用 C25024C-单截面，最优框架间距将更为可行。当跨的长度在 10 ~ 15m 之间时，可以对 C25024 或 BBC25024 的截面使用最优的框架间距。

（2）在高压风区如 C 区，当框架跨度大于 15m 时（Phan et al. 2011），使用最优 BBC25024 截面，最优的框架间距是相当小的。因此，如果在这些情况下使用较大的背对背槽钢将是可行的。然而，与最低的单位成本相比，单位成本肯定会增加。跨长度小于 10m 的，对于 C25024 或 BBC25024 可以使用最优的框架间距。

总结 9. 1 ~ 9. 5 节，一个冷成形钢制龙门架的最优拓扑结构可以在全横向约束和框架间距小于 10m 的约束假设下采用实数编码 GA 确定。对实数编码 GA 的最优解进行了验证，并满足所有的设计约束。由于实数编码比较简单，这里描述的最优技术可以广泛地应用于各种各样的优化问题。

当前流行的实际设计倾角为 10°，与之相比，应注意到椽子的最优倾角应大于 10°。在低的或中等压力风区，在 15m 左右小框架跨度情况下，设计师应改变框架中心超过 4m 而获得最优的开间间距和最低的成本。对于高风压区，当框架跨度小于 20m 时，本计算得到的框架中心可取。最优框架拓扑结构的单位成本比常见的实际设计低 23. 3% ~35. 5%。然而，如果将檩条、包覆层和其他用户要求的优化设计都包括在优化过程中，最优化结果将更加合理。可以考虑将此处的研究作为对钢制龙门架拓扑结构全局优化的第一步。将来的工作将涉及檩条、侧轨和薄板的设计，同时也要考虑可适用的偏转极限。

9. 6 更复杂的框架

9. 6. 1 框架参数和几何形状

用于定义刚性连接冷成形钢制龙门架的参数在图 9. 2 中进行了说明。在屋檐处有膝形拉条的刚性连接冷成形钢制龙门架如图 9. 5 所示。这些参数如下：框架跨度 L_f、至屋檐的高度 h_f、椽子长 S_f、框架倾角 θ_f、构件抗弯刚度 EI、构件轴向刚度 EA 和框架间距 b_f。在龙门架于屋檐处有膝形拉条的情况下，膝形拉条的位置相对 h_f 是固定的，如图 9. 5 所示。

图 9. 6 所示为在龙门架建筑物中用于主要承载构件的冷成形槽钢的尺寸。表 9. 3 所示为本章中所使用的冷成形槽钢。这些槽钢既可以单独使用，也可以背对背使用。在槽钢腹板上的铁模（即图 9. 6 中槽钢中部半圆形突起部分）明显提高了构件的承载能力。然而，为简化检查程序并获得一个保守的设计，断面性能和构件检查是基于平面槽钢的，因此忽略了铁模的好处。

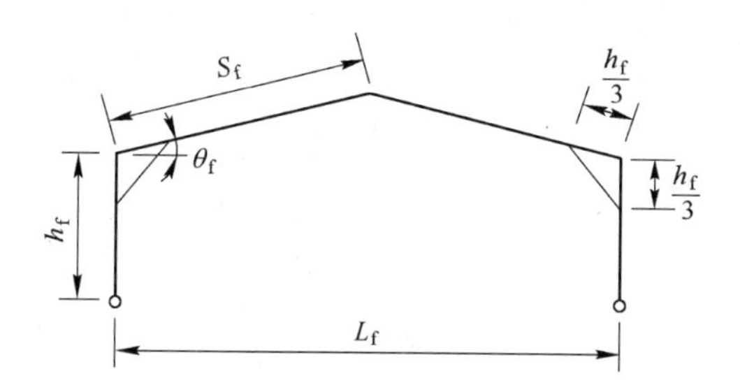

图 9.5 在屋檐处有膝形拉条的刚性连接冷成形龙门架几何形状
（Phan et al. 2013，经出版商（Taylor & Francis Ltd.，http：//www. tandf. co. uk/journals）许可转载）

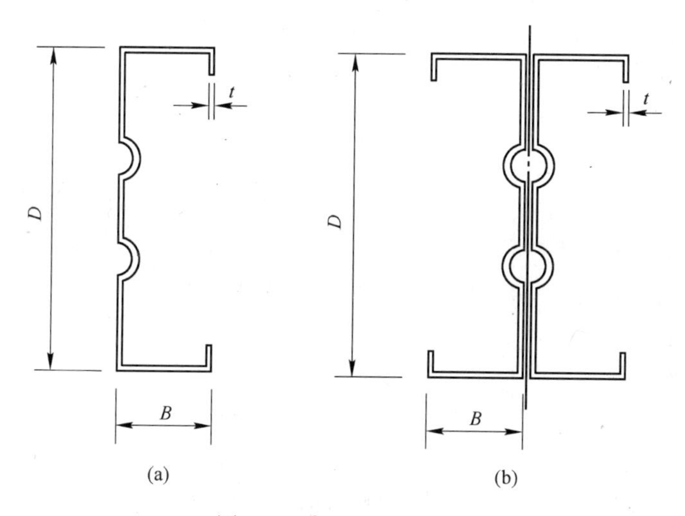

图 9.6 冷成形槽钢细节
（a）单槽钢（C-型槽）；（b）背对背槽钢（BBC）
（Phan et al. 2013，经出版商（Taylor & Francis Ltd.，http：//www. tandf. co. uk/journals）许可转载）

在这一节及接下来的章节中，考虑了 L_f 为 20m、h_f 为 4m 的两个示范框架的设计优化：框架 A 没有膝形拉条（图 9.2），框架 B 有膝形拉条（图 9.5）。为了最大限度地减少单位长度的建筑成本，决策变量是倾角、框架间距和构件的截面尺寸。假设立柱的基础是枢接合的，并且定位在构件腹板中的檩条和侧轨的间距彼此足够接近，以防止发生平面外的翘曲。

9.6.2 框架载荷分析

应用到框架上的永久和外加的屋顶荷载（AS/NZS 1170-1 2002）如下：永久荷载（G）0.10kN/m^2（檩条、轨、包覆层）以及构件的自重（表 9.3）；外加荷载（Q）0.25kN/m^2。

根据澳大利亚针对建筑物设计的风荷载的实践标准（AS/NZS 1170-2 2002），

通过设计的风速 V_{des} 计算了极限状态的基本风压 q_u，而设计风速又是将地区风速 V_R 乘以因子 M_d（风向乘数）、M_t（地形乘数）、M_s（遮盖乘数）和 $M_{z,cat}$（地带/高度乘数）计算得到的。$M_{z,cat}$ 取决于地带类别和建筑物的平均高度。

表 9.3 冷成形钢截面尺寸和截面性能

截 面	D/mm	B/mm	t/mm	EA/kN	EI/kN · mm^{-2}	质量/kg · m^{-1}	成本/A$ · m^{-1}
C10010	102	51	1.0	45100	73.8×10^6	1.78	5.58
C10012	102	51	1.2	53300	88.2×10^6	2.10	6.15
C10015	102	51	1.5	65600	110.7×10^6	2.62	6.77
C10019	102	51	1.9	84050	137.4×10^6	3.29	8.37
C15010	152	64	1.0	60480	225.5×10^6	2.32	7.03
C15012	152	64	1.2	71750	264.5×10^6	2.89	7.99
C15015	152	64	1.5	90200	330.1×10^6	3.59	8.46
C15019	152	64	1.9	114800	414.1×10^6	4.51	10.52
C15024	152	64	2.4	145550	520.7×10^6	5.70	12.88
C20012	203	76	1.2	92250	574.0×10^6	3.50	8.99
C20015	203	76	1.5	114800	723.7×10^6	4.49	10.04
C20019	203	76	1.9	145550	924.6×10^6	5.74	12.56
C20024	203	76	2.4	184500	1166.5×10^6	7.24	15.29
C25015	254	76	1.5	131200	1250.5×10^6	5.03	13.66
C25019	254	76	1.9	166050	1562.1×10^6	6.50	14.43
C25024	254	76	2.4	209100	1972.1×10^6	8.16	17.82
C30019	300	96	1.9	207050	2788.0×10^6	7.92	22.76
C30024	300	96	2.4	258300	3485.0×10^6	10.09	29.52
C30030	300	96	3.0	328000	4366.5×10^6	12.76	36.25
C35030	350	125	3.0	391550	7339.0×10^6	15.23	44.74

例如框架 A，其尺寸如图 9.7 所示，建于澳大利亚的 W 风区，V_R 是 49.4 m/s，乘数因子 M_d、M_t、M_s 取 1.0、$M_{z,cat}$ 取 0.87。设计风速的计算如下：

$$V_{des} = V_{site} = V_R \cdot M_d \cdot (M_t \cdot M_s \cdot M_{z,cat}) = 42.98\text{m/s} \quad (9.7)$$

式中，V_{site} 为所在地风速；V_{des} 为设计风速，基本风压：

$$q_u = 0.6V_{des}^2/1000 = 1.1\text{kN/m}^2 \quad (9.8)$$

式中，q_u 为极限设计风压。

作用于框架的每四个面（AB，BC，CD 和 DE）的设计风压是通过将 q_u 乘以一个压力系数和其他相关因子得到的。作用在每个面上的压力系数是将外部压力

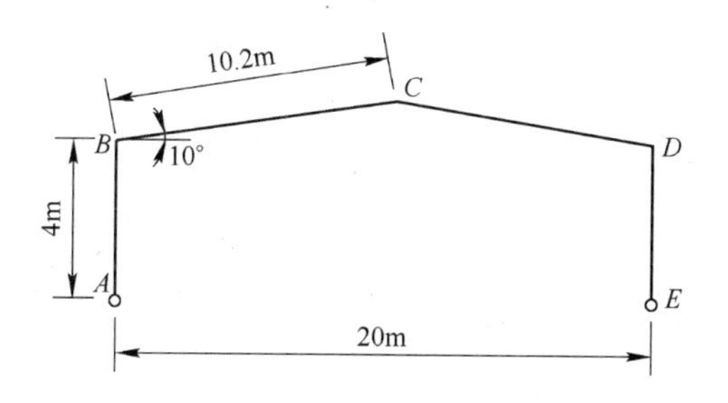

图 9.7 框架尺寸

（Phan et al. 2013，经出版商（Taylor & Francis Ltd.，http://www.tandf.co.uk/journals）许可转载）

系数 C_{pe} 和内部压力系数 C_{pi} 结合得到的。应计算风作用于侧面和端面的外部压力系数 C_{pe}。这些值见表 9.4，可根据 AS/NZS 1170-2（2002）计算得到。对于具有正常通透性而没有主要通风巷的建筑物，C_{pi} 吸力的最小值为 -0.3，压力的最大值为 0.2。

表 9.4 作用在每个面上的外部压力系数

风作用面	AB	BC	CD	DE
框架侧面（WT1）	0.7	-0.3	-0.3	-0.3
框架侧面（WT2）	0.7	-0.7	-0.3	-0.3
框架端部（WL1）	-0.65	-0.9	-0.9	-0.65
框架端部（WL2）	-0.2	0.2	0.2	-0.2

框架 A 的八个风荷载组合（WLC1 ~ WLC8）及其相应的两侧面风系数和端面风系数见表 9.5。WLC1 给出的压力系数 C_{pe} 如图 9.8 所示。对该框架将检查设计过程中的所有八个风荷载组合，将在 9.6.3 节中进行介绍。

表 9.5 八个风荷载的情况下对应的每个面上的压力系数（$C_{pe}+C_{pi}$）

组 合	风作用面	AB	BC	CD	DE
WLC1	侧面，内部压力	0.7 +0.2	-0.3 +0.2	-0.3 +0.2	-0.3 +0.2
WLC2	侧面，内部吸力	0.7 -0.3	-0.3 -0.3	-0.3 -0.3	-0.3 -0.3
WLC3	侧面，内部压力	0.7 +0.2	-0.7 +0.2	-0.3 +0.2	-0.3 +0.2
WLC4	侧面，内部吸力	0.7 -0.3	-0.7 -0.3	-0.3 -0.3	-0.3 -0.3
WLC5	端部，内部压力	-0.65 +0.2	-0.9 +0.2	-0.9 +0.2	-0.65 +0.2
WLC6	端部，内部吸力	-0.65 -0.3	-0.9 -0.3	-0.9 -0.3	-0.65 -0.3
WLC7	端部，内部压力	-0.2 +0.2	0.2 +0.2	0.2 +0.2	-0.2 +0.2
WLC8	端部，内部吸力	-0.2 -0.3	0.2 -0.3	0.2 -0.3	-0.2 -0.3

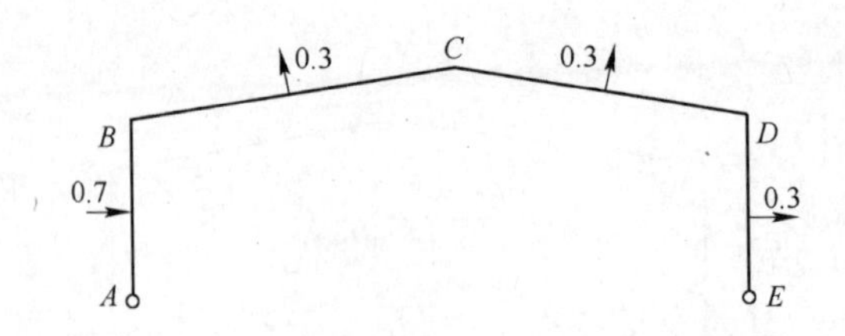

图 9.8 标准框架风荷载组合 1(WLC1)的风压系数

(Phan et al. 2013，经出版商（Taylor & Francis Ltd.，http://www.tandf.co.uk/journals）许可转载)

根据 AS/NZS1170-0（2002），检测框架在以下三个极限荷载组合情况下的极限状态：

$$\mathrm{ULC1} = 1.2G + 1.5Q \tag{9.9a}$$

$$\mathrm{ULC2} = 1.2G + \mathrm{WLC} \tag{9.9b}$$

$$\mathrm{ULC3} = 0.9G + \mathrm{WLC} \tag{9.9c}$$

ULC3 可用于提升风荷载组合。

对冷成形钢截面的初级弹性框架分析程序可用于分析和设计龙门架。为了考虑澳大利亚实践规范中所描述的二级效应，要应用一定的放大倍数，将设计结果数据放大。确定了每个荷载组合的弯矩、剪力和轴向力。在每一代中都调研该程序以分析每个候选解，如图 9.1 所示。

9.6.3 构件检测

9.6.3.1 立柱和椽子

根据 AS/NZS4600（2005），对立柱和椽子在轴向压缩和弯曲组合、畸变翘曲以及弯曲和剪切组合的情况下进行了检测。依据式（9.6）对轴向压缩和弯曲组合进行了检测。

畸变翘曲检测参照式（9.10）：

$$M_{xk}^{*} \leqslant \phi_{b} M_{bx}^{k} \tag{9.10}$$

式中，M_{xk}^{*}为构件 k 在 x 轴有效截面的设计弯矩；ϕ_b 为弯曲的负载量折减系数；M_{bx}^{k}为构件 k 的名义构件力矩负载量，$M_{bx}^{k}=Z_c f_c$，Z_c 为在极端压缩结构中应力为 f_c 时的有效模量，$f_c=M_c/Z_f$，M_c 为临界力矩，Z_f 为完整未约减的极端压缩结构的截面模量。

弯曲和剪切组合检测参照式（9.11）：

$$\frac{M_{xk}^{*}}{\phi_{b} M_{s}^{k}} + \frac{V_{k}^{*}}{\phi_{v} V_{vk}} \leqslant 1 \tag{9.11}$$

式中，M_{xk}^{*}为构件 k 在 x 轴有效截面的设计弯矩；M_{s}^{k} 为构件 k 在 x 轴的名义截面力矩负载量；V_k^* 为构件 k 的设计剪切力；V_{vk} 为构件 k 腹板的名义抗剪负载量；ϕ_b 为弯曲负载量折减系数；ϕ_v 为剪切负载量折减系数。

9.6.3.2 屋檐膝形拉条

膝形拉条是铰接端构件，需要同时检测压缩和拉伸。压缩检测参照式(9.12)：

$$N_k^* \leqslant \phi_c N_{ck} \tag{9.12}$$

式中，N_k^* 为构件 k 的设计轴向压缩力；N_{ck} 为构件 k 的名义构件压缩负载量；ϕ_c 为压缩负载量折减系数。

张力检测参照式（9.13）：

$$N_k^* \leqslant \phi_t N_{tk} \tag{9.13}$$

式中，N_k^* 为构件 k 的设计拉力；N_{tk} 为构件 k 的名义截面拉伸负载量；ϕ_t 为拉伸负载量折减系数。

9.7 优化构思

设计优化的目标是确定具有最低成本同时满足设计要求的龙门架建筑。主体框架的成本取决于框架间距、倾角和截面尺寸。目标函数可以用如下的单位长度建筑物的成本表示：

$$\text{Minimise} \quad W = \frac{1}{b_f}\sum_{i=1}^{n} w_i l_i \tag{9.14}$$

式中，W 为单位长度建筑物主体框架的成本；b_f 为框架间距；w_i 为单位长度冷成形钢截面的成本（见表 9.3）；l_i 为冷成形钢结构构件的长度；n 为构件的数量。

在式（9.6）和式(9.10)～式(9.13)中给出的设计约束或统一因子的归一化形式可表示如下：

$$g_1 = \frac{N_k^*}{\phi_c N_c^k} + \frac{M_{xk}^*}{\phi_b M_{bx}^k} - 1 \leqslant 0 \tag{9.15a}$$

$$g_2 = \frac{M_{xk}^*}{\phi_b M_{bx}^k} - 1 \leqslant 0 \tag{9.15b}$$

$$g_3 = \frac{M_{xk}^*}{\phi_b M_s^k} + \frac{V_k^*}{\phi_v V_{vk}} - 1 \leqslant 0 \tag{9.15c}$$

$$g_4 = \frac{N_k^*}{\phi_c N_{ck}} - 1 \leqslant 0 \tag{9.15d}$$

$$g_5 = \frac{N_k^*}{\phi_t N_{tk}} - 1 \leqslant 0 \tag{9.15e}$$

设计规范是构成约束优化问题的极限状态（ULS）。名为适应度函数的关系函数的通常形式为：

$$F = W[1 + C] \tag{9.16}$$

式中，W 为目标函数，即单位长度建筑物的成本；C 为反约束补偿。

在本节中，根据式（9.15）中统一因子约束的反约束的最高水平分配补偿值，即：

$$g = \max[g_1, g_2, g_3, g_4, g_5] \tag{9.17}$$

在本节中凭经验设定补偿值，与反约束的强烈程度成正比。幅度如式（9.18）中所示的两个水平的反约束可用于消除演化过程中的反向解，如下所示：

$$C = \begin{cases} 0 & \text{if} \quad g \leqslant 0 \\ g & \text{if} \quad 0 < g \leqslant 0.5 \\ 10g & \text{if} \quad g > 0.5 \end{cases} \tag{9.18}$$

提出优化程序的目的是尽量减少适应度函数 F（式(9.16)）的值。这是通过最小化成本 W 并将补偿 C 降低至零实现的。该过程涉及实数编码 GA、框架解析及冷成形钢设计。从图 9.9 中可以看出，评估过程用目标函数（式(9.14)）和相应的在式（9.18）中定义的补偿值计算适应度函数值。更好的（即经济便宜）解将产生较小的适应度，因此在竞争中被选择算子优先选择。终止程序的准则是一个预定义的“函数评估的总数目”。此标准适合于研究该算法的收敛过程。

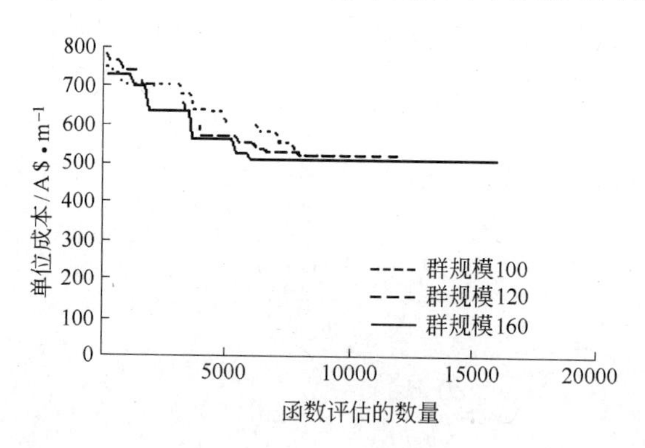

图 9.9 具有固定倾角和框架间距的框架 A 的 GA 进程

（Phan et al. 2013，经出版商（Taylor & Francis Ltd.，http://www.tandf.co.uk/journals）许可转载）

9.8 设计实例

9.8.1 具有固定拓扑结构的框架 A

框架 A 没有膝形拉条，固定其倾角为 10°，框架间距为 4m。这样一个典型的倾角和框架间距通常用冷成形钢制龙门架。这个设计问题有两个离散的决策变量。采用9.6.2节中提到的冷成形钢截面的初级弹性框架分析程序，用穷举法可以从表9.3中所示的截面中确定立柱和椽木的最优化截面。从冷成形槽钢的列表中可以看出，有40个冷成形钢截面选项可用作构件截面，包括单一截面（C）和背对背槽钢（BBC）。

四个设计选项满足构件检测（表9.6）。可以看出，当立柱和椽子都使用背对背槽钢BBC30030时，最少的单位成本是A$513/m。用此结果验证实数编码GA搜索最优解的效果。可以观察到所有的设计约束（即构件检测）都满足。与椽子的轴向压缩和弯矩组合有关的临界约束制约着在极限载荷组合ULC3情况下的设计，其统一因子为0.9，对应的上限是1.0。

表9.6 具有固定拓扑结构的框架A的最优截面

立柱截面	椽截面	g_1	g_2	g_3	g_4	g_5	W/A$·m^{-1}
BBC30030	BBC30030	-0.10	-0.28	-0.32	-1.0	-1.0	513
BBC35030	BBC30030	-0.32	-0.30	-0.35	-1.0	-1.0	547
BBC30030	BBC35030	-0.35	-0.45	-0.59	-1.0	-1.0	599
BBC35030	BBC35030	-0.44	-0.41	-0.58	-1.0	-1.0	633

用实数编码GA来确定作为离散变量的框架A中构件的最优截面，如上所述，从40个可选的构件截面中选择。设计过程（参见图9.1）以三个不同的群规模重复进行，以研究达到最优解的可能性。GA的收敛历史如图9.9所示，由图可见适应度函数收敛。对优化过程的三次运行得到的最低成本解与通过穷举过程得到的相同。这就证明了GA使用实数编码参数的可靠性。

9.8.2 具有不同倾角的框架A

9.8.2.1 对应固定框架间距及可变倾角的穷举和GA

为了验证GA解决更复杂问题（如考虑倾角的影响）的能力，手动进行了穷举过程。在这种情况下，倾角以5°的增量从5°变化到30°，以探究其效果。框架间距固定为4m。对于每一个倾角，框架A中构件的最优截面通过使用初级弹性框架分析程序通过穷举确定。倾角对单位长度建筑物成本的影响如图9.10所示。倾角对龙门架建筑物的成本有明显的影响。在倾角20°和截面为BBC30024时，最低的单位成本是A$432/m。然而，对椽子检测的轴向压缩和弯曲组合约束的反约束为 g_1 = 0.006。逻辑推测是在倾角接近20°时可预期得到最便宜的可行设计。

框架A构件的最优倾角和横截面再次通过具有固定框架间距为4m的实数编码GA确定。在这种情况下，倾角作为连续变量处理，在[5°，90°）的范围内变

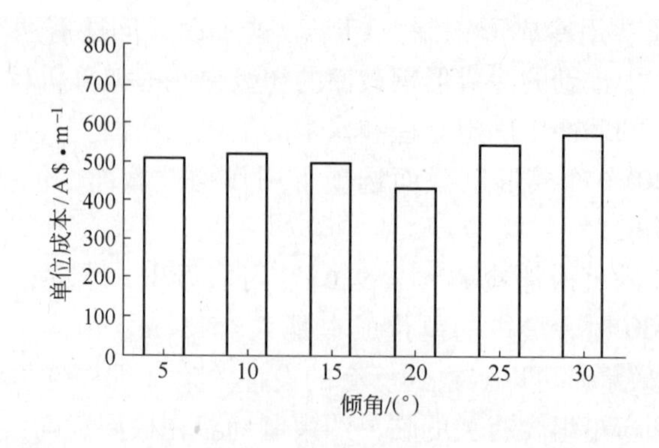

图 9.10 倾角对具有固定框架间距的框架 A 的单位成本的影响
（Phan et al. 2013，经出版商（Taylor & Francis Ltd.，http：//www. tandf. co. uk/journals）许可转载）

化，而截面是离散的，从列表（表 9.3）中选择。在设计过程中也以三个不同的群规模重复进行。GA 进程情况如图 9.11 所示。对立柱和椽子，当倾角为 20.5°、使用 BBC30024 断面时，通过 GA 得到的最低单位成本是 A$433/m。正如预期的那样，通过 GA 得到的单位成本略大于通过穷举得到的对应倾角为 20°的不可行的解，因为 GA 的解是可行的。椽子的设计约束在轴向压缩和力矩共同作用的情况下起决定性作用。同时，这表明对于在龙门架设计过程中找到最优倾角和构件截面来说，实数编码的遗传算法是一种有效和可靠的方法。

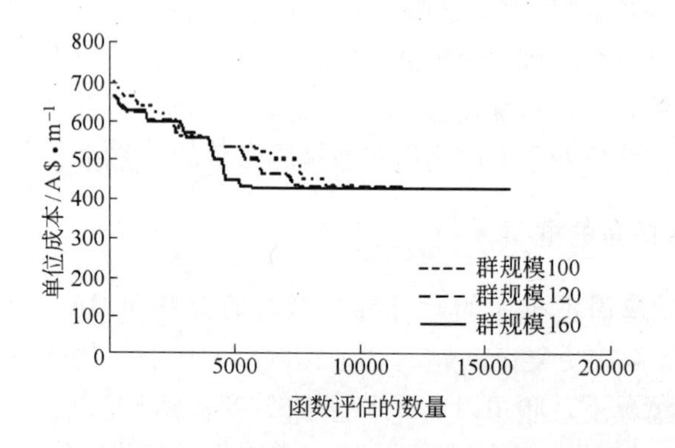

图 9.11 具有固定框架间距的框架 A 的 GA 进程
（Phan et al. 2013，经出版商（Taylor & Francis Ltd.，http：//www. tandf. co. uk/journals）许可转载）

除了在本节之初进行的穷举，同时利用 GA 对一个固定的框架间距为 4m 及变化倾角的框架进行最大成本可行性设计，通过对比进一步验证了 GA。为了最大限度地提高成本，将目标函数（式(9.14)）乘以 -1.0 就足够了。整体 GA 使用一个数量为 100 的群进行 5 次随机运行，每次运行最多有 15000 次函数评估。

从 RC-GA（实数编码 GA）获得最大的成本是 A$728.5/m，倾角为 35.5°，立柱和椽子的尺寸是 BBC35030，这是尺寸最大的，并且价格最昂贵的。在荷载组合 ULC2 下，只有椽上的畸变翘曲约束是关键的（$g_2 = 0$）。其他约束松弛。此解是从 5 次运行中的 3 个 GA 中得到的。

第二个价格最高的解中的立柱和椽子也是有最大的截面的 BBC35030，成本和倾角分别是 A$725/m 和 35°，椽子的决定性约束也是畸变翘曲 g_2 等于 0.01，高于最优解。综合考虑成本和倾角，表明这个解是接近最优的。在 5 次运行 GA 中有 1 次得到该解。

5 次运行尝试中的 1 次 GA 未能产生一个好的最大成本解。所得到构件的成本、倾角和截面尺寸分别是 A$564/m、30°和 BBC30030 截面。此外，椽的畸变翘曲约束（$g_2 = 0.02$）在荷载组合 ULC2 条件下是关键的。这个解本身显然不是最大的，但它仍然超过最少成本解（A$433/m）30% 以上。

因此，在这个意义上，在所有的 5 次尝试中有 4 次是成功的，其中，在这 4 次尝试中的 2 个解都是可行的，在每种情况下其截面尺寸（即是最大的）与至少一个紧固约束条件是令人满意的。最大成本解经过 7200 次函数评估获得。最大成本解（对应的最高价格）比相应的最低成本解（对应的最低价格）贵 68%。

9.8.2.2 具有可变框架间距和可变倾角的实数编码 GA

在本例中，采用实数编码 GA 对框架 A 的设计优化证明倾角和框架间距的影响是主导性的。倾角和框架间距作为连续变量处理。优化过程的进展情况如图 9.12 所示。可以看出，三个运行的优化过程收敛到相同的单位成本。从算法获得的框架 A 的最优倾角和框架间距分别是 21°和 3m。立柱和椽子的最优构件是 BBC25024，单位成本是 A$355/m。对椽的轴向压缩和弯曲联合作用的设计约束是关键的，即 $g_1 = 0$。

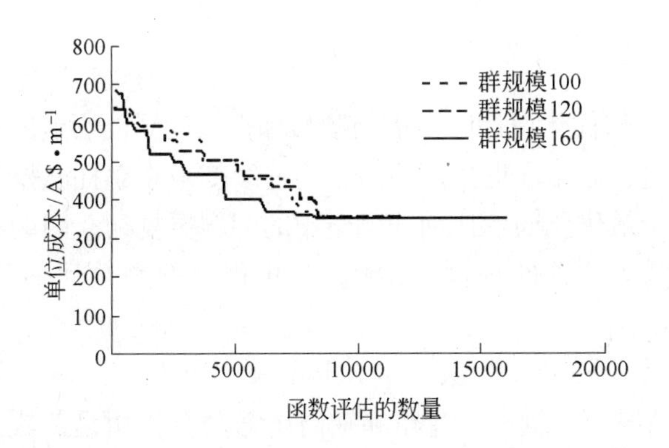

图 9.12 具有可变倾角和框架间距的框架 A 的 GA 进程

（Phan et al. 2013，经出版商（Taylor & Francis Ltd.，http://www.tandf.co.uk/journals）许可转载）

由此可见，当龙门架设计中倾角和框架间距作为决策变量时，最优的框架比具有固定的框架间距或固定倾角的最优框架分别便宜18%和31%。这表明拓扑优化的利益涵盖了倾角和框架间距。应当强调的是，上述成本节省与典型框架的几何形状有关，而不是以前相应文献中描述的优化结果，这不适用于后者。

9.8.3 具有固定倾角和固定框架间距的框架B

在本例中，考虑使用实数编码GA对具有膝形拉条、倾角固定的框架B进行设计优化。倾角固定为10°，预先设定框架间距为4m。在这个问题中，立柱、椽子和膝形拉条的最优截面还是选自前述的40个冷成形钢截面列表，包括单一和背靠背槽钢（表9.3）。

采用160个个体的群规模以确定最优构件截面，因为前面的章节已经证明这个群规模对搜索最优解是合适的。函数评估的最大允许数量设置为8000。表9.7给出了最优截面，相应的单位成本是A$428/m。荷载组合ULC2中膝形拉条翘曲的设计约束成为关键约束。因此，对于指定的10°倾角和4m框架间距，在屋檐处没有膝形拉条的框架A比具有膝形拉条的框架B贵19.8%。

表9.7 具有固定拓扑结构的框架B的最优截面

构件类型	冷成形钢制截面	g_1	g_2	g_3	g_4	g_5
立柱	BBC30024	-0.18	-0.31	-0.12	-1.00	-1.00
椽	BBC30024	-0.12	-0.13	-0.10	-1.00	-1.00
膝形拉条	C20015	-1.00	-1.00	-1.00	0	-0.34

9.8.4 具有可变倾角和可变框架间距的框架B

本例对框架B的优化设计时考虑到倾角和框架间距的影响。在这个问题中有五个设计决策变量：倾角和框架间距被视为连续变量；立柱、椽和膝形拉条截面为离散变量。这个最优化问题比前面例子中的问题更复杂，因为有更多的设计变量，因而解空间较大。群的规模是160，终止程序的函数评估的数量是12800，相当于80代。

用此实数编码GA运行10次，10次运行中有6次产生相同的最优解。在负载组合ULC2的情况下，椽上的弯矩和轴向压缩联合作用是关键的（$g_1=0$）主导因素。获得的最优单位成本是A$270/m，相应的参数见表9.8。最优倾角（$\theta_f$）为17.5°，最优的框架间距（$b_f$）是4.0m。这个结果比具有固定拓扑结构的框架B低37%，比具有最优倾角和框架间距的框架A低24%。膝形拉条的影响使最优倾角与没有膝形拉条的框架最优倾角相比减少3°。

表 9.8 具有可变拓扑结构的框架 B 的最优解

构件类型	冷成形钢制截面	g_1	g_2	g_3	g_4	g_5
立柱	BBC25024	-0.01	-0.03	-0.09	-1.00	-1.00
椽	BBC25024	0	-0.01	-0.07	-1.00	-1.00
膝形拉条	C20015	-1.00	-1.00	-1.00	-0.02	-0.38

需要注意的是，10 次运行中有 4 次所获得的单位成本是 A\$283/m，比具有较大框架间距和截面的框架 B 的优化设计贵 4.8%。在这种情况下，立柱的弯曲和轴向压缩组合约束为关键的设计约束。这样的解对于需要较大的框架间距的建筑可能是适用的（表 9.9），倾角（θ_f）为 17°，框架间距（b_f）为 7.6m。

表 9.9 具有可变拓扑结构的框架 B 的近似最优解

构件类型	冷成形钢制截面	g_1	g_2	g_3	g_4	g_5
立柱	BBC30030	0	-0.06	-0.04	-1.00	-1.00
椽	BBC30030	-0.02	-0.08	-0.07	-1.00	-1.00
膝形拉条	BBC10015	-1.00	-1.00	-1.00	-0.05	-0.22

总结 9.6~9.8 节，根据澳大利亚对冷成形钢的实践规范，实数编码 GA 可以通过使用不同的框架间距和拓扑结构最大限度地减少单位长度的冷成形钢制龙门架的建筑成本。我们在使用实数编码 GA 进行优化的过程中考虑了屋檐上的膝形拉条对最优拓扑结构和单位成本的影响。实数编码 GA 程序可确定最优的拓扑结构，同时为构件提供最合适的截面。可以认为，从实数编码 GA 算法得到的框架是在每一种情况下最经济的设计，因为在所有实例中都有关键设计约束用于 GA 计算。该算法的可靠性和耐用性是显而易见的。此外，为最小化目标函数而进行的一些试验获得了最优结果的高度一致性。

在优化问题有许多设计变量的情况下，可得到最优和接近最优的解。通过 5 个设计实例可以看出用实数编码 GA 对处理同时具有连续和离散变量的优化问题是非常有效的。虽然成本计算仅考虑主体构架所用材料，但在达到最优拓扑结构时成本显著降低。具有膝形拉条的框架会导致采用最少的材料成本的最优化设计。在今后的研究中将考虑檩条和侧轨的位置以及它们的成本，同时考虑侧向约束各点之间立柱和椽子构件的翘曲。

9.9 设计优化的高效遗传算法

虽然 GAs 已应用于许多工程问题，但常规 GAs 的主要缺点是经常过早收敛以及薄弱的开发能力。由于候选解的群丧失多样性会发生过早收敛，往往会导致非最优解或局部的最优解。群丧失多样性是由于 GAs 中的选择算子在选择解参加交叉创建下一代的解时倾向于选择较好的解。因此，在以后的几代中，最好的解在进程中将主宰该群。

为了提高搜索性能并加快 GA 的收敛速度，提出分布式遗传算法的变型（DGA），即使用一些不同的变异方案以增加早期阶段的群多样性（Issa and Mohammad 2010）。此外，提出的小生境技术已成功地应用于 GA 以确定有多种约束的多个复杂数学函数的最优解（Deb 2001）。

在本节中，Deb（2001）提出的小生境策略已纳入 RC-GA（实数编码 GA）以提高对解空间的探索，可帮助确定最优解，即以建筑物拓扑结构作为连续变量并以截面尺寸作为离散变量。提出的优化方法被称为实数编码的小生境 GA（RC-NGA），其保持了群的多样性，从而增加了获得全局最优解的概率，通过优先保留代表性不足区域的候选解，同时基于在同一邻近区域的候选解，基于相同的假设排除了一些过于拥挤区域的候选解。

RC-NGA 的结果以楼层平面图中每平方米主要构件的成本表示，都显示与本章前面（9.3~9.5 节，9.8 节）的基准例子相同。结果表明，就解的可靠性、耐用性和计算效率来说，确定最优解的有效性显著提高。虽然可以应用任何一种设计规范，但还是使用澳大利亚实践规范用于验证，这是因为在澳大利亚的许多地区雪比较少，可以实现大的跨度。

9.9.1 优化公式和选择算子中的小生境策略

整体设计优化的目标（包括建筑物拓扑结构和构件的截面尺寸）是确定具有最低成本的龙门架建筑。主体框架的成本以楼层平面图中每平方米的主要构件的成本表示如下：

$$\text{Minimise} \quad W = \frac{1}{L_f b_f}\sum_{i=1}^{m} w_i l_i \qquad (9.19)$$

式中，W 为楼层平面图中每平方米主体框架的成本；w_i 为单位长度的冷成形钢截面（表 9.3）的成本；l_i 为冷成形结构构件的长度；m 为构件数量。

在实数编码小生境遗传算法（RC-NGA）中，应用小生境技术进行竞争选择。这个过程通过从目前的群中随机选择两个个体进行，称为 $x^{(i)}$ 和 $x^{(j)}$。两个解之间的归一化欧几里得（Euclidean）距离（Deb 2000）为：

$$d_{ij} = \sqrt{\frac{1}{n}\sum_{k=1}^{n}\left(\frac{x_k^{(i)} - x_k^{(j)}}{x_k^{\mathrm{u}} - x_k^{\mathrm{l}}}\right)^2} \quad 1 \leqslant i,j \leqslant Pop\text{-}size \qquad (9.20)$$

式中，d_{ij} 为 $x^{(i)}$ 和 $x^{(j)}$ 之间的归一化欧几里得（Euclidean）距离；n 为决策变量的数量；$Pop\text{-}size$ 为 RC-NGA 中的群规模；$x_k^{(i)}$ 和 $x_k^{(j)}$ 分别为两个向量 $x^{(i)}$ 和 $x^{(j)}$ 中对应的第 k 个决策变量；x_k^{u} 和 x_k^{l} 分别为第 k 个决策变量的上限和下限。

如果这个欧几里得（Euclidean）距离小于经验用户定义的临界距离，这些解要用它们的适应度函数值进行比较；否则它们将不进行比较，而是从用于比较的群中随机选出另一个解 $x^{(j)}$。如果进行一定数量的检测后，没有找到满足临界距离的解 $x^{(j)}$，就选择 $x^{(i)}$ 进行交叉操作。通过这种方式，只有在同一区域（或小生境）内的解为选择和交叉而互相竞争。

9.9.2　基准实例

9.9.2.1　无膝形拉条的龙门架（1 型）

1 型框架的设计优化考虑使用 RC-NGA。该框架的跨度为 20m，立柱高 4m。本章前面（9.6 节）述及这个基准实例并使用 RC-GA 进行了求解。受倾角和框架间距影响的优化设计用前面所述的 GA 参数和算子进行计算。这个问题有四个决策变量，即作为连续变量的倾角、框架间距、作为离散变量的立柱和椽子的截面尺寸。适宜的群规模为 40，终止 RC-NGA 程序的函数评估的数量是 6000。

优化进程如图 9.13 所示。可以看出，在预定义的函数评估数量内 RC-NGA 就收敛到最优解。最合适的立柱和椽子的截面尺寸是 BBC25024；最优倾角为 21°，最优的开间间距为 3m，单位成本是 A$17.75/m^2。从 RC-GA（在本章前面 9.8 节）得到了相同的结果。椽子的轴向压缩和弯曲联合作用与 ULC3 荷载组合是至关重要的设计约束。群规模为 40 的 RC-NGA，在 10 次运行中有 8 次在 6000 次函数评估内产生了最优解。

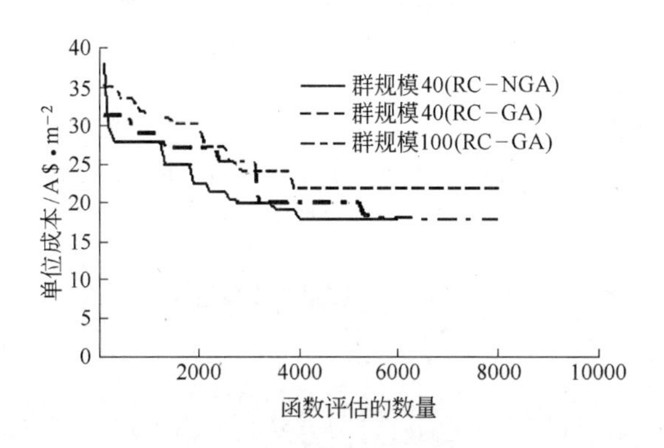

图 9.13　1 型框架的收敛进程

应该指出的是，具有相同的群规模为 40，用 RC-GA 算法（在本章前面 9.2 节）解决该问题的终止判据是 8000 次函数评估。RC-GA 被困在一个局部最优解中，其单位成本为 A$21.55/m^2。使用 RC-GA 以获得最优解的适当群规模是 100（图 9.13）。对于群规模为 100 的 RC-GA，在 10 次运行中只有 3 次产生相同的最优解。这意味着 RC-GA 需要平均约 26667 次函数评估以达到最优解，而 RC-NGA 需要 7500 次函数评估。基于这些结果，RC-NGA 的效率高出 RC-GA 约 3.5 倍以上。

9.9.2.2 有膝形拉条的龙门架（2型）

假设要进行优化设计的龙门架（2型）具有与1型框架相同的跨度和立柱高度，2型龙门架的屋檐处有膝形拉条。这个基准实例在本章前面（9.6节）也解过了。本节中应用了与前面描述相同的优化程序。在这个问题中有五个设计决策变量：倾角和框架间距为连续变量，立柱、椽和膝形拉条的截面为离散变量。

这一优化问题比前面的例子复杂得多，因为有更多的设计变量且解空间较大。对于RC-NGA，群规模为50，终止RC-NGA程序的函数评估数量采用经验值7500。

采用规模为50的群，RC-NGA在10次运行中有7次产生了显而易见的最优解（平均10714次函数评估）。本章前面使用的具有相同的群规模50的RC-GA例行程序在所有的10次运行中都过早收敛于局部最优解（图9.14）。为了提高RC-GA的性能，在10000次函数评估内，必要的群规模是120。这使10次运行中有2次运行收敛到此处能找到的最低成本解，这相当于平均50000次函数评估以达到最优解。基于这些结果，RC-NGA的效率比RC-GA高4.5倍以上。

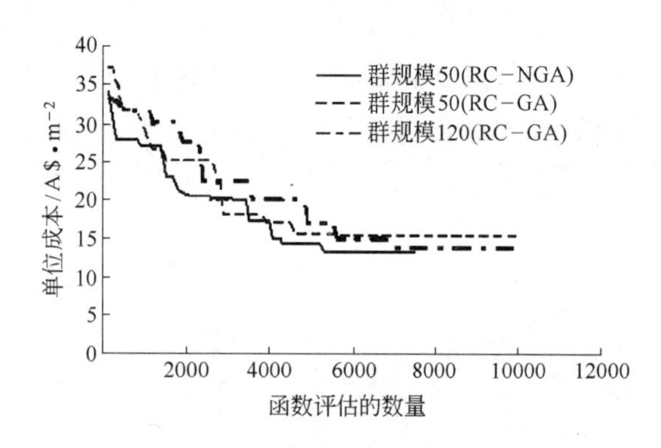

图9.14 2型框架的收敛进程

9.9.3 小结

对于冷成形钢制龙门架建筑，开发了RC-NGA以对建筑平面图中每平方米主要构件的成本进行最小化设计。如果群规模较小，在更合理的计算时间（即时间较短）内，进行一些运行后，所获得的最优解的一致性有所提高。这意味着群的多样性得以保留，所以有效地提高了获得全局最优结果的概率。

对于每一个建筑物，优化程序的目的是确定最优的拓扑结构和最合适的构件截面。由于在所有实例中都存在关键的设计约束，可以认为从程序获得的框架设计是在每一种情况下最经济的设计。该算法的计算效率和耐用性也得到了证明，用于解决优化问题的计算时间因此而显著减少。

9.10 冷成形钢制龙门架建筑的原尺度消防测试

9.10.1 研究目的

每年发生在超市、仓库及其他钢制龙门架结构的火灾造成了破坏和财政损失。这项研究将可以评估目前钢制龙门架结构的设计指导，这与最近的计算结果相冲突，该结果认为单纯设计指导是不够的，并且在一定的火灾场景下存在潜在的不安全因素。这项工作可以用来改善现有的设计指导，允许基于性能的方法来设计这些结构并确保这些结构安全及满足需求。

需要确定龙门架建筑中热轧 I 截面和冷成形 C 截面型钢在火灾条件下的性能差异。目前的设计实践需要对这些材料进行评估，以确定这两种类型的钢是否适用。可以用消防测试来验证和改进龙门架结构的数学模型，目前这主要是理论上选用这种测试。

从业者一直认为，在某些消防边界条件下设计的钢制龙门架可能是不安全的。最近的数值分析表明，在现有的消防边界条件下设计的钢制龙门架在某些条件下不安全，而在其他条件下又超过规定指标了。对冷轧钢制龙门架的大尺度的消防测试可以评估当前的设计实践并验证数值模型的结果。其结果有助于为将来的结构开发新的设计规则，新规则以性能为基础，既包括传统的热轧钢又包括冷成形钢。

9.10.2 对结构工程的益处及对工业的影响

结构工程师必须把建筑物的安全性和可靠性作为他们的首要任务。他们必须满足建筑物在各种可能的情况下按照“设计意图”工作。对于结构工程师，可持续发展的理念可能是基于性能的设计中最好的。更多的经济型建筑物符合“设计建筑工程师”的愿望，使得社区减少浪费、降低运输成本以及减少排放。

这种方法对结构工程的益处包括：

（1）在有潜在危险的情况（如工业建筑、化学工厂）下，对龙门架进行更安全的设计，使这些建筑物不会倒塌是绝对必要的。

（2）在危险程度较小的情况（如农业建筑）下，对龙门架进行更经济的设计，在混凝土基础尺寸和立柱基设计方面具有很大的降碳潜力。

（3）改进消防安全维护，更好地了解建筑物（在火灾过程中）坍塌的情况。

（4）为所有单层钢结构建筑的计算设计方法提供基础工作，使设计师更切合实际地预测建筑物的性能，重视消防性，同时价格经济合理。

（5）为钢铁行业增加扩产的机会，扩产得到的钢产量用于单层结构建筑，以前这些建筑基于消防考虑不以钢作为主要用材。

（6）进一步理解冷成形钢接头在火灾中的行为特点。

参考文献

AS/NZS1170-0(2002) Structural design actions—part 0: general principles. Australian/New Zealand Standard. Australian Institute of Steel Construction, Sydney.

AS/NZS1170-1 (2002) Structural design actions—part 1: permanent, imposed and other actions. Australian/New Zealand Standard. Australian Institute of Steel Construction, Sydney.

AS/NZS1170-2(2002) Structural design actions—part 2: wind actions. Australian/New Zealand Standard. Australian Institute of Steel Construction, Sydney.

AS/NZS 4600(2005) Cold-formed steel structures. Australian/New Zealand Standard. Australian Institute of Steel Construction, Sydney.

Deb K(2000) An efficient constraint handling method for genetic algorithms. Comput Method Appl Mech 186: 311-338. doi: 10. 1016/S0045-7825(99)00389-8.

Deb K(2001) Multi-objective optimization using evolutionary algorithms. Wiley, Chichester.

Deb K, Gulati S(2001) Design of truss-structures for minimum weight using genetic algorithms. Finite Elem Anal Des 37: 447-465. doi: 10. 1016/S0168-874X(00)00057-3.

Eid MA, Elrehim MA, El-kashef F, Swoboda G(2010) Optimization of ground improvement techniques in tunnelling using genetic algorithms. In: IV European Conference on Computational Mechanics(ECCM 2010), Paris.

Issa HK, Mohammad FA(2010) Effect of mutation schemes on convergence to optimum design of steel frames. J Constr Steel Res 66: 954-961. doi: 10. 1016/j. jcsr. 2010. 02. 002.

Kameshki ES, Saka MP(2001) Optimum design of nonlinear steel frames with semi-rigid connections using a genetic algorithm. Comput Struct 79: 1593-1604. doi: 10. 1016/ S0045-7949(01)00035-9.

Pezenshk S, Camp C, Chen D(2000) Design of nonlinear framed structures using genetic optimization. J Struct Eng 126(3): 382. doi: 10. 1061/(ASCE)0733-9445.

Phan DT, Lim JBP, Ming CSY, Tanyimboh T, Issa H, Sha W(2011) Optimization of cold-formed steel portal frame topography using real-coded genetic algorithm. Procedia Eng 14: 724-733. doi: 10. 1016/j. proeng. 2011. 07. 092.

Phan DT, Lim JBP, Sha W, Siew CYM, Tanyimboh TT, Issa HK, Mohammad FA(2013) Design optimization of cold-formed steel portal frames taking into account the effect of building topology. Eng Optim 45: 415-433. doi: 10. 1080/0305215X. 2012. 678493.

Saka MP(2003) Optimum design of pitched roof steel frames with haunched rafters by genetic algorithm. Comput Struct 81: 1967-1978. doi: 10. 1016/S0045-7949(03)00216-5.

Tsoulos IG(2008) Modifications of real code genetic algorithm for global optimization. Appl Math Comput 203: 598-607. doi: 10. 1016/j. amc. 2008. 05. 005

10 消防工程

摘 要 本章介绍了消防安全设计的基本概念和方法。主题是在消防工程中使用电脑软件进行计算和设计。计算机软件专为计算力矩承载量而设计。通过热分析软件，可以准确并经济地确定任何新类型的钢截面在火灾中的热传递情况。浅（薄）楼板结构具有很好的固有耐火性。然而，当这样截面的底板直接暴露在火中时，热量会沿着钢传递到邻近的隔间。因此，虽然浅楼板结构通常不需要消防，但在隔间的屋角部仍需要局部屏蔽。本章其他部分涉及未填充空隙的复合梁的耐火性和考虑火通量数据和膨胀涂层的温度模型，其目的是定量地预测当上法兰和上面的钢制盖板之间的空隙未填充时所需要的额外（消防）保护量。本章最后一部分将利用现有的消防测试数据推导一个关系式，以确定浅楼板梁所需要的膨胀消防涂层的厚度。推导出的公式可用于快速、简单地设计和计算出消防所需涂层的厚度。

10.1 消防安全设计

10.1.1 研究方法和设计理念

有两种研究钢结构消防性能的方法。一种是“按规定办”的方法，通过评估火灾中结构的性能来实现，其数据源于标准的或制造商给出的消防测试表格或图形。这种方法中，结构是基于最终极限状态而设计的，并且从各种实际规范中预定义的数据列表和图表中计算符合消防要求的各参数。另一种是计算的方法，通过计算火灾中构件的能力来评估结构的性能。这种方法中，极限温度和负载率，即结构构件在火灾条件和正常条件下力矩承载量的比率，是确定的。这两种方法都注重控制结构中钢制构件的温度，因为钢从400℃开始损失其强度，并且随着温度的升高强度迅速下降。

本部分的重点是基于钢结构的计算方法。本章引入了一个设计概念，将消防安全并入结构构件本身，而不是先设计结构构件，然后再提供保护。有两种消防安全设计方法，极限温度/负载率法和力矩承载量法，本节使用后者。

如果温度在结构构件截面的分布是已知的，则可以算出在横截面内所有元件强度的降低量。因此，可以直接确定塑性中性轴及构件在火灾环境下的力矩承载量。在力矩承载量方法中，如果在火灾中的规定时限内，构件的力矩承载量不小于在火灾极限状态所承载的力矩，则认为构件具有足够的耐火性而不需要保护。否则，该构件需要进行耐火保护。

消防工程最先进的水平是在结构本身构建耐火性。其最大的优点是不需要任何传统的消防（板或喷雾）或仅需要最低限度的保护，这会使结构的经济性更加显著。这种方法自20世纪80年代早期在西欧就得到更多的认可，这促进了超薄楼板建筑的发展。

10.1.2 超薄楼板结构和耐火钢

超薄楼板是一个相对较新的楼板结构形式，其以钢作为结构件。超薄楼板结构的发展是在建筑结构中实现耐火性能内置的一个很好的例子。用于超薄楼板中的梁几乎完全含于混凝土楼板的深度里。楼板有一个平坦的表面，类似于钢筋混凝土楼板，其具有良好的抗火性能，这是因为只有钢截面中的底面会在发生火灾时暴露在炎热的火中。由于混凝土楼板保护了钢梁，该结构能在没有任何传统消防材料的情况下承受更长时间的火烧。超薄楼板结构的原理起源于斯堪的纳维亚(Scandinavia)，英国钢铁公司（现在的塔塔钢铁公司）和英国的钢结构研究所(SCI)改进了该原理，并开发了两种新的超薄楼板横梁：Slimflor（图10.1）和ASB Slimdek。

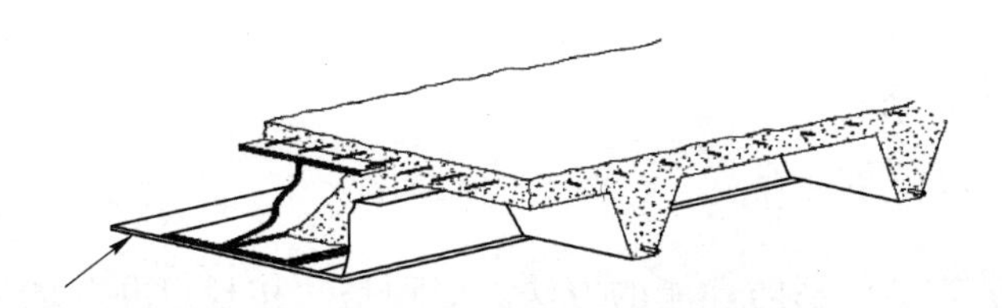

图10.1 典型的浅楼板或超薄楼板示意图（组装的Slimflor梁）

Slimflor梁是将钢板焊接于其底部法兰的一个通用立柱。有两种类型的Slimflor梁结构系统：比较流行并可取的是原位复合盖板系统和预浇筑系统。在后一个系统中，板坯放在钢板上，剩余的空间以原位混凝土浇筑填充。ASB是Slimflor梁的转型钢截面，用一个更大的底部法兰替换了Slimflor梁中的底部法兰和平板。ASB系统采用复合结构。

耐火钢的发展是消防工程的另一个成就。这类钢可以在火灾中保持较高的强度，从而增加了耐火性。这是通过开发新成分和控制轧制过程实现的。开发这种耐火钢的主要努力来自日本的新日铁公司。在贝尔法斯特女王大学也开发了几种耐火钢（第3章）。

10.1.3 软件

SCI 开发了三个计算机程序分别用来计算工字梁、Slimflor 和 ASB 楼板在火灾中的力矩承载量。其主要的理论是基于塑性分析。该模型本质上是一个有限元模型。通过将梁分割成几个元件，如底部法兰、下腹板、上腹板和顶部法兰，计算了在升高的温度下梁的塑性力矩承载量。在计算软件中，假设钢在达到2%的应变时断裂，将高温条件下的强度降低系数乘上普通强度可以得到其高温强度。对每个元件都计算了其面积、质心位置和强度的降低量，然后可得到所有元件的总抗力。在纯弯曲情况下，必须找到塑性中性轴，它把总抗力分为相等的张力和压力。找到塑性中性轴之后，可获得在该温度下任何适当轴向的力矩和力矩承载量。

在火灾中，由于热量传递引起的钢梁截面的温度升高决定了其力矩承载量。在一个标准的火灾测试中，可测量每种类型的梁中每个元件的温度。尽管这样的测试对梁中温度的发展及其结构状态给出良好的、有代表性的结果，但却十分昂贵。因此，对于一些如 Slimflor 和 ASB 的钢梁，只有有限的测试数据。可以用热分析软件对消防实验进行补充，可以通过软件建立截面中的传热模型以设计更经济的新的钢梁截面，因此需要在制造该截面及进行消防实验前确定其可行性。本节中使用的热分析软件是 TFIRE。它是由 SCI 开发的二维有限差分热传递程序，已利用消防试验数据对其进行了验证。可用它在开发这些 Slimflor 和 ASB 截面的过程中建立温度变化模型。

基于热传导和热传递模型，TFIRE 可用于任何形式的结构断面。利用该程序可以计算在火灾中钢材截面中的热流和截面内温度分布的变化。通过软件计算得到温度数据，再利用其他软件计算其性能，可以确定钢截面的力矩承载量。

TFIRE 使用基本的热量输入表达式（9.10）建立热传递模型：

$$\frac{\mathrm{d}q}{\mathrm{d}t} = SV(\alpha\varepsilon_{\mathrm{f}}T_{\mathrm{f}}^{4} - \varepsilon_{\mathrm{s}}T_{\mathrm{s}}^{4}) \tag{10.1}$$

式中，$\mathrm{d}q/\mathrm{d}t$ 为单位面积的热传递率；S 为斯蒂芬-玻耳兹曼（Stephen-Boltzmann）常数；V 为元件的视角因子（热能离开热空气传播到钢的比例）；α 为表面吸收率；ε_{f} 为火焰发射率；ε_{s} 为表面发射率；T_{f} 为炉子或气体温度；T_{s} 为元件的温度。

考虑名义上接触表面间的界面阻力对于建模是很重要的。对于接触良好的元件间的正常传导，适用下面的表达式：

$$\frac{\mathrm{d}q}{\mathrm{d}t} = \frac{T_2 - T_1}{\dfrac{1}{K_1} + \dfrac{1}{K_2}} \tag{10.2}$$

如果存在一个界面阻力，式（10.2）变为：

$$\frac{dq}{dt} = \frac{T_2 - T_1}{\frac{1}{K_1} + \frac{1}{K_2} + \frac{1}{K_i}} \tag{10.3}$$

式中，K_1 和 K_2 分别为热传导系数；K_i 为界面阻力系数。图 10.2 显示了 TFIRE 中用的超薄楼板梁的一个例子，图中为该梁的近似截面。

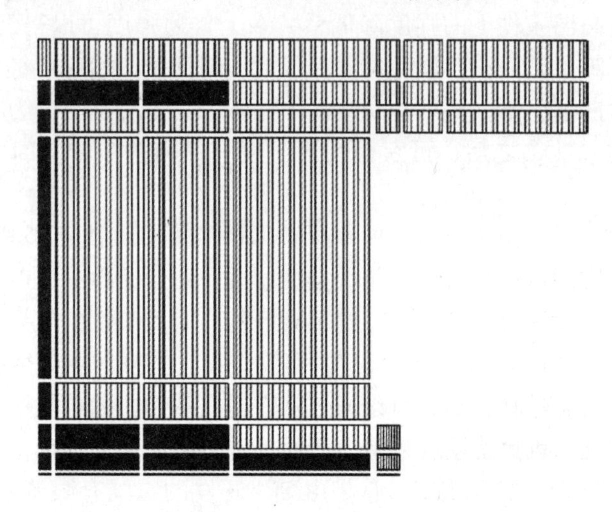

图 10.2 基于用户输入数据的近似横截面图

10.1.4 无消防措施的超薄楼板的抗弯矩能力

首先，TFIRE 可用来计算当下面的隔间发生火灾时楼板截面中温度的分布。其次，TFIRE 可计算其抗弯矩能力。对于组装的 Slimflor 梁，可把它分为六个矩形元件：平板、底部法兰、下半个腹板（下腹板）、上半个腹板（上腹板）、顶部法兰和混凝土承压法兰。对于不对称梁的划分更加细致，并且对于为英国市场设计的梁（280 ASB 100 和 300 ASB 153），还需考虑到腹板和底部法兰连接处的肩角。对于三个梁的尺寸，每个元件的宽度和高度见表 10.1。

表 10.1 ASB 元件的宽度和深度（从底部到顶部，尺寸均以 mm 为单位）

元 件	280 ASB 100		300 ASB 153		欧 洲	
	宽度	深度	宽度	深度	宽度	深度
1	300	16	300	24	375	20
2	44.7	6.4	55.9	7.2	10	10
3	31.8	6.4	41.4	7.2	10	30
4	19	7.2	27	5.6	10	85

续表 10.1

元 件	280 ASB 100		300 ASB 153		欧 洲	
	宽度	深度	宽度	深度	宽度	深度
5	19	20	27	20	10	85
6	19	20	27	20	10	20
7	19	184	27	202	200	20
8	190	16	190	24		

对于组装梁，基于一个254mm×254mm×89kg/m的通用立柱（UC）截面进行计算，法兰盘厚15mm、宽45mm。顶部法兰上面混凝土的深度是30mm。盖板由ComFlor CF210板制成。使用S355级钢，且混凝土强度为20.1MPa。使用TFIRE计算了梁在火中60min的温度分布，火的温度取自于标准消防曲线。计算得到法兰盘温度822℃，底法兰温度611℃，下腹板温度433℃。钢截面的所有其他部分均在400℃以下，因此保留了其全部强度。在这种温度分布情况下，对火的抗弯矩能力是352kN·m，相比较室温时的抗弯矩能力为523kN·m，得到负载率为0.67。

对于不对称梁，当受热时，钢截面和混凝土之间的黏结强度极限分别为0.9MPa和0.4MPa，前者对应为英国（280 ABS 100和300 ABS 153）市场设计的梁，后者对应为欧洲市场设计的梁。梁的结构和计算结果详见表10.2。表中不包括那些低于400℃的元件温度，因为它们具有钢的全部强度。表中同时列出了室温下的抗弯矩能力数据以作比较。火中的抗弯矩能力对应于在火中60min的温度条件下。

负载率的值，即在火中极限状态和在正常的“冷”状态下的负载抗力的比率都集中在0.5，这是一般的设计消防的负载率。这证实了超薄楼板在没有传统消防设施的情况下具有长达1h的耐火能力。虽然计算是基于五个案例中的参数，但一般的结论应该适用于其他尺寸的梁和地板结构。

综上所述，通过使用计算机软件建模计算了在火灾发生时钢梁截面的温度和抗弯矩能力，在没有任何消防措施时，Slimflor和不对称梁（ASB）超薄楼板在火中可以支持大约50%的设计载荷达60min。这是因为这些由混凝土在周围保护的钢梁结构具有固有的良好耐火性能。

表10.2 梁的参数、在火中60min的温度和ASB抗弯矩能力

梁的部位名称	280 ASB 100	300 ASB 153	300 ASB 153	欧 洲
顶部法兰宽度/mm	190	190	190	200
底部法兰宽度/mm	300	300	300	375
梁的深度/mm	276	310	310	270

续表 10.2

梁的部位名称		280 ASB 100	300 ASB 153	300 ASB 153	欧　洲
法兰的厚度/mm		16	24	24	20
腹板的厚度/mm		19	27	27	10
盖　板		CF210	CF210	CF225	CF210
梁法兰上混凝土深度/mm		30	30	0	40
元件钢的温度/℃（表 10.1）	1	786	747	747	804
	2	684	635	635	612
	3	643	597	597	485
	4	599	564	564	≤400
	5	532	509	509	≤400
	6	422	410	410	≤400
抗弯力矩/kN · m	火中	253	461	429	190
	室温	554	889	739	418
载荷比		0.46	0.52	0.58	0.45

10.2　钢结构中的热传递及其耐火性

10.2.1　跨墙的浅楼层结构在火中的热传递

在浅楼板结构中，支撑钢地板梁包含在地板盖板的深度之内，因此该结构在本质上具有良好的耐火性（图 10.1）。对于大多数的应用条件下，不需要其他消防措施，耐火等级达到 1h。

这具有很大的优势。然而，一个钢梁跨度能通过墙的上方。当在墙的一面一个隔间起火，热量能沿底部法兰传递。裸露的梁（图 10.3）可能出问题。当使用传统的梁时，在墙另一边的梁会被保护物覆盖，因此不会发生温度的升高。在浅楼层结构中，与失火房间相邻隔间的梁的温度可能会过度升高。这并不是由于强度损失而造成的结构完整性问题，而是由于有可能导致起火以及因此而造成的火势蔓延和人身安全的问题。在本节中，用英国钢结构研究所开发的 TFIRE 软件对穿过墙的组合浅楼板（Slimflor）梁中的热传递进行建模。

该计算是基于图 10.3 所示的组装图。该 TFIRE 程序本质上是一个二维模型。在计算中，采用二维模型计算的截面是在 Slimflor 梁中焊接到工字梁的底盘边缘以内，但是在工字梁的底部法兰以外。火灾中的温度在该节点处达到最高（图 10.1 中箭头处）。计算时考虑两个板（指梁的板厚）厚度（图 10.3 中的 t_s），分别为 15mm 和 22mm。所使用的混凝土的厚度 t_c 为 260mm；这个厚度值并不是决定性的，由于混凝土具有良好的绝热性能，与钢距离较远处混凝土块体内部的温

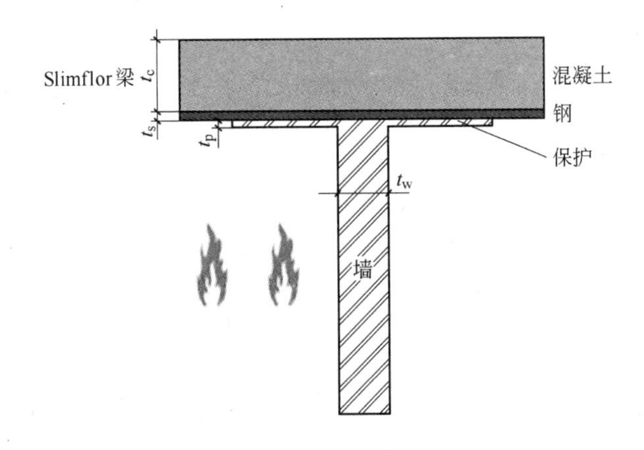

图 10.3 跨墙的组装 Slimflor 梁示意图（底盘扩展部分的 2D 截面）

t_c—混凝土的厚度；t_s—钢板的厚度；t_p—保护层的厚度；t_w—墙厚

度就迅速下降。使用正常重量的混凝土。

这里验证了在钢板底部采用耐火板保护的作用。对以下三种情况进行测试：没有保护、每侧 150mm × 10mm 保护、每侧 300mm × 10mm 保护（t_p = 10mm）。假设保护材料和墙壁具有相同的材料特性：密度为 0.165g/cm^3，没有水分，热导率为 0.1W/(℃ · m)。所假设的低墙壁密度应该对结果没有很大的影响。

在失火隔间内的温度分布遵循标准的消防曲线。结果如图 10.4 和图 10.5 所示。在采用保护的情况下（图 10.5），墙壁厚 t_w 取 100mm。

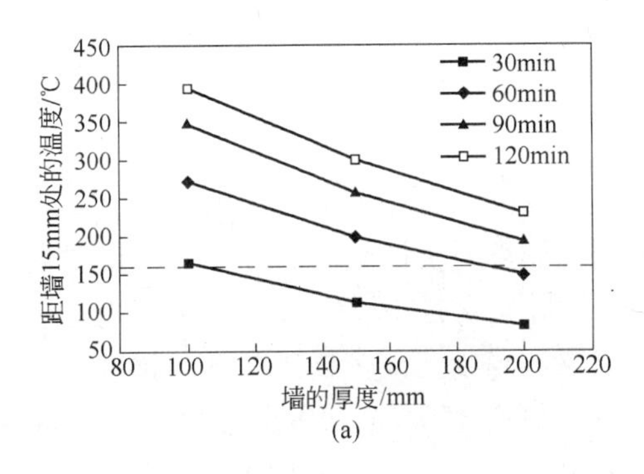

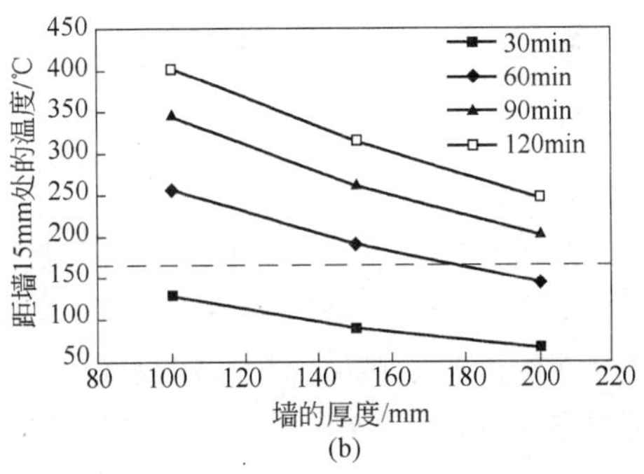

图 10.4 距失火隔间的墙壁 15mm 处钢板温度（无保护）

（a）板厚 15mm；（b）板厚 22mm

从板边缘到腹板的热传递对钢梁内的温度分布没有显著的影响。TFIRE 模型是 2D 的。对于以上计算，截面是从焊接到底部法兰的钢板的悬挂边缘取的（即一个纵断面）（图 10.6）。通过计算检验了距墙壁较远处直接暴露于火灾中的钢

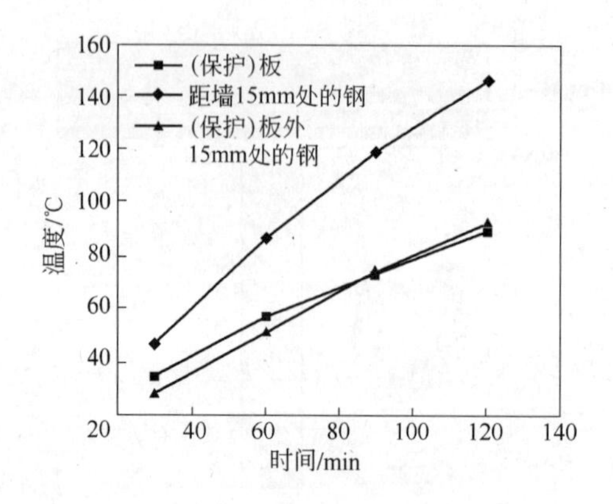

图 10.5 与火灾相邻的隔间内保护板和钢板的温度
（在墙的每侧有 150mm×10mm 的保护，板厚 22mm）

的温度。从纵剖面得到的结果总是与横截面的二维结构预测一致。使用本节介绍的方法，基于纵截面进行计算得到的温度为 832℃。

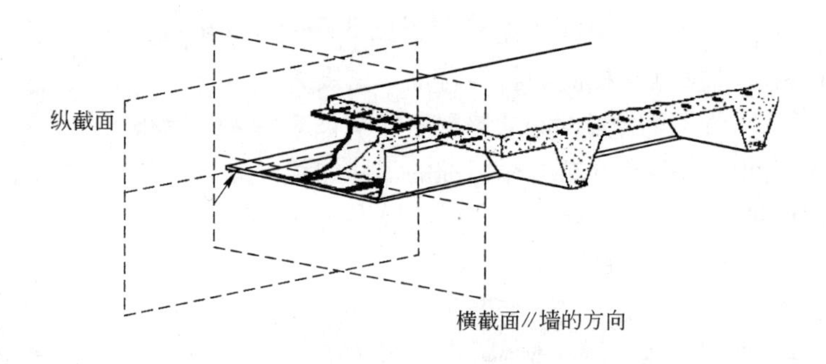

图 10.6 不同的截面

根据常规实践，与失火隔间相邻的隔间内温度升高的限制温度最多比正常温度高 140℃（即如果正常室温是 20℃，则限制温度是 160℃）。上述计算表明，在没有保护时，在失火相邻的隔间内，裸钢梁的温度在大多数情况下会超过这个限制温度（图 10.4）。然而，如果在墙的每一侧有 150mm×10mm 保护层，在相邻隔间内的温度变化则在可接受的数值范围内。在图 10.5 中取两个位置的钢的温度。第一个位置是距离墙 15mm 处，第二个位置是在保护层外 15mm 处（保护层宽 150mm）。

因为模型是二维的，这个结果适用于新的不对称梁浅楼板，它们具有相同的底部法兰厚度值。

总之，在没有保护时，与失火隔间相邻的隔间内裸钢截面的温度会显著上升到难以接受的水平。但如果在墙附近的截面采取一些最小的消防防护措施，则任何位置的温升都会大幅度降低。

10.2.2 未填充空隙的复合梁的耐火性

本节探讨复合楼层结构，作为本章研究“对钢建筑结构的消防工程建模”这一项目主题的延续。现代的多层钢框架建筑中的楼板和梁广泛使用复合结构。设计混凝土表面层以一种复合的方式与钢制盖板共同构成楼板，然后设计该楼板与钢制梁复合共同形成复合梁。

使用两种类型的盖板：可重接入的燕尾盖板和开放的梯形盖板（图 10.7）。对于这两种类型的结构，钢梁需要进行消防保护。对于燕尾盖板，由盖板轮廓形成的空隙很小，通常不需要进行填充以保持其耐火性。然而，对于梯形盖板，其空隙可导致钢截面中的热传递速率明显增加，在顶部法兰上无法起到有效的防护作用。要填补这些空隙有严重的经济困难，因为它的劳动强度很大。这就严重妨碍了具有板式消防的梯形盖板的使用。本节的目的是定量评估不填充的开放梯形盖板形成的空隙对结构耐火性的影响。

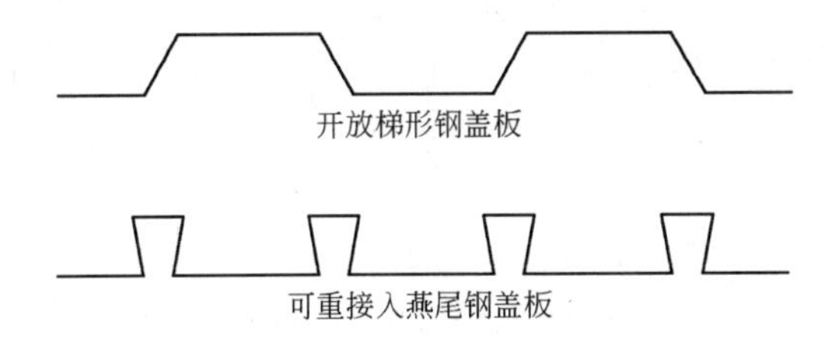

图 10.7 异型钢盖板的类型

基本参数是负载率，即指在火灾极限状态的和正常“冷”条件下的负载能力之间的比值。对于大多数的应用情况下，负载率为 0.6 是足够的。所采取的方法如下：

（1）获得底部法兰的温度 T_1，将保证负载率为 0.6。计算所需要的梁各部分的温度值来自于火灾试验数据中真实的温度分布。

（2）消防板厚度的要求是与 $(T_{底部法兰} - 140)^{-1.3}$ 成比例。因此，达到 0.6 的负载率时厚度（d_1）的计算为：

$$\frac{d_1}{d_0} = \left(\frac{T_0 - 140}{T_1 - 140}\right)^{1.3} \tag{10.4}$$

式中，T_0 为在保护厚度为 d_0 时测得的底部法兰的温度；T_1 为在负载率为 0.6 时底部法兰的温度。

（3）在空隙未填充的状态下重复（1）和（2），获得负荷率为 0.6 时对应的保护厚度（d_{1u}）。相应的未填充空隙条件下的温度以下标 u 表示。

（4）在负载率（0.6）相同的情况下获得保护厚度（d_{1u}/d_1）的百分比增量。该计算基于消防测试中的实际参数（表10.3）。

表10.3 未填充空隙的复合梁参数

变 量	值	变 量	值
梁	305×102×33 UBS275	盖板深度	60mm，开放梯形
板坯深度	125mm	混凝土	常规质量，30级

底部法兰温度和计算得到的相应的负载率在表10.4中给出。对于60min的耐火实验，要达到相同的负荷率0.6，空隙未填充和填充情况下消防保护厚度比为：

$$\frac{d_{1u}}{d_1}=\frac{\dfrac{d_{1u}}{d_0}}{\dfrac{d_1}{d_0}}=\frac{\left(\dfrac{T_{0u}-140}{T_{1u}-140}\right)^{1.3}}{\left(\dfrac{T_0-140}{T_1-140}\right)^{1.3}}=\frac{\left(\dfrac{575-140}{555-140}\right)^{1.3}}{\left(\dfrac{528-140}{584-140}\right)^{1.3}}=\frac{1.063}{0.839}=1.27 \quad (10.5)$$

表10.4 底部法兰温度和相应的负载率

时间/min	空 隙	$T_{底部法兰}$/℃	负载率	时间/min	空 隙	$T_{底部法兰}$/℃	负载率
60	填充	528（T_0）	0.71	—	填充	584（T_1）	0.6
	未填充	575（T_{0u}）	0.54		未填充	555（T_{1u}）	0.6
90	填充	706（T_0）	0.28				
	未填充	775（T_{0u}）	0.14				

因此，可知未填充情况下消防保护厚度应该增加27%。

对于90min的耐火实验，尽管温度值（T_0和T_{0u}）与60min的完全不同，但类似的计算也表明保护板厚度应增加27%。因此，预计相同的保护厚度的增加量对其他耐火时间（如120min）也是必要的。进一步来说，尽管上述计算是基于负载率为0.6的，但假设其他负载率情况下也需要相同数量的额外保护是合理的。

在一个复合梁结构中，当顶部法兰和下面的钢盖板之间的空隙未填充时，该计算提供了一个定量的答案，给出了额外所需消防保护的量。结果基本上给设计工程师提供了填充空隙或是增加保护层的厚度（27%）并留有空隙这两个选择。考虑到填充空隙需消耗劳动力和材料，后者可能更经济且提供了一个更加便捷的结构。

总之，对于用工字梁的复合楼板，当顶部法兰和下面的钢盖板之间的空隙未填充时，额外27%的保护是必要的。这部分额外保护的百分比对不同的耐火时间是相同的。

10.2.3 消防流量数据的温度模拟

本节内容包括：使用在消防实验中测量的热流数据，用计算机模拟钢截面在火灾时的温度发展趋势。在 SCI 开发的模型 TFIRE 中，标准的思路是利用两个元件的温差计算从火到钢截面的热传递速率。在标准的消防测试中，在试验炉中通过热电偶测量出火的温度遵守标准消防曲线。另一种方法是在标准消防试验中直接测量进入钢中的热流量（图 10.8）。

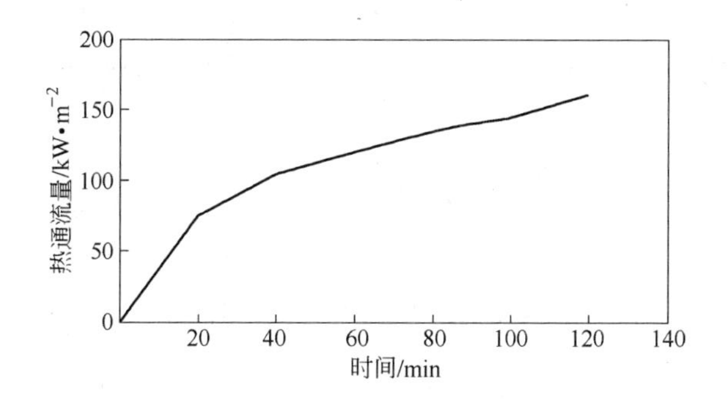

图 10.8 标准消防测试中测量到的热流通量对时间的关系

然后用 TFIRE 程序进行热量计算，以获得一个不对称的浅楼板梁底部法兰的温度（图 10.9）。这样，只要测得局部热流通量，在真实火灾情况下，对于任何一种（不均匀）火焰温度分布，都可以通过模拟获得各截面的温度。

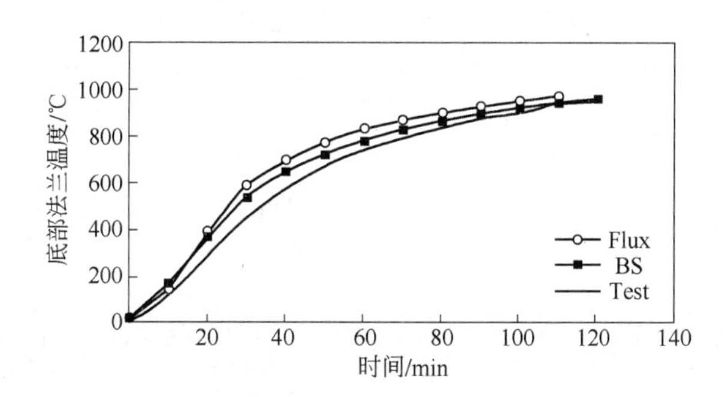

图 10.9 火中不对称梁的底部法兰温度

温度使用已测得的热流通量数据（Flux）和标准火灾温度（BS）计算，
包括实际试验温度（Test）作为对照

总之，利用测得的热流数据进行的热模拟计算给出了合理的截面温度，同时显示了流量测量和模型的准确性。

10.2.4 膨胀涂层

TFIRE 程序在热分析中可以考虑膨胀涂层的行为。构建分析软件时需要膨胀层胀出厚度、热导率、发射率和吸收率以计算温度的发展情况。这是本节的主题。

膨胀材料被广泛地应用在钢框架建筑中，它通过提供一个物理的屏障，保护钢表面使其不接触热量。它遇热发生吸热化学反应生成大量小气泡使材料膨胀为原始材料 5～100 倍，此时，这种低导热泡沫固化成很厚的多细胞焦炭层。

Nullifire 的 S 系统对实验室测试和实际火灾情况都有着长期的记录。其耐火性根据厚度的不同可以达到 120min。S 系统在内部和外部使用时存在差异。一般来说，截面因子 H_p/A 大于 $90m^{-1}$ 的截面，其耐火时间不会超过 30min。而一旦采用 0.3mm 的膨胀材料进行防火保护，则能轻松地达到 30min。

S605 是一个对内部和外部的结构钢架都可进行消防保护的单层芳香型溶剂基膨胀涂层，特别适用于对裸露的结构钢进行保护。S607 是适用于内部结构钢架的水生薄膜膨胀涂层，它与顶部的水生丙烯酸树脂密封配套。

消防试验可用以测试膨胀型涂层在火灾中的性能。如图 10.10 中所示，涂层厚度不同的超薄楼板法兰盘的温度-时间曲线表明，这些涂层具有相当明显的消防效果。

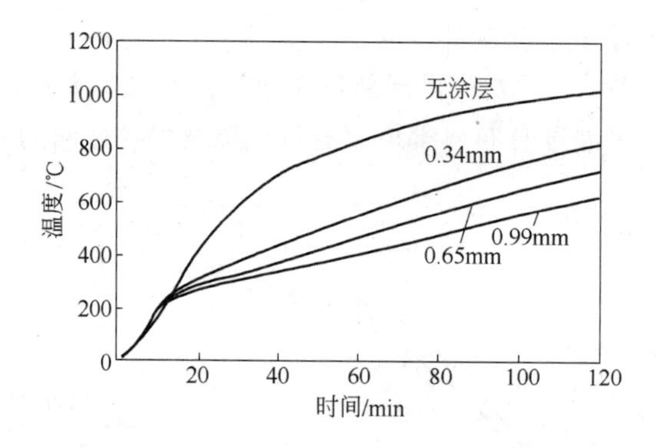

图 10.10 具有不同厚度 S605 涂层的 Slimflor 结构中底部钢板的火灾测试温度-时间曲线

在实验室对四周涂有不同厚度膨胀涂层的 200mm × 100mm × 3mm 薄钢板进行了测试。按照标准消防曲线确定了炉内温度。用干燥的、厚度为 0.17mm ($300g/m^2$) 的 Nullifire S607 系统进行了一系列的测试。在 300℃时涂层开始放出烟雾，在 375℃时开始显著膨胀，并持续到 625℃。图 10.11 所示为测得的涂层厚度随炉温变化的函数关系。发生膨胀的涂层在 750℃时由黑色开始燃烧变为白色并出现开裂。在 900℃时涂层

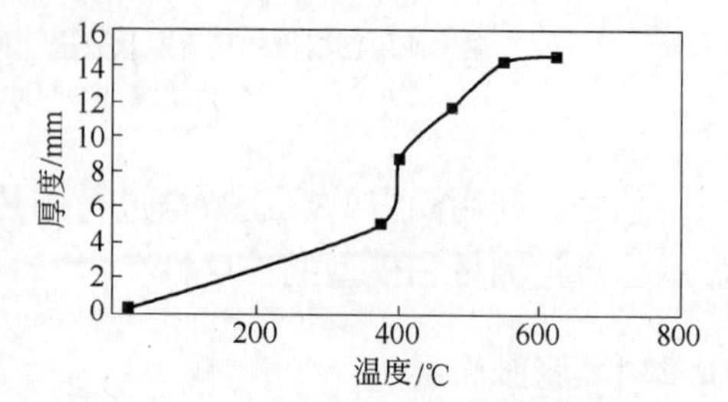

图 10.11 涂层厚度与炉温的函数关系
炉内温度遵循标准消防曲线

完全变成白色并开始从钢板上脱落。在1050℃时，涂层几乎完全脱落，隔热效果消失，留下白色粉末。

较厚的涂层可以膨胀更多。当涂层厚度为0.5mm（900g/m^2）时，加热到840℃后，在30min内它能膨胀到约55mm。在1005℃它几乎完全燃烧。

10.3　用于浅楼板梁的膨胀消防涂层厚度

为钢结构（立柱和梁）提供足够的消防保护是防止发生损坏的传统方法，并能确保钢结构构件可以满足所要求的消防标准。建筑结构中最常见的消防形式是保护板、混凝土包层和膨胀涂层。然而这些保护措施会增加建设成本（达到结构构件的50%），或增加截面的深度（约6cm）。有时，不同类型的消防保护措施可以一起使用，以达到更好的耐火效果。

浅楼板结构的发展是综合应用不同消防概念以获得更好消防性能的很好例子。在这种类型的结构中，梁几乎完全在混凝土楼板的深度之内。只有底部法兰或焊接到底部法兰的钢板暴露在混凝土楼板以外。因此，膨胀涂层可以用于底部法兰上的裸露区域。

浅楼板结构提供了一个坚实的、类似钢筋混凝土结构的平板外观。组装的Slimflor梁是基于一个通用的立柱截面以及一个单一的焊接到底部法兰的水平板，如图10.1所示。不对称Slimflor梁（ASB）不需要焊接额外的板就能达到最佳的设计性能。Top-Hat梁是由四片板焊接在一起形成一个类似帽子的形状。楼板可以由预浇筑混凝土系统或具有深剖面钢盖板的长跨度复合板建造而成。

因为Slimflor梁几乎是完全包含在楼板内，它们在火中具有固有的良好表现，在大多数情况下不用保护就可以达到60min的耐火性。但如果耐火要求超过60min，则必须在底板上采取保护措施。在这方面比较理想的是薄膜膨胀涂层，因为它们在截面厚度方向只增加微小的量。通常，用于保护传统钢架的涂层厚度约为1mm。对于浅楼板（Slimflor）梁，所需的厚度会更小，因为其本身就具有良好的消防结构。

在建筑标准中，有公式可用来计算消防所需厚度，根据耐火等级和构件的极限温度来规范钢截面。然而，这个公式并不适用于这三个新的浅楼板梁。本节的目的是根据火灾测试数据为新的浅楼板梁推导一个新公式来计算消防所需的涂层厚度。

膨胀涂层是类似油漆一样的材料，在常温下是惰性的，但在受热时膨胀形成绝缘炭层，在火灾条件下的有限时间内保持稳定。其热导率随温度的变化而变化，约为0.5W/(℃·m)。这些材料通过吸热的化学反应吸收热量以及通过最终焦炭的绝缘性能为其下面的表面提供保护。两种常用的膨胀型消防涂层为英格兰Nullifire有限公司制造的S605和S607。S605已销售了数年，是烃类溶剂基系统。

它包含10% ~25%的二甲苯，2.5% ~10% C9烷基苯和50% ~75%专用树脂、颜料和填料。它经过专家消防协会（ASFP）的全面评估程序认可，可在传统的梁和立柱上使用。具体地说，构件截面在经过各种加速老化和自然老化后对其进行了消防测试。因此，可以从早期的评估结果中获得信心。对用于浅楼板或超薄楼板系统的S605进行评估。S607是从S605开发出的一种较新的水基产品。它包含专有树脂、水和填料，已在挪威的一个浅楼板系统中经过测试并表现出类似的行为。

这三种类型的浅楼板梁分别为Slimflor梁、不对称Slimflor梁和Top-Hat梁。通过使用前期的火灾试验结果数据（Sha and Lau 2001）可以推导出一个公式用来计算这些梁所需的消防保护涂层厚度。消防测试数据包括被测浅楼板梁的尺寸、涂层厚度、测试时间和所测得的底部法兰或焊接到板底部法兰的钢板的温度。重要的消防测试数据见表10.5。

表10.5 在Nullifire、SINTEF和Warrington进行消防测试后的数据

梁	H_p/m	A/m²	涂层	厚度/mm	温度/℃		
					60min	90min	120min
Slimflor	0.436	0.01372	S607	0.166	687	802	903
	0.436	0.01372	S605	0.343	559	714	818
	0.436	0.01372	S605	0.651	483	605	718
	0.436	0.01372	S605	0.993	388	498	609
ASB	0.316	0.01267	S605	0.285	469	630	717
	0.316	0.01267	S605	0.774	—	462	587
Top-Hat	0.470	0.01104	S607	0.179	721	823	915
	0.470	0.01104	S607	0.179	718	811	868
	0.470	0.01104	S607	0.537	532	673	747
	0.420	0.00893	S607	0.418	—	—	800

Nullifire有限公司对使用由该公司生产的S605和S607膨胀涂层保护的四个无负载的Slimflor梁和一个Top-Hat梁进行了消防测试。测试炉大约1m³。仅对焊接到底部法兰的板（Slimflor）或底部法兰（Top-Hat）进行保护。这部分直接暴露于火中，其余的部分被埋在沙中，如图10.12所示（Sha and Lau 2001）。测量沿梁的两个截面的温度，截面定在每个梁从其（两个）末端测量约1/3的裸露梁的长度（约1m）位置处。

在表10.5中，最后的三个Top-Hat梁的测试是在挪威消防研究实验室（SINTEF）进行的。所有测试的Top-Hat梁，其下法兰厚度都为10mm。梁的底面采用S607膨胀涂层保护。炉内温度用热电偶测量。

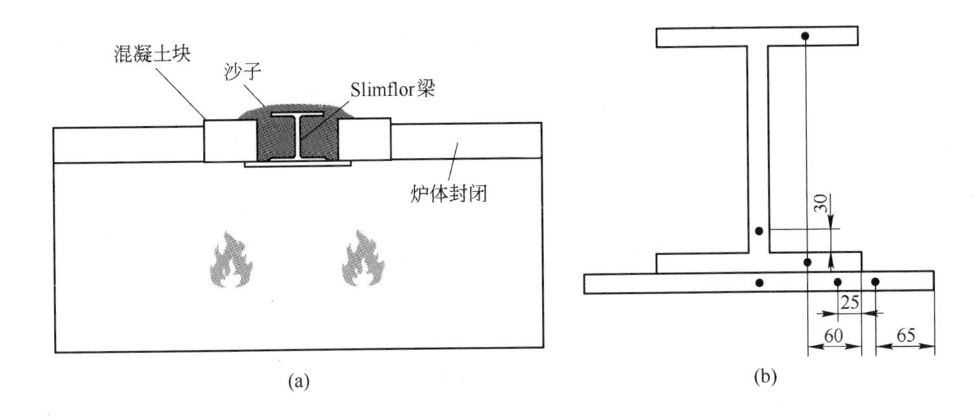

图 10.12 在 Nullifire 有限公司进行的测试

(a) 在炉内沙子中的梁截面；(b) 梁截面及热电偶的位置

在英国 Warrington 消防研究中心测试了一个无负载不对称 Slimflor 梁。梁的底面使用 S605 膨胀涂层保护。在测试中，只有底部法兰直接暴露于火中，截面的其余部分都包裹着混凝土。左侧一半的梁涂上相对较薄的 S605 涂层，密度为 $500g/m^2$（厚度为 0.285mm）；另外一侧即右侧涂层相对较厚，密度为 $1500g/m^2$（厚度为 0.774mm）。Warrington 消防研究中心所用的实验炉远远大于 Nullifire 有限公司所用的测试炉。炉子长 3.6m，宽 0.95m。图 10.13 所示为实验装置的正视图和剖面图。本节中（表 10.5）也用到 Warrington 数据，与 Nullifire 数据没有区别。由于使用的梁不同，很难直接与在 Nullifire 较小炉子中测试得到的结果进行比较，但其他研究已经证明，两个实验室的测试结果存在可比性（见 11 章）。

正如前面提到的，这些梁几乎包含在楼板内。他们在火中有很好的耐火性能，在大多数情况下，不应用保护就可以达到 60min 的耐火能力。如果要达到超过 60min 的耐火性，则必须在底部法兰或焊接到底部法兰的板上施加保护。因此本节不用 60min 的消防试验数据。

钢截面所需消防保护厚度取决于钢截面的加热速率以及构件的极限温度。对于用箱体或外体保护进行了封闭的构件，热流量取决于构件的截面因子（H_p/A）和消防材料的性能。截面因子概念的引入使消防测试数据能够得到广泛应用，在保持所需性能标准的基础上节约成本。一个有较大周长（H_p）的钢截面能比一个周长较小的钢截面获得更多的热量。此外，钢截面的横截面积（A）越大，热耗就越大。因此得到：一个小而厚的截面中的温升，将低于大而薄截面中的温升。截面因子因此决定了一个截面在火中的温升速度。这个值越高，所需的保护层厚度就越厚。

对于常规梁，消防保护的厚度 d_i 取决于式（10.6）：

$$d_i = (H_p/A)\lambda_i[t_e/(40(\theta_s - 140))]^{1.3}F_w \quad (10.6)$$

式中，λ_i 为消防材料的热导率；t_e 为耐火时间，min；θ_s 为截面的限制温度；F_w 为关于保护材料密度的调整因子（<1）；H_p 为暴露于火中的截面周长，m；A 为钢构件的横截面积，m^2。

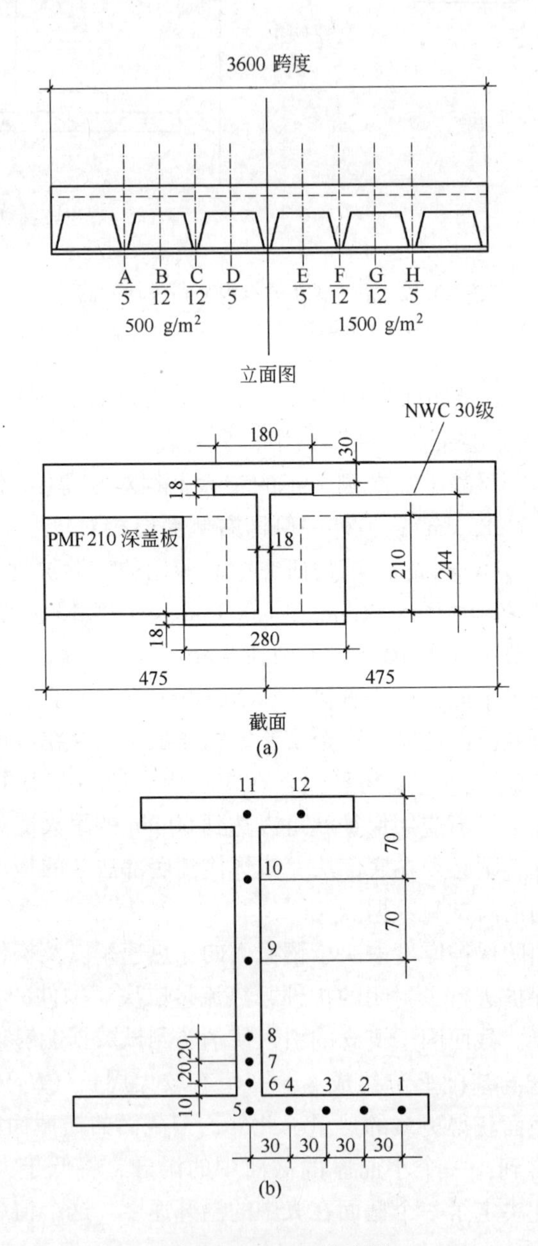

图 10.13　ASB 试验梁

（a）正视图和剖面图；（b）热电偶位置

由于浅楼板梁的横截面形状不同于常规钢截面，所需的消防保护的厚度可能不同于利用式（10.6）计算得到的结果。要推导适用于浅楼板梁的公式，第一项任务就是计算前面消防测试中使用的浅楼板梁的截面因子。现重新整理公式如下：

$$d_i/(H_p/A) = \lambda_i[t_e/(40(\theta_s - 140))]^{1.3}F_w \tag{10.7}$$

当 d_i、H_p、A、θ_s 和 t_e 已知，$d_i/(H_p/A)$ 对 $[t_e/(\theta_s-140)]^{1.3}$应为一个线性关系。$\theta_s$ 是在消防试验时间 t_e 测得的截面温度，t_e 为90min 和120min。这些值和其他参数值列于表10.5 中。从该线性关系中可以找到组合系数 λ_i，F_w 和 $40^{-1.3}$。

表10.5 中包括根据用于消防试验中梁的情况计算得到的 d_i，H_p和 A 值。图10.14 所示为 $d_i/(H_p/A)$ 对 $[t_e/(\theta_s-140)]^{1.3}$的图。图中的19 个数据点是表10.5 中最后两列的19 个温度值。需要指出的是，在表10.5 中的最后一行没有收集到对应90min 的消防测试数据，导致总的数据点为奇数。图10.14 中所示来自三项测试项目的两种涂层，其性能差别不大。该图还显示了一条最佳拟合线。如前所述，这些浅楼板梁几乎包含于楼板内。它们有很好的消防性能，在大多数情况下可以不使用消防保护就具有60min 耐火性能。图10.14 中只包含90min 和120min 耐火时间的 $d_i/(H_p/A)$ 对 $[t_e/(\theta_s-140)]^{1.3}$的值。最佳拟合线方程表示对应浅楼板梁所需的消防保护涂层厚度：

$$d_i/(H_p/A) = 0.263[t_e/(\theta_s - 140)]^{1.3} - 0.016 \tag{10.8}$$

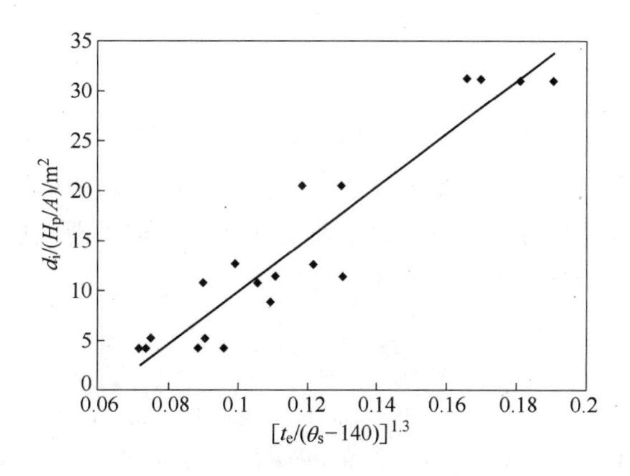

图10.14 从消防测试数据得到 $d_i/(H_p/A)$ 对 $[t_e/(\theta_s-140)]^{1.3}$的图

显然，组合系数 λ_i，F_w 和 $40^{-1.3}$以0.263 表示。这个公式和适用于常规截面的原始公式（式（10.6）和式（10.7））的显著差别是在这个公式中添加了一个负的常数。这表明浅楼板梁比普通钢板梁所需的消防保护层厚度要薄。这个公式有助于工程师快速确定消防保护所需的涂层厚度。

浅楼板梁的不同部位钢的温度还可以通过传热模型计算（10.2.1 节）。该计算采用与消防测试中相同尺寸的 Slimflor 梁（Sha and Lau 2001）。图 10.15 以 $d_i/(H_p/A)$ 对 $[t_e/(\theta_s-140)]^{1.3}$ 的形式给出了计算结果。计算中所用膨胀涂层的热导率为 0.42W/(℃·m)。程序中包含了钢的热导率（λ）的典型方差，其形式为 $\lambda = 54 - 0.033(T-20)$，其中 T 为钢的摄氏温度。当 T 大于 829℃时，λ 保持为 27.3W/(℃·m)。对于钢板，$d_i/(H_p/A)$ 和 $[t_e/(\theta_s-140)]^{1.3}$ 之间的关系为：

$$d_i/(H_p/A) = 0.186[t_e/(\theta_s - 140)]^{1.3} - 0.021 \tag{10.9}$$

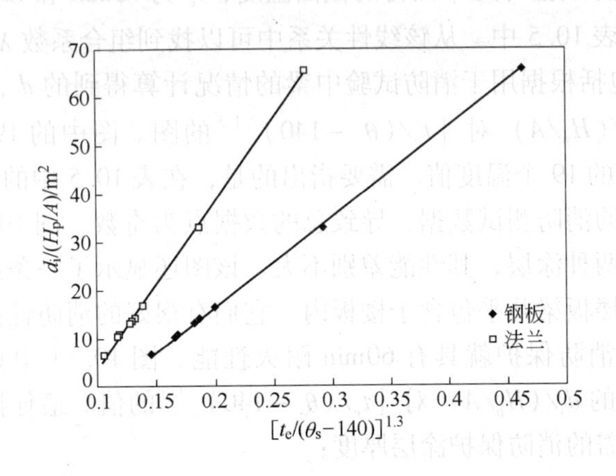

图 10.15 根据热传递模型计算的 $d_i/(H_p/A)$ 对 $[t_e/(\theta_s-140)]^{1.3}$ 结果

对法兰来说：

$$d_i/(H_p/A) = 0.345[t_e/(\theta_s - 140)]^{1.3} - 0.031 \tag{10.10}$$

式（10.9）和式（10.10）中嵌入的 140 是一个假定值。

总之，由于存在一个负常数，浅楼板梁中所需用于消防的膨胀涂层的厚度比普通钢梁薄。该公式可用于快速、简单地设计计算消防所需涂层厚度。为了设计的目的，应该有一个安全系数与公式结合使用。

参 考 文 献

Sha W, Lau NC(2001) Temperature development during fire in slim floor beams protected with intumescent coating. In: Zingoni A(ed) Structural engineering, mechanics and computation, Vol 2. Elsevier Science, Oxford, pp 1103-1110.

11 有保护超薄楼板的耐火性

摘　要　根据消防测试数据，通过使用计算机模型及软件，可以评估用于耐火保护所使用的膨胀涂层的绝缘效果。其过程包括：（1）对检测设备及数据和通过使用小加热炉测试无载荷梁所得温度数据的修正值进行检验；（2）估算横梁的温度分布，该分布往往随着保护性涂层的种类和厚度的变化而变化；（3）计算对应任何给定涂层厚度的梁的抗弯力矩和负载率，并为耐火性达到120min的不同阶段确定所需的最小涂层厚度；（4）为不同尺寸的梁扩展计算结果；（5）服务孔的效果监测；（6）通过与Slimflor梁的测试数据对比，对不对称梁上不同种类的涂层进行评定。由此可以获得适合所有种类超薄楼板结构的涂层厚度。

在超薄楼板结构中，支撑用的楼板梁包含于楼板盖板的深度之内。这提供了一个坚实的、类似钢筋混凝土建筑的平板外观。这种由英国钢铁公司（现在的塔塔钢铁公司）和钢结构研究所（SCI）开发的组装Slimflor梁是基于普通的立柱截面，在其底部法兰上焊接一个水平板（图10.1）。这种楼板可以采用预浇筑混凝土系统或者有深轮廓钢制盖板的长跨度复合板建造。本章的目的就是估算两种普遍使用的可满足规定的耐火膨胀涂层所需的厚度。

由英国钢铁公司（现在的塔塔钢铁公司）和钢结构研究所（SCI）开发的不对称梁（ASB）不需要像Slimflor梁那样焊接额外的板子，就可以获得最优的设计性能。这个楼板由具有深轮廓钢制盖板的长跨度复合板构成（图11.1）。由于该不对称梁几乎完全处于楼板之中，因此它具有固有的良好的耐火性，在绝大多数情况下不需要保护就可以耐火60min。然而，为了获得超过60min的耐火性，必须对底部法兰施加保护。通过膨胀涂层的形式就可以有效地获得这种消防保护，仅在截面的深度上增加一个微小的厚度，该厚度小到可以忽略。其所需的厚度比普通常用梁所需的厚度小得多。11.7节将评估为满足规定的耐火性所需常用膨胀涂层的厚度。

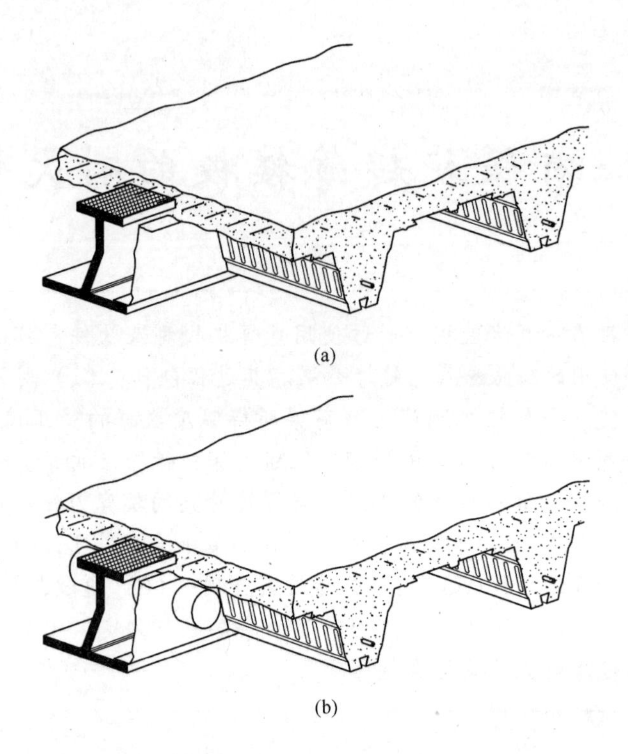

图 11.1 使用不对称梁的典型超薄楼板示意图
(a) 无服务孔；(b) 有服务孔
(Sha 2001b)

11.1 消防试验

在挪威消防研究实验室进行了一系列的消防试验，以检测膨胀涂层系统S607在斯堪的纳维亚（Scandinavia）设计的Top-Hat或HQ超薄楼板梁中的耐火性（图11.2）。在使用的两种横梁的尺寸中，下法兰的厚度分别为10mm和30mm。通过对比可以发现，前者的温度要更加接近于英国Slimflor系统的结果，

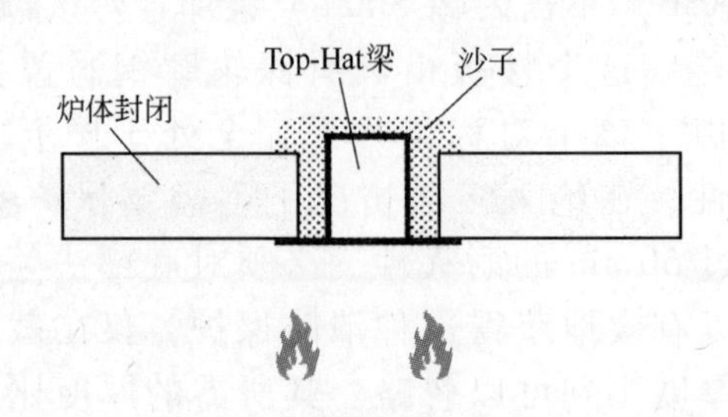

图 11.2 SINTEF 测试图示
(Sha 2001a)

因此，这里使用了从该尺寸得到的结果，相关的数据列于表 11.1 中。括弧中的温度是在 Nullifire 炉中所测得相应的温度。本章中涂层的厚度通常以表面上单位面积湿重（g/m^2）表示，这些结果可用来估算 S607 涂层厚度对梁温度的影响。

表 11.1 SINTEF 项目测试中 Top-Hat 超薄楼板梁在 60min、90min 和 120min 时底部法兰和下腹板的温度 （℃）

涂层厚度 /g·m^{-2}	时间 /min	底部法兰	下腹板
300	60	718（721）	488（529）
	90	811（823）	595（617）
	120	868（915）	663（688）
900	60	532	331
	90	673	459
	120	747	545

Nullifire 有限公司对采用 S607 和 S605 膨胀涂层的无负载 Slimflor 梁进行了 6 次消防测试。炉温根据标准消防曲线进行设定。在所有测试中都使用 UC 203mm ×203mm ×60kg/m 梁，底盘为 15mm 厚，比 UC 截面的法兰宽出约 200mm。第一次消防试验采用无保护的超薄楼板梁。这是为了能够与 Warrington 消防试验中心（WFRC）的实验数据进行对比。在测试中，只有涂有膨胀保护涂层的底板直接暴露于火焰中，焊接到板上的 UC 截面埋在沙子中（图 10.12(a)）。这样就避免了混凝土的浇筑和干燥过程而使本实验更加容易操作，尽管梁的温度变化多少会受到梁置于混凝土中的影响。由此而产生的温度修正值将在 11.2.1 节中详细讨论。每个截面中热电偶的位置如图 10.12(b)所示。

除了测试 Slimflor 梁以外，还测试了前面在 SINTEF 测试过的梁截面。本实验的目的就是为了说明 Nullifire 炉与 SINTEF 炉具有相同的加热特征。本实验的结果显示在表 11.1 的括弧中。本实验的数据仅作为数据信息使用，因为本章只评定了 Slimflor 梁而并非 HQ 横梁。然而，两个炉的温度相当，Nullifire 炉的温度略高于 SINTEF 炉的温度值。这就表明，Nullifire 炉比 SINTEF 炉更精确些。

尽管每次测试运行中所有 12 个热电偶的详细温度-时间变化曲线都有记录，但是建模直接使用的数据是平板、底部法兰和腹板的下面截面（指本章中的下腹板）在 60min、90min 及 120min 时的平均温度。这些结果列于表 11.2 中。顶部法兰的温度总是在 400℃以下，因此，该部位的钢保持了其全部强度。

表 11.2 在 Nullifire 有限公司进行的测试中 Slimflor 梁在 60min、90min 和 120min 时不同位置处的温度 （℃）

涂层类型	厚度/g·m^{-2}	时间 /min	板	底部法兰	下腹板
无保护	0	60	836	701	480
		90	953	858	608
		116	1004	942	688

续表 11.2

涂层类型	厚度/g·m^{-2}	时间/min	板	底部法兰	下腹板
无保护	0	120	1016	949	698
S607	300	60	687	588	414
		90	802	708	522
		120	903	806	598
S605	600	60	559	418	336
		90	714	557	446
		120	818	655	529
S605	1200	60	483	406	279
		90	605	532	377
		120	718	641	465
S605	2000	60	388	282	216
		90	498	377	291
		120	608	477	368

Warrington 消防研究中心（WFRC）的消防试验在大加热炉中对有负载的裸露梁进行测试。在所做的一些测试中，有两个测试与这里的模型特别相关，对温度修正有价值。第一个测试是在与 Nullifire 有限公司测试相同的梁上进行的，板子上面的空间用沙子覆盖。第二个实验是在一个 UC 254mm×254mm×73kg/m 的 Slimflor 梁上进行的，这是一种稍大的梁，用混凝土覆盖以模拟近似于真实场景的情况。表 11.3 所示的测试结果源于实验结果，因此，这是对 Nullifire 测试结果进行修正的基础。

表 11.3 在 WFRC 进行的测试中 Slimflor 梁在 60min、90min 和 120min 时不同位置处的温度 （℃）

试 验	梁的覆盖物	时间/min	板	底部法兰	下腹板
UC 203mm×203mm×60kg/m	沙 子	60	838	693	496
		90	934	848	652
		110	990	897	697
		116（试验结束）	1023	946	761
UC 254mm×254mm×73kg/m	混凝土	60	803	603	339
		90	932	806	506
		110（试验结束）	994	878	578

11.2 数据处理与数值模型

可以接受的方法是：首先证明对于受保护的截面，其在 Nullifire 测得的性能与在 SINTEF 所测的结果相近。其次，在 Nullifire 测得的性能与在 WFRC 测量的结果具有可比性。

与 SINTEF 进行的比较仅仅是用于定性的认识，因为在 SINTEF 进行的测试是针对 Top-Hat 梁的，它尽管也是一个超薄楼板梁，但与本章中研究的 Slimflor 梁不尽相同。

11.2.1 Nullifire 数据的温度修正

若已知梁的温度分布数据，就可以计算 Slimflor 梁在火中的抗弯力矩。在这一计算之前要进行三种不同的温度修正，它们是：

(1) 在 Nullifire 与 WFRC 的实验之间的修正。

(2) 由于在沙子中（与实际在混凝土中对比）测试产生的修正。

(3) 从预浇筑状态到使用盖板引起的修正。

在 Nullifire 和 WFRC 都进行了相同尺寸（203mm×203mm×60kg/m）的裸露钢 Slimflor 梁的测试，其结果见表 11.2 和表 11.3。测得的温度差被视为在 Nullifire 测试（表 11.4）中所得温度记录的修正因子。至少有两种原因说明这一修正是必不可少的：首先，在 WFRC 测试的是较长的承载梁，因此它代表更真实的情况；其次，已证实修正后模型程序包的有效性与 WFRC 的实验结果相符。

表 11.4 由于所使用的测试炉不同而形成的温度修正因子 (℃)

时间/min	板	底部法兰	下腹板
60	+2	-8	+16
90	-19	-10	+44
116①	+19	+4	+73

注："+"表示 WFRC 测量的温度较高。

① 所记录的最接近于 120min 的数据，用于 120min 时温度的修正。

推导出在 90min 的修正值相对较小，这说明在 Nullifire 与在 WFRC 炉的测试结果相似。对于超过 90min 的值，只在下腹板处出现较大差异。

所有进行的 Nullifire 测试中，底盘上面的工字梁周围的空间都填满沙子。沙子与混凝土间热性能的差异将影响梁的温度，这将通过温度修正因子而加以考虑。该因子通过比较在 WFRC 进行的两组实验的温度（表 11.3）得到。尽管进行测试的梁的尺寸稍有不同，但 UC 203mm×203mm×60kg/m 和 UC 254mm×254mm×73kg/m 底部法兰的厚度是相同的（14.2mm）。在这种情况下，梁的温度分布将非常接近，而梁的尺寸效应就可以忽略不计了。修正因子见表 11.5。

表 11.5　由于在沙子中测试产生的温度修正因子　　(℃)

时间/min	板	底部法兰	下腹板
60	-35	-90	-137
90	-2	-42	-146
110①	+4	-19	-119

注：“-”表示在沙子中测量的温度较高。

①所记录的最接近于 120min 的数据，用于 120min 时温度的修正。

在实际生产中，一个 Slimflor 可能使用预浇筑混凝土或用一个具有深盖板的复合板构建而成。而一个预浇筑混凝土楼板会在火灾中完全遮盖住除了底部平板外的钢梁，盖板系统中只有一部分的 UC 由一层相对较薄的混凝土层覆盖。因此就结构的耐火效应而言后者代表了一个更严峻（苛刻）的条件。然而所有的 Nullifire 测试都以一种实质上类似于预浇筑系统的方式进行。由于最终表示所需的涂层厚度的设计表格应考虑最严重的消防情况，因此产生一个温度修正以推导梁在盖板系统中的温度分布（表 11.6）。这一修正是基于 SCI 的工作并与所观察到的用预浇筑楼板材料和深盖板构建的 Slimflor 梁之间的差异有关。

表 11.6　由于使用盖板产生的温度修正因子　　(℃)

位　置	板	底部法兰	下腹板
预浇筑	788	578	447
盖　板	829	628	467
修　正	+41	+50	+20

注：“+”表示在盖板系统中的温度高于预浇筑系统中测量的温度。

总修正因子是将表 11.4 ~ 表 11.6 中所示每种原因引起的修正因子相加得到的，列于表 11.7 中。以后用到的模拟与分析中的数据都用此表中的因子修正过。

表 11.7　总温度修正系数　　(℃)

时间/min	板	底部法兰	下腹板
60	+8	-48	-101
90	+20	-2	-82
120	+64	+35	-26

注：“+”表示在 Nullifire 炉中测量的温度应升高。

11.2.2　温度分布随着涂层厚度的变化情况

为了预测任何给定厚度的涂层的有效性，需要知道平板、底部法兰和下腹板的温度随涂层厚度变化的情况。对于 S607 涂层来说，由于增加了涂层的厚度而产生的温度降低因子可以从 Nullifire 和 SINTEF 的结果中推算出来。对于 S605 涂层，温度降低因子是从 Nullifire 对裸露梁以及涂有不同厚度涂层的梁的实验数据中得到的。为了计算涂层每增加 100g/m^2 所引起的温度下降，这个方法基本上包括对实验数据的插值，即较薄涂层时的温度和较厚涂层时的温度。

对于 S607，在不同厚度范围内，依赖于涂层厚度的截面温度分别用表 11.1 和表 11.2 中的 SINTEF 和 Nullifire 的数据进行估算。估算数据的结果以每增加 100g/m^2 的涂层厚度引起的温度降低量的形式给出，总结于表 11.8 中。由于在 Top-Hat 梁的底部法兰上没有焊接平板，就使用其底部法兰的温度特性数据，对于 Slimflor 梁则使用平板和底部法兰两者的温度特性数据。

表 11.8　S607 涂层厚度每增加 100g/m^2 时的温度降低量　（℃）

位　置	板		底部法兰		下腹板	
厚度范围/g·m^{-2}	0～300	>300	0～300	>300	0～300	>300
60min	49.7	31.0	37.7	31.0	22.0	26.2
90min	50.3	23.0	50.0	23.0	28.7	22.7
120min	37.7	20.2	47.7	20.2	33.3	19.7

对于 S605，在不同厚度范围内，依赖于涂层厚度的截面温度使用表 11.2 中的 Nullifire 数据进行估算。估算的结果以每增加 100g/m^2 的涂层厚度造成的温度降低量的形式给出，总结于表 11.9。

表 11.9　S605 涂层厚度每增加 100g/m^2 时的温度降低量　（℃）

位　置	板			底部法兰			下腹板		
厚度范围/g·m^{-2}	0～600	600～1200	>1200	0～600	600～1200	>1200	0～600	600～1200	>1200
60min	46.2	12.7	—	47.2	2.0	—	24.0	9.5	—
90min	39.8	18.2	—	50.2	4.2	—	27.0	11.5	—
120min	33.0	16.7	13.8	49.0	2.3	20.5	28.2	7.1	12.1

11.3　用于 60min、90min 和 120min 耐火性的设计表

在火灾条件下，钢材抗弯力矩的降低可以使用塑性理论进行计算。采用的基本方法是根据给定的温度分布（即平板、底部法兰和下腹板的温度）获得其负载率，温度分布依次取决于涂层的类型（S607 或 S605）及其厚度。负载率定义为钢在火中极限状态下承载的负荷和正常“冷”条件下负载量的比率。

该计算假设所用梁为在室温下设计的复合梁，使用深的钢盖板，上面用 85mm 厚的混凝土覆盖住梁的顶部。剪切力连接百分比（指钢和混凝土互相连接结合的程度，钢可通过增加表面的粗糙度以提高和混凝土之间的结合强度，该数值越高，结合得越好）在“冷”状态取为 40%，在火中增加至 100%。进行的所

有计算都取在 Nullifire 的消防试验中用到的梁的尺寸，即 203mm×203mm×60kg/m 及 15mm 厚的底板，没有服务孔。作为复合梁设计的 Slimflor 梁的消防性能没有作为非复合梁设计得那么好，这些条件代表正常施工中可能遇到的最严重的火灾情况。因此，事实上其结果将在许多实际情况下提供额外的安全系数。除了在给定的涂层状况下所做的测试，也用到了表 11.8 和表 11.9 中给出的拟合温度分布函数。

具体的结果见表 11.10。对应负载率为 0.6 的最小涂层厚度适用于所有的应用情况。

表 11.10 负载率随着涂层厚度变化的情况

耐火时间/min	S607		S605	
	厚度/g·m^{-2}	负载率	厚度/g·m^{-2}	负载率
60	0	0.49	0	0.49
	100	0.55	100	0.55
	200	0.64	**200**	0.66
90	500	0.53	500	0.58
	600	0.57	**600**	0.68
	700	0.62	700	0.71
120	1300	0.56	1300	0.53
	1400	0.60	1400	0.57
	1500	0.64	**1500**	0.60

注：最小的安全厚度以黑体表示。

11.4 较大的梁

如前所述，设计表（表 11.10）中的计算结果是对应于相对较小尺寸的梁（203mm×203mm×60kg/m）。在火灾情况下，对于较大尺寸梁的行为仍有可能存在问题。为了搞清楚这一点，用钢结构研究所开发的计算机程序 TFIRE 进行了进一步的建模工作以计算不同尺寸梁的温度。此程序中所使用物理模型的详细情况及其良好的精度在其他章节（第 10 章）进行了介绍。

用 TFIRE 可以很好地模拟正常耐火板的保护效果。这里使用的方法是：最初要寻找一个合适的耐火板厚度，使 203mm×203mm×60kg/m 的 Slimflor 梁在一个标准的火情中，在 120min 后达到类似（真实火情中）的温度分布。然后，就可以计算出用相同厚度的耐火板保护的更大的梁中的温度分布（表 11.11），同时可以计算出每种温度分布情况下的安全负载率。

表 11.11 具有相同耐火板厚度的不同尺寸的梁在 120min 时的温度分布及相应的安全负载率

梁	平均温度/℃		安全负载率
	板	底部法兰	
203mm×203mm×60kg/m	769	620	0.57
254mm×254mm×73kg/m	767	627	0.60
254mm×254mm×107kg/m	739	588	0.68
305mm×305mm×283kg/m	663	492	0.87

从表 11.11 中明显可见，更大的梁在给定的火烧时间内其温度较低。这是合理的，因为较大体积的截面肯定会需要更多的热量来加热，并且在此截面内的热量消散也更迅速。因此，较小梁 203mm×203mm×60kg/m 代表更严重的消防情况，表 11.10 中给出的计算结果用于更大的梁时应该是安全的。

11.5 服务孔的影响及黏着性

对于在其腹板上有服务孔（即梁中预留的用于使各种管道、线路穿过的孔）的 Slimflor 梁，在发生火灾时它的温度会更高。在消防研究中心用实验方法测量了一个裸露的 Slimflor 梁在消防测试过程中其温度升高的程度。测试在一个有 460mm×15mm 板的 254mm×254mm×73kg/m UC 梁上进行。由于存在服务孔，在火中 60min 时，下板和底部法兰的温升分别为 72℃ 和 139℃；在 90min 时，下板和底部法兰的温升分别为 64℃ 和 142℃。测试的条件相当于是在实际情况下，孔都是空的，因此，服务孔及附件区域通常是在火中最薄弱的截面。

评估服务孔效果的基本方法如下：

（1）对于一个给定的涂层厚度，使用前面的章节、表 11.8 和表 11.9 中给出的测试数据获取下板和底部法兰的温度值；

（2）使用本节前面和下面讨论的数据，将温度增加到具有服务孔的梁将会经历的水平，这种方法被认为是保守的；

（3）在这样的温度分布情况下，计算抗弯力矩时考虑腹板面积的减少。

在第 2 阶段，腹板下部剩余截面的温度取底部法兰温度减去 35℃，早期的计算证明这是合理的。另外，因为没有在 120min 时由于腹板中的服务孔导致温度上升的数据，就使用 90min 的数据。假定孔上方 UC 截面温度总是低于 400℃。尽管邻近孔上方的腹板截面可能达到较高的温度，但这在任何情况下对整体强度的影响都很小。

在第 3 阶段，用于计算的 UC 梁的尺寸是 203mm×203mm×60kg/m，正如上述计算中使用的无服务孔的梁。实验用梁和计算用梁之间相对较小的尺寸差异只会在最小的程度上影响最终的负载率结果。所用孔直径为 160mm，孔下面腹板的高度是15.8mm。

使用这种方法得到的抗力负载率见表11.12，抗力负载率即梁在火中极限状态下和在正常的“冷”状态下（都有腹板孔）的抗弯力矩的比率。最小厚度相对应的负载率为0.6。

表11.12 带有服务孔的Slimflor梁的负载率随涂层厚度的变化情况

耐火时间/min	S607		S605	
	厚度/g·m^{-2}	负载率	厚度/g·m^{-2}	负载率
60	400	0.59	300	0.52
	500	0.67	**400**	0.65
90	1000	0.55	800	0.59
	1100	0.61	**900**	0.62
120	1800	0.56	2000	0.58
	1900	0.61	**2100**	0.63

注：最小的安全厚度以黑体显示。

比较表11.12和表11.10可以看出，带服务孔的Slimflor梁所需的消防保护层增量在200~600g/m^{2}之间时可达到与不带服务孔的梁相同的耐火时间，而对于同一个标准的不带服务孔的梁，实际的数值通常与其厚度成比例。这里的计算和以前对正常梁的计算一样只代表保守的估计。在用于Slimflor结构的设计指南中，孔的直径限制在UC截面深度的0.6以内。在程序设置的参数中，服务孔直径为160mm，在203mm×203mm×60kg/m梁深度的0.6以上。因此，计算结果应涵盖在实际中使用到的各种尺寸的孔。

对于S605涂层，对应于120min耐火性的2100g/m^{2}的数值是利用外推法计算的结果，因为最大的实验厚度为2000g/m^2。2000g/m^{2}这一厚度在203mm截面上可获得0.58的负载率。这个涂层厚度足以应付几乎所有的情况，这是因为服务孔通常只安装在深度超过250mm的梁中。

上述评估是根据涂层的绝缘性能进行的。英国消防安全工程顾问有限公司对产品的黏着性进行了评估，得出的结论是：涂层的“黏着性”对应所评估的耐火性和保护层厚度是足够的。

11.6 使用膨胀涂层保护的超薄楼板总结

对Slimflor梁进行消防保护的两个Nullifire膨胀涂层，对S607和S605的有效性采用消防实验和数据处理、建模和计算相结合的方法进行了评估。

在三个地方（即Nullifire、Warrington消防研究中心和挪威消防研究实验室(SINTEF)）对消防性能进行了一些试验，并对他们的数据进行了对比。基于修正后的温度数据以及依据梁的温度分布对涂层厚度进行的内插和外推，可以得到对应任何给定厚度的涂层保护下梁的负载率。

我们给出了足够的所需涂层厚度，适用于使用 Slimflor 梁的各种结构。对于60min 的耐火性，名义厚度为 200g/m^2 的 S607 或 S605 就足够了。对于 90min 的耐火性，所需 S607 和 S605 厚度分别为 700g/m^2 和 600g/m^2。对于 120min 的耐火性，需要厚度为 1400g/m^2 的 S607 或厚度为 1500g/m^2 的 S605。对于在腹板上有服务孔的梁，则需要将涂层厚度增加 200 ~ 600g/m^2 之间，具体要根据涂层的类型和耐火时间而定。

英国消防安全工程顾问有限公司对产品的黏着性进行评估后得出的结论是：涂层的“黏着性”对于所评估的耐火性和保护层厚度是足够的。

11.7　不对称超薄楼板梁

11.7.1　测试

在 Warrington 消防研究中心开展了一些消防测试。测试包含一个底面使用 S605 膨胀涂层保护（图 10.13(a)）的无载荷不对称梁。在测试中，只有底部法兰直接暴露在火中，截面的其余部分被混凝土包围。左手侧半边梁涂有一层相对较薄的 S605 涂层，密度为 500g/m^2。右手侧半边梁的涂层较厚，密度为 1500 g/m^2。截面下面的数字符号表示每个截面（A-H）上热电偶的数目（图 10.13 (a)）。

截面中每个热电偶的位置如图 10.13(b)所示。在只有 5 个热电偶的截面中，它们分别位于位置 1，3，5，8 和 11。

对于有保护的梁，使用了截面 B 和 G 的温度，因为这些截面具有以下特点：

（1）距跨距中点位置较远，因为那里的涂层厚度有变化；

（2）具有全套 12 个热电偶；

（3）应具有较高的温度，这是由于热量穿过开放的梯形盖板形成的空隙。

虽然所有热电偶的详细温度-时间曲线都有记录，但直接可用于分析的数据是底部法兰的平均值和腹板下面部分不同位置处在 90min 和 120min 时的温度（表 11.13）。请注意每个底部法兰的温度是 5 个热电偶读数的平均值（位置 1 ~ 5）。腹板上面部分（位置 9 和 10）和顶部法兰的温度（位置 11 和 12）总是低于 400℃，因此，该位置的钢具有全部强度。

表 11.13　不对称梁在 90min 和 120min 的消防测试中不同位置处的温度　（℃）

涂层厚度/g·m^{-2}	时间/min	底部法兰	TC5	TC6	TC7	TC8
500	90	630	558	528	464	384
	120	717	643	612	547	465
1500	120	587	527	506	445	378

11.7.2 数值模拟与负载率计算

计算火灾条件下钢抗弯力矩的降低可以使用塑性理论。将钢截面分成如图11.3所示的八个单元。八个单元中每个单元的宽度和高度见表11.14。从强度降低因数（基于2%应变）可得到每个单元的强度降低情况，这取决于在实验过程中测得的单元温度。将混凝土分成四个单元。采用基本的计算方法获得给定温度分布下的负载率，该温度分布由涂层厚度决定。

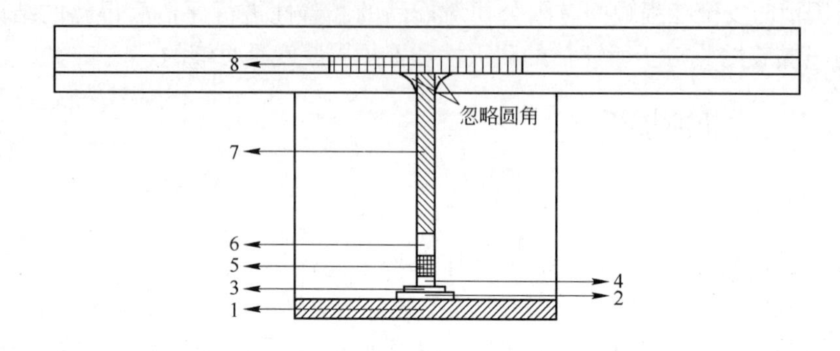

图11.3 为计算抗弯力矩而将截面分成单元
(Sha 2001b)

表11.14 模型(图11.3中的模型从底部到顶部)**中用到的钢制单元的宽度和深度**

(mm)

元 件	宽 度	深 度	与实验相对应温度
1	300	18	(TC1 + TC2 + TC3 + TC4 + TC5)/5
2	43.7	6.4	0.64 × TC6 + 0.36 × TC5
3	30.8	6.4	TC6
4	18	7.2	0.68 × TC6 + 0.32 × TC7
5	18	20	TC7
6	18	20	TC8
7	18	184	≤400
8	190	18	≤400

单元2和4的温度是根据相邻热电偶的温度读数经插值得到的。这种做法考虑了质心位置和相邻热电偶之间的距离，其公式在表11.14中给出。法兰宽度存在小的差异，但这些对负载率计算应该只有很小的影响。

根据上面介绍的方法计算得到了负载率，即梁在火中极限状态下承载的负荷和正常的“冷”条件下的抗力负荷之间的比率。

计算得到不对称梁在500g/m^2 S605涂层保护下的负载率在90min和120min时分别为0.71和0.53。在计算中，根据实验测试结果，所用的混凝土与钢黏结应力极限（黏结强度）在热和“冷”的条件下分别为0.9N/mm^{2}和0.6N/mm^2。

用1500g/m^{2}涂层保护的那一半梁的温度显著低于用500g/m^{2}涂层保护的另一半（对比表11.13中的数据：1500g/m^2、120min和500g/m^2、90min）。因此，梁在前一状态下所能达到的负载率应远高于0.71。无保护不对称梁的负载率为0.50。

11.7.3 耐火120min所需要的涂层厚度

从11.7.2节可知，500g/m^{2}的涂层保护厚度对于120min的耐火性能，其负载率只能达到0.53，而1500g/m^{2}的厚度则过保护了。下面对ASB梁，给出了能够实现负载率为0.6的适当涂层厚度，这对所有的应用情况都是足够的。

使用表11.13中的测试数据估算了120min时梁的截面温度，该温度依赖于涂层厚度，涂层厚度范围在500～1500g/m^{2}之间。所测数据是用涂层厚度每增加100g/m^{2}引起的温降来表示的。在120min时，S605涂层的厚度每增加100g/m^{2}对单元1～6（从梁的底部数起）造成的温降分别为13.0℃、10.9℃、10.6℃、10.5℃、10.2℃和8.7℃。

根据上述结果使用温度分布的内插值，得到120min耐火对应涂层厚度为700g/m^2、800g/m^{2}和900g/m^{2}时的负载率分别为0.57、0.60和0.63。最小安全厚度相对应的负载率为0.6。

11.7.4 服务孔的影响

在腹板上有服务孔（图11.1(b)）的不对称梁，在火中的温度会更高。Warrington消防研究中心通过实验测量了裸露的不对称梁温度上升的程度，与在11.7.1节中描述的消防测试同时进行。在表11.15中总结了有孔和无孔时各区域之间的温度差。测试的条件相当于在实际情况下，孔都是中空的，因此，孔周围区域在火中受热的情况下通常最脆弱。

表11.15 由于服务孔引起的增加暴露于火中的不同位置处温度的升高 （℃）

时间/min	底部法兰	TC5	TC6	TC7
60	40	59	81	137
90	38	74	100	169

评估服务孔效果的基本方法如下：

（1）利用前面几节及11.7.3节中的测试数据给定涂层厚度，获得底部法兰和下腹板中各个单元（图11.4）的温度值；

（2）利用表11.15中及下面讨论的数据将有服务孔的梁所经历的温度增加到一定程度，可认为这种方法是保守的；

(3) 根据温度分布计算抗弯力矩，同时考虑腹板面积在服务孔处的减少（图11.4）。

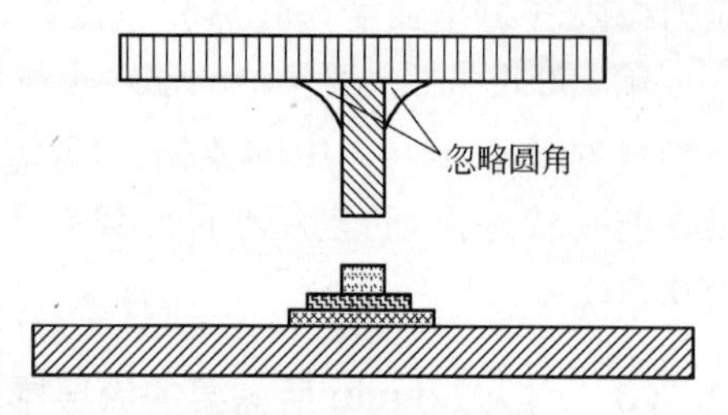

图 11.4 有孔处钢截面
(Sha 2001b)

在第 2 阶段，与之前（11.2.2 节）使用同样的公式进行温度插值，所得的结果作为温度升高因子。另外，因为没有120min 时由于腹板服务孔引起的温度上升数据，就使用 90min 的数据。假定腹板孔的上方部分和顶部法兰的温度总是低于400℃。虽然孔的紧上方的腹板局部可能达到较高的温度，但在任何情况下，这对整体强度的影响都很小。

在第 3 阶段，用于计算的梁的尺寸与上述计算无服务孔的梁相同。孔直径为160mm，孔下方腹板的剩余高度为 20mm。

使用这种方法计算得到的抗力负载率见表 11.16，抗力负载率为梁在火中极限状态下和在正常的“冷”条件下（都有腹板孔）的抗弯力矩的比率。最小厚度相对应的负载率为 0.6。

表 11.16 对于具有服务孔的不对称梁负载率随涂层厚度的变化情况

耐火时间/min	厚度/g·m^{-2}	负载率	耐火时间/min	厚度/g·m^{-2}	负载率
60	**500**	0.82	120	1500	0.48
90	1000	0.59		1800	0.58
	1100	0.64		**1900**	0.62

注：最小安全厚度以黑体表示。

比较表 11.16 与无孔梁（11.7.3 节）的计算结果可以看出，对应 90min 和120min 的消防保护效果分别需要增加 600g/m^2 和 1100g/m^2 的厚度。对于 60min耐火，所假定的最小厚度（500g/m^2）在实际中足够适用。这里的计算，如同以前对正常梁的计算，代表一个保守的估计，因为直径为 160mm 的孔是在设计指南中允许的最大孔，而在计算中使用的梁是不对称梁范围内较小的梁。

虽然没有由 S607 保护的 ASB 超薄楼板的耐火测试数据，但是有使用 S605 和S607 保护的 Slimflor 梁的数据可以作为对照。本章前几节已广泛地评估了这些情况，表明两种类型涂层的行为只有微小的差异。在这里，对 ASB 梁进行消防保护所需的 S607 的厚度，采用在前面章节（11.2.2 节）中讨论过的 S605 的结果，并考虑到根据 Slimflor 的测试数据计算得到的两种涂层之间的差异。在没有服务孔的情况下，对应所有类型的 ASB 结构达到 90min 和 120min 的耐火性所需的S607 的涂层厚度分别为 500g/m^2 和 700g/m^2。有服务孔时，达到 60min、90min，120min 耐火性能所需的涂层厚度分别为 500g/m^2、1300g/m^2 和 1700g/m^2。

11.7.5 小结

采用消防测试实验和数值模拟与计算相结合的方式评估了对不对称超薄楼板梁进行消防保护的 Nullifire 膨胀涂层 S605 的有效性，分析了在 Warrington 消防研究中心进行的消防试验结果。基于这些温度数据以及所提取的依赖于涂层厚度的梁的温度分布，可以得到对应任何给定的涂层保护厚度的负载率。

对于 90min 的耐火性，涂层的名义厚度 500g/m^2 就足够了。对于 120min 的耐火性，需要的涂层厚度为 800g/m^2。对于在腹板上有服务孔的梁，要达到 60min、90min 和 120min 耐火性，涂层厚度分别为 500g/m^2、1100g/m^2 和 1900g/m^2。

需要特别注意的是，这里所做的评估是基于涂层的表观绝缘性能，没有考虑涂层的“黏着性”，或对所评估的厚度是否实用作出任何判断。

参考文献

Sha W(2001a) Fire resistance of slim floors protected using intumescent coatings. In: Topping BHV (ed) Proceedings of the eighth international conference on civil and structural engineering computing. Civil-Comp Press, Stirlingshire, Paper65. doi: 10.4203/ccp.73.65.

Sha W(2001b) Fire resistance of protected asymmetric slim floor beams. In: Topping BHV(ed) Proceedings of the eighth international conference on civil and structural engineering computing. Civil-Comp Press, Stirlingshire, Paper67. doi: 10.4203/ccp.73.67.

中英文索引

G

I

J

K

L

R

S

U

中 文 索 引

M

P

Q

R

S

Y

Z